教材+教案+授课资源+考试系统+题库+教学辅助案例
一站式IT系统就业应用教程

Python Web企业级项目开发教程
（Django版）

黑马程序员　编著

中国铁道出版社有限公司
CHINA RAILWAY PUBLISHING HOUSE CO., LTD.

内 容 简 介

Python 是当今最流行的编程语言之一，Web 开发领域自然无法缺少 Python 的身影。Python Web 发展过程中诞生了数十种框架，其中 Django 框架因简洁、优秀且实用的结构和良好的开发效率，受到了广大 Web 开发工程师的喜爱。

本书在 Windows 上基于 Python 3.x 与 Django 2.x 对 Django 框架相关知识进行讲解，并以此为基础利用 Django 框架实现了一个完整的电商平台。本书分为 14 章，其中前 8 章介绍了 Django 的基础知识，包括 Django 概述、路由系统、模型、模板、视图、后台管理系统、表单、身份验证系统；第 9~14 章从需求与前期准备着手，逐步实现了完整的 Django Web 项目。

本书附有配套视频、源代码、习题、教学课件等资源。为帮助初学者更好地学习本书中的内容，还提供了在线答疑，希望得到更多读者的关注。

本书适合作为高等院校计算机相关专业 Django 框架课程或 Python 进阶课程的专用教材，也可作为供自学者使用的辅助教材，适合具有 Python 语言基础的读者参考使用。

图书在版编目（CIP）数据

Python Web 企业级项目开发教程：Django 版／黑马程序员编著．—北京：中国铁道出版社有限公司，2020.6（2024.7 重印）
"十三五"应用技术型人才培养规划教材
ISBN 978-7-113-26726-1

Ⅰ．①P… Ⅱ．①黑… Ⅲ．①软件工具－程序设计－高等学校－教材 Ⅳ．①TP311.561

中国版本图书馆 CIP 数据核字(2020)第 093952 号

书　　名：	Python Web 企业级项目开发教程（Django 版）
作　　者：	黑马程序员

策　　划：	翟玉峰	编辑部电话：	（010）51873135
责任编辑：	翟玉峰　徐盼欣		
封面设计：	王　哲		
封面制作：	刘　颖		
责任校对：	张玉华		
责任印制：	樊启鹏		

出版发行：中国铁道出版社有限公司（100054，北京市西城区右安门西街 8 号）
网　　址：https://www.tdpress.com/51eds/
印　　刷：北京市泰锐印刷有限责任公司
版　　次：2020 年 6 月第 1 版　2024 年 7 月第 7 次印刷
开　　本：787 mm×1 092 mm　1/16　印张：21　字数：527 千
印　　数：23 001～27 000 册
书　　号：ISBN 978-7-113-26726-1
定　　价：56.00 元

版权所有　侵权必究

凡购买铁道版图书，如有印制质量问题，请与本社教材图书营销部联系调换。电话：（010）63550836
打击盗版举报电话：（010）63549461

序

　　本书的创作公司——江苏传智播客教育科技股份有限公司（简称"传智教育"）作为我国第一个实现A股IPO上市的教育企业，是一家培养高精尖数字化专业人才的公司，主要培养人工智能、大数据、智能制造、软件开发、区块链、数据分析、网络营销、新媒体等领域的人才。传智教育自成立以来贯彻国家科技发展战略，讲授的内容涵盖了各种前沿技术，已向我国高科技企业输送数十万名技术人员，为企业数字化转型、升级提供了强有力的人才支撑。

　　传智教育的教师团队由一批来自互联网企业或研究机构，且拥有10年以上开发经验的IT从业人员组成，他们负责研究、开发教学模式和课程内容。传智教育具有完善的课程研发体系，一直走在整个行业的前列，在行业内树立了良好的口碑。传智教育在教育领域有两个子品牌：黑马程序员和院校邦。

一、黑马程序员——高端IT教育品牌

　　黑马程序员致力于培养高精尖数字人才，自成立以来，教学研发团队一直致力于打造精品课程资源，不断在产、学、研三个层面创新自己的执教理念与教学理念，并集中黑马程序员的优势力量，有针对性地出版了计算机系列教材百余种，制作教学视频数百套，发表各类技术文章数千篇。

　　黑马程序员的学员多为大学毕业后想从事IT行业，但各方面的条件还达不到岗位要求的年轻人。黑马程序员的学员筛选制度非常严格，包括了严格的品德测试、技术测试、自学能力测试、性格测试、压力测试等。严格的筛选制度确保了学员质量，可在一定程度上降低企业的用人风险。

二、院校邦——院校服务品牌

　　院校邦以"协万千院校育人、助天下英才圆梦"为核心理念，立足于中国职业教育改革和应用型人才培养，为高校提供健全的校企合作解决方案，通过原创教材、高校教辅平台、师资培训、院校公开课、实习实训、协同育人、专业共建、"传智杯"大赛等，形成了系统的与高校合作模式。院校邦旨在帮助高校深化教学改革，实现高校人才培养与企业发展的合作共赢。

1. 为学生提供的配套服务

　　（1）登录"传智高校学习平台"，可免费获取海量学习资源。该平台可以帮助同学

们解决各类学习问题。

（2）针对学习过程中存在的压力过大等问题，院校邦为同学们量身打造了IT学习小助手——邦小苑，可为同学们提供教材配套学习资源。同学们可关注"邦小苑"微信公众号。

2. 为教师提供的配套服务

（1）院校邦为其所有教材精心设计了"教案+授课资源+考试系统+题库+教学辅助案例"的系列教学资源。教师可登录"传智高校教辅平台"免费使用。

（2）针对教学过程中存在的授课压力过大等问题，教师可添加"码大牛" QQ（2770814393），或者添加"码大牛"微信（18910502673），获取最新的教学辅助资源。

黑马程序员

前 言

21世纪是信息时代,各种各样的信息充斥着人们的生活,为了更好地呈现这些信息,很多公司搭建了自己的内容网站。Python是当今最流行的编程语言之一,Web开发领域自然无法缺少Python的身影。Python Web发展过程中诞生了许多框架,其中Django框架因简洁、优秀且实用的结构和良好的开发效率,受到了广大Web开发工程师的喜爱。

为什么要学习本书

框架的学习并不难,带领读者领悟框架的设计思想,在其指引下掌握基于框架的项目开发,是本书的初衷。本书可帮助具有Python基础的人快速了解、熟悉Django框架,熟练基于Django开发Web程序。

在章节设置上,本书采用"理论知识+要点分析+代码示例+实例练习"的模式,既有普适性介绍,又抓取要点、突出重点,同时提供充足实例,保证读者在熟悉框架原理与基础的前提下,能够掌握相关知识,并运用到实际之中;在知识配置上,本书涵盖Django的路由系统、模型、模板、视图、后台管理系统、表单和身份验证系统,同时配置完整Web实战项目。通过学习本书,读者可全面掌握Django框架的设计模式与相关知识,具备使用Django框架快速开发Web项目的能力。

根据党的二十大精神,以二维码形式加入思政案例,引导学生树立正确的世界观、人生观和价值观,进一步提升学生的职业素养,落实德才兼备的高素质卓越工程师和高素质技术技能人才的培养要求;此外,编者依据书中的内容提供了线上学习的视频资源,体现现代信息技术与教育教学的深度融合,进一步推动教育数字化发展。

如何使用本书

本书在Windows上基于Python 3.x与Django 2.x对Django框架相关知识进行讲解。全书分为14个章节,各章内容分别如下:

第1章简单介绍了Django框架,包括Django的发展史、优点、安装,创建Django项目与应用、Django的目录结构、配置文件、Django架构,以及Django的开发理念。通过本章的学习,读者能够对Django框架有所了解,掌握如何搭建虚拟环境,熟悉Django目录结构,可熟练创建Django项目与应用。

第2章主要介绍了Django框架中的路由系统,包括处理HTTP的请求、路由转换器、利用正则表达式配置URL、通过include()函数实现路由分发、向视图传递额外参数、URL

命名与命名空间，以及反向解析URL。通过本章的学习，读者能够熟练使用Django框架中的路由系统。

第3章介绍了与Django模型相关的知识，包括模型的定义、字段的使用、模型的元属性、Manager管理器、数据的增删改查，以及QuerySet的使用。通过本章的学习，读者能够对Django中的模型有所了解，掌握如何定义模型，熟练利用模型操作数据库中的数据。

第4章介绍了与Django模板相关的知识，包括Django内置模板引擎与第三方模板引擎Jinja2、Django模板的查找顺序、模板语言，以及模板的继承机制。通过本章的学习，读者能够熟悉Django模板语法，掌握如何配置模板引擎，了解模板的查找顺序，可熟练使用模板。

第5章介绍了与Django中的视图相关的知识，包括函数视图、请求对象和响应对象、模板响应对象、生成响应的快捷方式、类视图，以及基于类的通用视图。通过本章的学习，读者能够熟悉Django中视图的功能、结构，掌握请求对象和响应对象，熟练定义和使用视图。

第6章介绍了与Admin后台管理系统相关的知识，包括进入后台、使用后台管理系统，通过ModelAdmin选项控制页面显示内容、认证和授权，以及重写Django后台模板。通过本章的学习，读者能够掌握并熟练运行Admin。

第7章介绍了在后端定义表单、利用Django模型类定义表单，以及表单集。通过本章的学习，读者能够了解如何通过代码定义表单类、如何在视图中实例化表单类，以及在模板中使用表单实例。

第8章介绍了身份验证系统的相关知识，包括User对象、权限管理、Web请求认证、模板与身份验证、自定义用户模型、状态保持。通过本章的学习，读者能够掌握Django身份验证系统的基本使用，为后续项目开发作铺垫。

第9章通过示例网站分析了电商平台小鱼商城的需求，归纳了其核心模块，介绍了其开发模式和运行机制，并准备了开发项目所需的环境。通过本章的学习，读者能够明确小鱼商城项目的需求和模块，了解项目架构，能够熟练准备项目环境。

第10章主要实现了小鱼商城用户注册、用户登录与用户中心功能。通过本章的学习，读者能够掌握用户相关模块的功能划分与内部逻辑，熟练实现相关功能。

第11章主要实现了小鱼商城的商品模块和广告模块，包括商品、广告的数据库设计、数据的准备、首页数据的呈现、商品列表、商品搜索、商品详情，并实现了用户的浏览记录。通过本章的学习，读者能够深入理解Django架构，熟悉Django的使用，掌握pagination分页工具，熟练使用whoosh引擎。

第12章首先介绍了购物车的两种存储方案，然后分别介绍了购物车常用的功能，包括添加商品、展示购物车、修改购物车商品、删除商品、全选与合并购物车功能，以及展示购物车的缩略信息。通过本章的学习，读者能够理解购物车中常用功能的实现逻辑。

第13章实现了小鱼商城订单的结算和提交,并介绍了与订单数据修改相关的事务处理。通过本章的学习,读者能够熟悉电商网站订单模块的功能与逻辑,掌握Django事务处理方式与乐观锁的使用。

第14章首先对支付宝平台进行了简单介绍,然后讲解了如何在项目中对接支付宝,最后介绍了商品评价的实现以及评价的展示。通过本章的学习,读者能够掌握如何对接支付宝,了解商品评价的业务逻辑。

读者若不能完全理解本书中所讲知识,可登录在线平台,配合平台中的教学视频进行学习。此外,读者在学习的过程中,务必要勤于练习,确保真正掌握所学知识。若在学习的过程中遇到无法解决的困难,建议读者莫要纠结于此,继续往后学习,或可豁然开朗。

致谢

本书的编写和整理工作由传智播客教育科技股份有限公司完成,主要参与人员有高美云、孙东、郑瑶瑶等,全体人员在这近一年的编写过程中付出了很多辛勤的汗水,在此一并表示衷心的感谢。

意见反馈

尽管我们付出了最大的努力,但书中难免会有疏漏和不妥之处,欢迎各界专家和读者朋友来信提出宝贵意见,我们将不胜感激。您在阅读本书时,如发现任何问题或有不认同之处,可以通过电子邮件与我们取得联系。

请发送电子邮件至:itcast_book@vip.sina.com。

黑马程序员
2023年3月2日于北京

目　录

第1章　Django概述 1
　1.1　认识Django 1
　　1.1.1　Django发展史 1
　　1.1.2　Django框架的优点 2
　1.2　安装Django 2
　　1.2.1　Django版本选择 2
　　1.2.2　创建隔离的Python环境 3
　　1.2.3　使用pip安装Django 4
　1.3　创建第一个Django项目 5
　　1.3.1　新建Django项目 5
　　1.3.2　项目结构说明 5
　　1.3.3　运行开发服务器 6
　　1.3.4　Django项目配置 7
　　1.3.5　在项目中创建应用 9
　1.4　Django架构之MTV 11
　1.5　Django的开发理念 11
　小结 13
　习题 13

第2章　路由系统 15
　2.1　认识路由系统 15
　　2.1.1　HTTP请求处理流程概述 15
　　2.1.2　URL配置示例 16
　2.2　路由转换器 17
　　2.2.1　内置路由转换器 17
　　2.2.2　自定义路由转换器 18
　2.3　使用正则表达式匹配URL 19
　2.4　路由分发 20
　2.5　向视图传递额外参数 21
　2.6　URL命名与命名空间 22
　　2.6.1　URL命名 22
　　2.6.2　使用reverse()反向解析
　　　　　URL 22
　　2.6.3　应用命名空间 23
　　2.6.4　实例命名空间 24
　小结 25
　习题 25

第3章　模型 27
　3.1　定义与使用模型 27
　3.2　模型的字段 29
　　3.2.1　字段类型 29
　　3.2.2　关系字段 30
　　3.2.3　字段的通用参数 32
　3.3　模型的元属性 32
　3.4　Manager管理器 33
　　3.4.1　管理器名称 33
　　3.4.2　自定义管理器 33
　3.5　数据的增删改查 34
　3.6　QuerySet的使用 36

3.6.1 多表查询 36
3.6.2 F对象与Q对象 38
3.6.3 QuerySet的特性 38
3.7 执行原始SQL语句 39
小结 40
习题 40

第 4 章 模板 42

4.1 模板与模板引擎 42
4.2 模板查找顺序 43
4.3 模板语言 44
  4.3.1 变量 45
  4.3.2 过滤器 45
  4.3.3 标签 48
  4.3.4 自定义过滤器和标签 52
4.4 模板继承 55
4.5 Jinja2 57
小结 58
习题 58

第 5 章 视图 61

5.1 认识视图 61
5.2 请求对象 62
5.3 响应对象 64
  5.3.1 HttpResponse类 65
  5.3.2 HttpResponse的子类 66
5.4 实例1：商品管理 67
5.5 模板响应对象 70
  5.5.1 TemplateResponse 70
  5.5.2 模板响应对象的渲染 71
5.6 生成响应的快捷方式 73
5.7 类视图 75

5.7.1 定义类视图 75
5.7.2 基础视图类 75
5.7.3 配置类属性 77
5.8 实例2：基于类视图的商品管理 78
5.9 通用视图 82
  5.9.1 通用视图分类 82
  5.9.2 通用视图与模型 82
  5.9.3 添加额外的上下文对象 84
  5.9.4 通过queryset控制页面内容 84
  5.9.5 重要属性和方法 85
小结 85
习题 85

第 6 章 后台管理系统——Admin 87

6.1 认识Admin 87
  6.1.1 进入Admin 87
  6.1.2 使用Admin 89
6.2 ModelAdmin选项 93
  6.2.1 列表页选项 93
  6.2.2 编辑页选项 99
6.3 认证和授权 101
6.4 重写Admin后台模板 106
小结 107
习题 107

第 7 章 表单 109

7.1 Django表单概述 109
  7.1.1 在Django中定义表单的方式 109
  7.1.2 Form类的常用字段 110

- 7.1.3 字段的通用参数 111
- 7.1.4 实例化、处理和渲染
  - 表单 112
- 7.1.5 表单实例的形式 113
- 7.1.6 表单验证 113
- 7.2 在模板中渲染表单 114
- 7.3 表单集 116
  - 7.3.1 创建表单集 116
  - 7.3.2 管理表单集 117
  - 7.3.3 验证表单集 118
  - 7.3.4 使用表单集 118
- 7.4 根据模型创建表单 119
  - 7.4.1 自定义模型表单类 119
  - 7.4.2 模型表单类的字段 120
  - 7.4.3 使用模型表单类 121
  - 7.4.4 利用工厂函数定义模型
    - 表单类 123
  - 7.4.5 利用工厂函数定义
    - 表单集 123
- 7.5 实例：基于表单类的商品
  - 管理 124
- 小结 127
- 习题 127

第8章 身份验证系统 129
- 8.1 User对象 129
- 8.2 权限与权限管理 131
  - 8.2.1 默认权限 131
  - 8.2.2 权限管理 132
  - 8.2.3 自定义权限 133
- 8.3 Web请求认证 134
  - 8.3.1 用户登录与退出 134

- 8.3.2 限制用户访问 135
- 8.4 模板与身份验证 136
  - 8.4.1 验证用户 136
  - 8.4.2 验证权限 137
- 8.5 自定义用户模型 138
- 8.6 状态保持 138
  - 8.6.1 Cookie 139
  - 8.6.2 Session 141
- 小结 144
- 习题 145

第9章 电商项目——前期准备 146
- 9.1 项目需求 146
- 9.2 模块归纳 156
- 9.3 项目开发模式与运行机制 157
- 9.4 项目创建和配置 158
  - 9.4.1 创建项目 158
  - 9.4.2 配置开发环境 158
  - 9.4.3 配置Jinja2模板 159
  - 9.4.4 配置MySQL数据库 161
  - 9.4.5 配置Redis数据库 162
  - 9.4.6 配置项目日志 162
  - 9.4.7 配置前端静态文件 164
  - 9.4.8 配置应用目录 164
- 小结 166
- 习题 166

第10章 电商项目——用户管理
与验证 167
- 10.1 定义用户模型类 167
- 10.2 用户注册 168
  - 10.2.1 用户注册逻辑分析 168

10.2.2 用户注册后端基础
　　　　需求的实现 170
10.2.3 用户名与手机号唯一性
　　　　校验 173
10.2.4 验证码 176
10.3 用户登录 190
10.3.1 使用用户名登录 190
10.3.2 使用手机号登录 192
10.3.3 状态保持 193
10.3.4 首页展示用户名 194
10.3.5 退出登录 195
10.4 用户中心 195
10.4.1 用户基本信息 196
10.4.2 添加邮箱 198
10.4.3 基于Celery的邮箱验证.....200
10.4.4 省市区三级联动 207
10.4.5 新增与展示收货地址 211
10.4.6 设置默认地址与修改
　　　　地址标题 216
10.4.7 修改与删除收货地址 218
10.4.8 修改登录密码 221
小结 223
习题 223

第 11 章 电商项目——商品数据的呈现 224

11.1 商品数据库表设计 224
11.2 准备商品数据 227
11.3 呈现首页数据 231
　11.3.1 呈现首页商品分类 231
　11.3.2 呈现首页商品广告 235
11.4 商品列表 237

11.4.1 商品列表页分析 238
11.4.2 获取商品分类 239
11.4.3 列表面包屑导航 242
11.4.4 呈现商品列表 244
11.4.5 列表页热销排行 248
11.5 商品搜索 250
　11.5.1 准备搜索引擎 250
　11.5.2 渲染商品搜索结果 253
　11.5.3 搜索结果分页 254
11.6 商品详情 255
　11.6.1 分析与准备商品详情页 ...255
　11.6.2 呈现商品详情数据 256
11.7 用户浏览记录 260
　11.7.1 浏览记录存储方案 260
　11.7.2 保存和查询浏览记录 261
小结 264
习题 264

第 12 章 电商项目——购物车 265

12.1 购物车存储方案 265
　12.1.1 登录用户购物车存储
　　　　　方案 265
　12.1.2 未登录用户购物车存储
　　　　　方案 267
12.2 购物车管理 269
　12.2.1 购物车添加商品 269
　12.2.2 展示购物车商品 272
　12.2.3 修改购物车商品 274
　12.2.4 删除购物车商品 277
　12.2.5 全选购物车 279
　12.2.6 合并购物车 281
12.3 展示购物车缩略信息 282

小结 285
习题 285

第 13 章 电商项目——订单模块 286

13.1 结算订单 286
13.1.1 逻辑分析与接口定义 286
13.1.2 后端逻辑实现 287
13.1.3 前端页面渲染 290
13.2 提交订单 292
13.2.1 定义订单表模型 292
13.2.2 保存订单信息 294
13.2.3 呈现订单提交成功页面 ...296
13.3 基于事务的订单数据保存 298
13.3.1 Django中事务的使用 298
13.3.2 使用事务保存订单数据 ...299
13.4 基于乐观锁的并发下单 301

13.5 查看订单 303
小结 306
习题 306

第 14 章 电商项目——支付与评价 ...307

14.1 支付宝开放平台介绍 307
14.2 对接支付宝系统 310
14.2.1 支付信息配置 310
14.2.2 订单支付功能 312
14.2.3 保存订单支付结果 315
14.3 商品评价 316
14.3.1 评价订单商品 317
14.3.2 在详情页展示商品评价 319
小结 322
习题 322

第 1 章 Django概述

学习目标：

- 认识Django，了解Django与Python版本对应关系。
- 可熟练搭建与使用虚拟环境。
- 熟悉Django项目的结构。
- 了解Django项目与应用的区别。
- 掌握在项目中创建与激活应用的方法。
- 熟悉Django架构，掌握MTV各部分的功能。
- 了解Django的开发理念。

没有实践就没有发言权

Django是使用Python语言编写的一个开源Web应用框架，它遵循MTV架构、鼓励快速开发，是当前较为流行的一种Web开发框架。本章将从Django的发展历史讲起，逐步引领大家认识Django，学会搭建Django开发环境以及创建Django项目，了解Django的开发理念，进而熟悉Django框架。

1.1 认识Django

1.1.1 Django发展史

2003年秋，Django诞生于美国堪萨斯州The World Company公司的World Online部门，这个部门是公司的Web开发部门，维护着公司的三个新闻站点。由于新闻界特有的快节奏，管理层不断要求开发小组在几天甚至几小时内增加新的程序或特征，为此，Web开发部门的Adrian Holovaty（阿德里安·霍洛瓦蒂）和Simon Willison（西蒙·威利森）着手开发一个能节省时间、实现Web程序高效开发的框架。此后两年时间，Adrian和Simon在研发Django框架的同时，也将其应用到了World Online部门多个站点的开发工作之中。

2005年夏天，Django框架开发完成，此时Jacob Kaplan-Moss（雅各布·卡普兰·莫斯）加入World Online，致力于推荐Django框架的开源工作。2005年7月，Django框架在BSD开源协议下发布；2008年6月，Django软件基金会成立；同年9月，第一个Django正式版本Django 1.0发布。

此后，Django逐步成为一个有着大量用户与贡献者、在世界范围都得到广泛应用的开源框架。

1.1.2 Django框架的优点

快速开发内容类网站——新闻网络站点这一需求促使了Django的诞生，Django自然非常适合开发内容类网站，但这不意味着它仅适用于开发内容类网站。Django能在开源发行之后吸引众多追随者，离不开它所具备的以下优点：

① 齐全的功能。自带大量常用工具和框架，可轻松、迅速开发出一个功能齐全的Web应用。

② 完善的文档。Django已发展十余年，具有广泛的实践案例，同时Django提供完善的在线文档，Django用户能够更容易地找到问题的解决方案。

③ 强大的数据库访问组件。Django自带一个面向对象的、反映数据模型（以Python类的形式定义）与关系型数据库间的映射关系的映射器（ORM），开发者无须学习SQL语言即可操作数据库。

④ 灵活的URL映射。Django提供一个基于正则表达式的URL分发器，开发者可灵活地编写URL。

⑤ 丰富的模板语言。Django模板语言功能丰富，支持自定义模板标签。Django也支持使用第三方模板系统，如jinja2等。

⑥ 健全的后台管理系统。Django内置了一个后台数据管理系统，经简单配置后，再编写少量代码即可使用完整的后台管理功能。

⑦ 完整的错误信息提示。Django提供了非常完整的错误信息提示和定位功能，可在开发调试过程中快速定位错误或异常。

⑧ 强大的缓存支持。Django内置了一个缓存框架，并提供了多种可选的缓存方式。

⑨ 国际化。Django包含一个国际化系统，Django组件支持多种语言。

世界知名网站如Instagram、国家地理、Pinterest都使用Django开发。对于使用Python建设网站的初学者来说，一旦熟悉了Django的运行逻辑，就可以在非常短的时间内构建一个出色的专业网站。

1.2 安装Django

1.2.1 Django版本选择

Django于2008年9月发布1.0版本，此后Django分别以功能版（AB、A.B+1等）和补丁版（ABC等）发布，其中功能版包含新功能和对已有功能的改进，大约8个月发布一次；补丁版根据需要发布，以修复错误或安全问题。一些功能版本会被指定为长期支持（LTS）版本，官方将在较长的时间内（通常为3年）提供对该版本的支持。

目前Django官方对各个版本的支持情况以及未来发布计划如图1-1所示。

由图1-1可知，官方已终止对1.x、2.0和2.1版本的支持，目前官方仍提供长期支持的版本为Django 2.2。

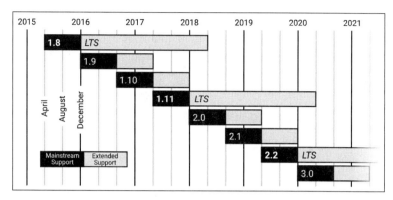

图1-1 Django版本支持及未来发布计划

本书基于Python语言讲解Django。Django对Python版本的依赖关系具体如表1-1所示（截至2019年8月）。

表 1-1 Django 对 Python 版本的依赖关系

Django 版本	Python 版本
1.11	2.7, 3.4, 3.5, 3.6, 3.7（1.11.17 添加）
2.0	3.4, 3.5, 3.6, 3.7
2.1, 2.2	3.5, 3.6, 3.7

表1-1中Python的最新版本分为Python 2.7和Python 3.7，Django 1.11是支持Python 2.7的最后一版，Django 1.11的支持于2020年结束；Django官方推荐使用Python 3进行开发，以获得更快的效率、更多的特性和拥有更好的支持。

综合以上因素，本书将选用Python 3.7 + Django 2.2搭建开发环境。

1.2.2 创建隔离的Python环境

实际生产中同一项目的不同版本可能依赖不同的环境，这时需要在系统中安装多个版本的Python。若直接在物理环境中进行配置，多个版本的软件之间会产生干扰。为了避免这种情况，应使用virtualenv命令创建虚拟环境，以隔离不同版本的Python。

一台主机中可以存在多个虚拟环境，开发人员可以将不同版本的Python安装在不同的虚拟环境中，实现Python环境的隔离。下面以Windows系统为例，介绍如何创建和使用虚拟环境。

打开控制台窗口，使用pip工具可以在线安装virtualenv，具体命令如下：

```
C:\Users\admin>pip install virtualenv
```

virtualenv安装完成后，使用命令创建虚拟环境，具体命令如下：

```
C:\Users\admin>virtualenv first_env
```

以上命令执行后会创建包含Python的虚拟环境first_env，虚拟环境中的Python版本由系统环境变量PATH中配置的Python安装路径中Python的版本决定。若要创建包含指定Python版本的虚拟环境，需使用-p选项指定该版本Python可执行文件所在的路径，完整命令格式如下：

```
virtualenv -p python.exe 路径 虚拟环境名
```

执行虚拟环境目录中Scripts下的activate文件可启用虚拟环境，以first_env为例，具体命令如下：

```
C:\Users\admin>.\first_env\Scripts\activate
```

若以上命令执行成功，则命令行的路径名之前会出现"(虚拟环境名)"，具体如下：

```
(first_env) C:\Users\admin>
```

使用deactivate命令可禁用虚拟环境。

多学一招：虚拟环境管理工具virtualenvwrapper

用户可通过虚拟环境管理工具virtualenvwrapper简化虚拟环境的创建和管理。在Windows系统中安装该工具，具体命令如下：

```
pip install virtualenvwrapper-win
```

安装完成后，用户可分别使用以下命令创建和管理虚拟环境：

- 创建虚拟环境：

```
mkvirtualenv env
```

- 启用虚拟环境：

```
workon env
```

- 退出虚拟环境：

```
deactivate
```

- 删除虚拟环境：

```
rmvirtualenv env
```

- 查看虚拟环境列表：

```
lsvirtualenv/workon
```

- 进入当前虚拟环境所在目录：

```
cdvirtualenv
```

管理工具创建的虚拟环境统一存储在C:\Users\admin\Envs目录中；mkvirtualenv命令创建虚拟环境后将直接启用虚拟环境。

需要注意，virtualenvwrapper只能管理使用它所创建的虚拟环境。

1.2.3 使用pip安装Django

Django其实也是Python内置的包，可以通过pip工具管理。本书使用的Django版本为2.2.3，在虚拟环境first_env中使用pip工具安装Django，具体命令如下：

```
(first_env) C:\Users\admin>pip install django==2.2.3
```

若命令执行后命令行输出以下信息，则说明Django安装成功。

```
Successfully installed Django-2.2.3 pytz-2019.2 sqlparse-0.3.0
```

此时可以使用pip list命令查看虚拟环境中安装的包，具体如下：

```
Package     Version
----------  -------
Django      2.2.3
pip         19.2.1
pytz        2019.2
setuptools  41.0.1
sqlparse    0.3.0
wheel       0.33.4
```

若想验证Django是否能被Python识别,可在命令行输入"python",进入Python解释器,在Python解释器中尝试导入Django,示例如下:

```
(first_env) C:\Users\admin>python
Python 3.7.2 (tags/v3.7.2:9a3ffc0492, Dec 23 2018, 23:09:28) [MSC v.1916 64 bit
(AMD64)] on win32
Type "help", "copyright", "credits" or "license" for more information.
>>> import django
>>> print(django.get_version())
2.2.3
```

1.3 创建第一个Django项目

1.3.1 新建Django项目

使用Django提供的命令,可以创建一个Django项目实例需要的配置项——包括数据库配置、Django配置和应用程序配置的集合。新建Django项目命令的语法格式如下:

```
django-admin startproject 项目名称
```

打开命令行,并执行以下命令:

```
django-admin startproject mysite
```

以上命令会在当前目录下创建一个名为mysite的Django项目。需注意应避免使用Python或Django的内部保留字为项目命名。

1.3.2 项目结构说明

查看1.3.1中创建的Django项目结构,具体如下:

```
mysite\
    manage.py
    mysite\
        __init__.py
        settings.py
        urls.py
        wsgi.py
```

Django项目结构中目录和文件的说明如下:

① mysite:根目录,项目的容器。Django不关心它的名字,可以重新为它命名。

② manage.py:一个提供Django项目管理功能的命令行工具。

③ mysite:一个纯Python包,其中存放项目文件,在引用项目文件时会使用到这个包名,例如mysite.urls。

④ mysite__init__.py:一个空文件,告诉Python这个文件所在的目录应被视为一个Python包。

⑤ mysite\settings.py:Django项目的配置文件。后续内容将介绍该文件的更多细节。

⑥ mysite\urls.py:Django项目的URL声明,包含Django支持的站点的"目录",实现路由分发功能,其中的每个URL将映射一个视图。

⑦ mysite\wsgi.py:兼容WSGI(Web服务器网关接口)的Web服务器的入口,为项目提供服务。

1.3.3 运行开发服务器

Django提供了一个使用Python编写的轻量级开发服务器，开发期间可暂不配置生产服务器（如Apache），先基于此服务器进行测试。项目创建完成后可以启动开发服务器来检测项目是否有效。使用cd命令切换到根目录mysite中打开命令行，运行以下命令：

```
python manage.py runserver
```

命令行中将输出以下内容：

```
Watching for file changes with StatReloader
Performing system checks...

System check identified no issues (0 silenced).

You have 17 unapplied migration(s). Your project may not work properly until
you apply the migrations for app(s): admin, auth, contenttypes, sessions.
Run 'python manage.py migrate' to apply them.
August 08, 2019 - 14:25:31
Django version 2.2.3, using settings 'mysite.settings'
Starting development server at http://127.0.0.1:8000/
Quit the server with CTRL-BREAK.
```

以上输出中的加粗部分是未应用数据库迁移的警告，此部分将在第3章模型中详细介绍，请暂时忽略。

输出信息"Starting development server at http://127.0.0.1:8000/"表明开发服务器已经成功启动。在浏览器中访问开发服务器：http://127.0.0.1:8000/，呈现的页面如图1-2所示。

图1-2 开发服务器初始页面

此时查看控制台窗口，可看到浏览器发送来的GET请求，具体如下：

```
[08/Aug/2019 14:39:52] "GET /static/admin/fonts/Roboto-Bold-webfont.woff
HTTP/1.1" 304 0
```

浏览器的每个请求都会在开发服务器的控制台窗口中打印，运行开发服务器时产生的错误也会在其中显示。

> **多学一招：更改开发服务器端口**
>
> 默认情况下开发服务器在本地IP的8000端口上启动，若要更改端口，可将端口作为命令行参数传递。例如，在端口8080上启动服务器，命令如下：
>
> ```
> python manage.py runserver 8080
> ```
>
> 若想更改服务器的IP，需将IP与端口号一起传递。例如，侦听所有可用的公共IP，示例如下：
>
> ```
> python manage.py runserver 0:8000
> ```
>
> 以上示例中的IP地址"0"是"0.0.0.0"的简写。

1.3.4 Django项目配置

Django项目的配置信息存储在配置文件settings.py中，这个文件本质上是一个Python模块，其中包含一些模块级别的变量，配置该文件时需要注意以下几项：

① 不允许出现Python语法错误。
② 可以用Python语法实现动态配置，例如，MY_SETTING = [str(i) for i in range(30)]。
③ 可以从其他配置文件中引入变量。

下面先介绍Django项目开发中涉及的一些重要配置信息，再介绍如何为Django项目指定配置文件。

1. 重要配置项介绍

Django会自动配置新建项目的配置信息，打开mysite项目的settings.py文件可以查看项目的默认配置信息。下面介绍Django中比较重要的配置项。

（1）DEBUG

DEBUG是一个bool类型的选项，用于设置开启/禁用当前项目的调试模式。DEBUG值为True时项目使用调试模式，项目在调试模式下运行时若抛出异常，Django将显示详细的错误页面。生产环境下必须将该选项设置为False，以免暴露与项目相关的敏感数据。

（2）ALLOWED_HOSTS

ALLOWED_HOSTS用于配置生产环境中的域/主机信息，在DEBUG为True时不可用。

（3）INSTALLED_APPS

INSTALLED_APPS项的值是一个列表，用于指定当前Django项目启用的所有应用程序。列表中的元素为一个代表应用层配置类或包含应用程序的包的字符串，该选项包含的默认应用与应用的功能具体如下：

```
INSTALLED_APPS = [
    'django.contrib.admin',              # 管理站点
    'django.contrib.auth',               # 验证框架
    'django.contrib.contenttypes',       # 处理内容类型的框架
    'django.contrib.sessions',           # 会话框架
    'django.contrib.messages',           # 消息机制框架
    'django.contrib.staticfiles',        # 管理静态文件的框架
]
```

（4）MIDDLEWARE

MIDDLLEWARE用于指定当前项目要使用的中间件列表。

（5）ROOT_URLCONF

ROOT_URLCONF用于指定应用程序的根URL路径。

（6）TEMPLATES

TEMPLATES是一个包含Django所有模板引擎的列表，其中的每个元素都是包含单个引擎选项的字典。

（7）DATABASES

DATABASES是一个包含Django所有数据库设置的字典，其中的每个元素都是一个字典。需要注意，该项必须包含一个默认数据库"default"。Django默认使用的数据库为SQLite3，配置信息如下：

```
DATABASES = {
    'default': {
        'ENGINE': 'django.db.backends.sqlite3',
        'NAME': 'mydatabase',
    }
}
```

若项目要使用其他数据库，如MySQL、Oracle，需要其他连接参数。配置MySQL作为Django的默认数据库，具体示例如下：

```
DATABASES = {
    'default': {
        'ENGINE': 'django.db.backends.mysql',       # 数据库引擎
        'HOST':'192.168.40.129',                    # 数据库主机
        'PORT':3306,                                # 数据库端口
        'USER':'itcast',                            # 数据库用户名
        'PASSWORD':'123456',                        # 数据库密码
        'NAME':'xiaoyu'                             # 数据库名
    }
}
```

（8）LANGUAGE_CODE

LANGUAGE_CODE用于为站点设置默认语言。使用此配置项时，USE_I18N必须设置为True。

（9）USE_TZ

USE_TZ是一个布尔值，用于启用/禁用时区支持。

2. 指定Django配置文件

使用Django时需要告知当前项目使用哪个配置文件来启动服务，具体方法是为环境变量DJANGO_SETTINGS_MODULE赋值，默认情况下DJANGO_SETTINGS_MODULE的值由Django项目自动配置。配置操作分为临时配置和持久性配置。

（1）指定临时配置文件

可在启动项目时通过django-admin命令临时为项目指定其他配置文件。以Windows为例，具体示例如下：

```
python manage.py runserver -settings=mysite.settings
```

执行以下操作亦可实现同等效果：

```
set DJANGO_SETTINGS_MODULE=mysite.settings
django-admin runserver
```

（2）指定持久性配置文件

可在项目的manage.py文件和wsgi.py文件中通过os.environ.setdefault()方法设置持久性配置文件，该方法接收两个字符串参数，第一个参数是配置项DJANGO_SETTINGS_MODULE，第二个参数是表示配置文件路径的值，具体示例如下：

```
import os
os.environ.setdefault('DJANGO_SETTINGS_MODULE', 'mysite.settings')
```

1.3.5 在项目中创建应用

这一节将在前面创建的项目mysite中创建一个应用。在介绍如何创建应用之前，先介绍Django中应用和项目的意义。

① Django应用是一个专门做某件事的网络应用程序，比如博客、论坛，或者简单的投票程序。

② Django项目是一个网站的配置和应用的集合。

一个项目可以包含多个应用，每个应用可在多个项目中被重复利用。下面介绍如何在项目中创建应用、应用的目录结构，如何激活应用，并编写视图与配置路由，测试应用的功能。

1．创建应用

Django应用一般存放在与manage.py文件同级的目录中，以便将其作为顶级模块而非项目的子模块导入。在manage.py所在目录下执行以下命令创建应用：

```
python manage.py startapp hello
```

2．应用的目录结构

以上命令执行后将会创建一个hello应用，该应用的目录结构如下：

```
hello\
    __init__.py
    admin.py
    apps.py
    migrations\
        __init__.py
    models.py
    tests.py
    views.py
```

以上应用结构中目录和文件的说明如下：

① hello：一个纯Python包，其中存放应用文件，在引用文件时会用到这个包名，例如hello.urls，表示引用hello包中的urls.py文件。

② admin.py：一个可选文件，用于向Django后台管理系统中注册模型。

③ migrations：一个Python包，其中的文件为执行迁移时生成的迁移文件。

④ models.py：模型文件，Django应用的必备文件，其中包含应用的数据模型。该文件可以为空。

⑤ tests.py：测试文件，可在该文件中编写测试用例。

⑥ views.py：视图文件，其中包含定义了应用的逻辑。每个视图文件接收一个HTTP请求，处理请求并返回一个响应结果。

3. 激活应用

为了使Django项目跟踪应用，需先激活应用。具体操作为：打开配置文件settings.py，在其配置项INSTALLED_APPS中追加hello。如下所示：

```
INSTALLED_APPS = [
    'django.contrib.admin',
    'django.contrib.auth',
    'django.contrib.contenttypes',
    'django.contrib.sessions',
    'django.contrib.messages',
    'django.contrib.staticfiles',
    'hello',
]
```

4. 编写视图并配置路由

为了测试应用是否成功激活，这里编写一个简单的视图，并配置路由，使应用实现在浏览器中显示"hello world"的功能。

（1）编写视图

打开应用hello下的视图文件views.py，在其中编写视图函数，具体代码如下：

```
from django.shortcuts import render
from django import http
def index(request):
    return http.HttpResponse('hello world')
```

以上定义的视图函数index()的功能为返回响应信息"hello world"。

（2）配置路由

为了保证服务器能成功找到用户请求的页面，需为应用配置路由。在应用hello中创建子路由文件urls.py，分别配置根路由和子路由，配置信息分别如下：

```
mysite/urls.py
from django.contrib import admin
from django.urls import path,include

urlpatterns = [
    path('admin/',admin.site.urls),
    path('hello/',include('hello.urls')),
]
mysite/hello/urls.py
from django.urls import path
from . import views
urlpatterns = [
    path('',views.index)
]
```

5. 启动开发服务器并测试应用功能

在命令行启动开发服务器，在浏览器中输入"http://127.0.0.1:8000/hello/"，此时浏览器中将显示"hello world"，具体如图1-3所示。

第 1 章　Django概述

图1-3　应用测试结果

1.4　Django架构之MTV

Django使用MTV架构，该架构由模型（Model）、模板（Template）、视图（View）三部分组成，各部分的职责如下：

① 模型：数据操作层，定义数据模型，封装对数据库层的访问。
② 模板：表现层，负责将页面呈现给用户。
③ 视图：业务逻辑层，调用模型和模板，实现业务逻辑。

Django项目的数据模型定义在模型文件models.py中，模板文件存储在templates目录（需手动创建与配置）中，业务逻辑存储在视图文件views.py中。此外，Django项目还有一个核心文件urls.py，用于实现路由分发功能。

项目启动后，用户通过浏览器向Web服务器发起请求，Web服务器将请求传递到要处理该请求的Django项目，Django接收用户通过浏览器发起的请求，urls.py文件根据URL地址分发路由，将请求交给views.py中相应的视图；视图处理请求（此时涉及数据存取），并将处理结果与模板结合生成响应数据返回给Web服务器，服务器将数据返回到浏览器，最终呈现给用户。具体如图1-4所示。

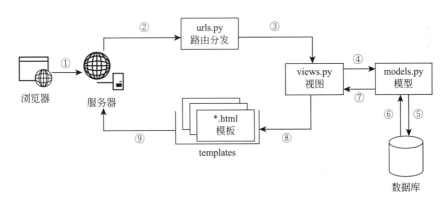

图1-4　Django工作流程示意图

1.5　Django的开发理念

开发理念不仅是Django开发者开发Django之初的指导思想，也是Django发展和完善之时应遵循的准则。Django的使用者在使用Django框架时不应与Django开发者的理念相悖。了解Django开发理念有助于理解Django框架。下面将介绍Django的开发理念。

总体上，Django遵循各部分松耦合、代码尽可能精简、保证Web开发效率、避免重复、明确优于隐式（保证不熟悉框架的人也能了解框架的工作，或能快速掌握框架的工作）这些理念，同时官方对Django的模型、数据库API、URL设计、模板、视图以及缓存框架这些部分的设计理念做了进一步细化，具体分别如下：

1. 模型

① 明确优于隐式。模型不应仅基于字段名来假设某些行为，模型的行为应基于关键字参数和字段类型。

② 定义模型表现的数据以及与数据相关的所有信息。模型应按照Martin Fowler（马丁·福勒）的Active Record（活动记录）设计模型，一个模型类对应关系数据库中的一个表，一个模型类的实例对应表中的一行记录。

2. 数据库API

① 保证效率。应尽量少地执行SQL语句、在内部优化SQL语句。

② 简洁、强大的语法。数据库API语法应以尽可能少的语法，实现丰富且准确的语义。

③ 提供方便执行原始SQL语句的方式。应认识到数据库API只是一个便捷方式，而非最终的全部手段。Django框架应具备容易编写自定义SQL语句的功能。

3. URL设计

① 松耦合。Django应用中的URL不应与底层Python代码耦合。

② 无限灵活。网址应尽可能灵活，任何可想到的URL地址都应被允许。

③ 鼓励最佳实践。Django框架应使开发人员足够容易地设计出漂亮的URLs。

④ 对URL进行定义。技术上，foo.com/bar和foo.com/bar/是两条不同的URL，搜索引擎与爬虫会将其视为独立的页面，Django会将其转为"标准"的URL，让搜索引擎与爬虫正确识别。

4. 模板系统

① 逻辑与表现分离。模板系统的基本目标是控制表现方式和表现方式逻辑，它不应支持超出基本目标的功能。

② 避免冗余。大多数动态网站会使用一些网站整体通用的设计，如页眉、页脚、导航栏等。Django模板系统应可以很容易地存储这些元素，从而减少代码的重复。

③ 与HTML解耦。模板系统不应被设计成只能输出HTML，它应该同样擅长生成纯文本，或其他基于文本的格式。

④ XML不应被用于模板语言。如果使用XML去解析模板，在编辑模板的过程中会引入很多人为错误，在模板处理中导致不可接受的开销。

⑤ 预设设计师的能力。Django模板系统不承担保证模板可以在编辑器中友好显示的功能，它期望模板编写者有直接编辑HTML文本的能力。

⑥ 显式对待空格。模板系统不应该支持空格实现更多的功能。如果模板包含空格，那么系统在处理文本时只需直接地显示空格。

⑦ 不要发明一种编程语言。模板系统的目标是提供足够的、具有编程风格的功能，比如分支和循环，而不是发明一种编程语言；同时模板语言应避免高级逻辑。

⑧ 安全和保障。拆箱即用的模板系统应禁止包含恶意代码，如删除数据库记录的命令。这也是模板系统不允许有Python代码的另一个原因。

⑨ 可扩展。模板系统应意识到高阶的模板作者可能想扩展其技术。

5. 视图

① 简洁。编写视图应和编写Python函数一样简单，开发人员不应该在函数执行时实例化一个类。

② 使用请求对象。视图应该能够访问一个请求对象——一个存储关于当前请求的元数据的对象。对象应该直接传递给视图函数，而不必从全局变量访问请求数据的视图函数。

③ 松耦合。视图不应该关心开发人员使用哪种模板——甚至不关心开发人员是否使用模板系统。

④ GET和POST的区别。框架应使得GET和POST数据很容易区分。

6. 缓存框架

① 更少的代码。缓存应该尽可能快，因此，围绕缓存的所有后端框架代码都应该保持在绝对的最小值，特别是对于get()操作。

② 一致性。缓存API应该为不同的缓存后端提供一致的接口。

③ 可扩展性。缓存API应该基于开发者的需求，在应用程序级别上是可扩展的。

小 结

本章简单地介绍了Django框架，包括Django的发展史、优点、安装，创建Django项目与应用、Django的目录结构，配置文件，Django架构以及Django的开发理念。通过本章的学习，读者能够对Django框架有所了解，掌握如何搭建虚拟环境，熟悉Django目录结构，熟练创建Django项目与应用。

习 题

一、填空题

1. Django使用_____架构，该架构分为模型、_____和_____三部分。
2. Django架构中的_____负责实现业务逻辑。
3. 在Django开发中常使用_____创建隔离的Python环境，以避免同一主机中多个Python版本之间的干扰。
4. 使用_____可以查看虚拟环境中安装的包。
5. 新建Django项目mysite，使用的命令为_____。

二、判断题

1. 虚拟环境管理工具virtualenvwrapper既能管理使用管理工具创建的虚拟环境，也能管理非管理工具创建的虚拟环境。（   ）
2. Django项目中的manage.py文件是一个提供Django管理功能的命令行工具。（   ）
3. python manage.py startapp 8000命令将在本地IP的8000端口上启动服务器。（   ）
4. Django项目配置文件中的配置项ALLOWED_HOSTS用于配置生产环境中的域/主机信息，在DEBUG为True时不可用。（   ）
5. Django项目若未涉及数据库，那么配置文件中的配置项DATABASES可以为空。（   ）

三、选择题

1. 可以启动Django项目的命令是（   ）。
   A. django-admin startproject mysite
   B. python manage.py runserver
   C. python manage.py startapp goods
   D. 以上全部

2. 下列可以为Django项目指定持久性配置文件的操作是（   ）。
   A. 启动项目时通过django-admin命令指定配置文件
   B. 在命令行使用set命令设置DJANGO_SETTINGS_MODULE以指定配置文件，之后使用django-admin命令启动项目
   C. 在项目的manage.py文件和wsgi.py文件中通过os.environ.setdefault()方法指定配置文件
   D. B、C皆可

3. 下列说法中错误的是（   ）。
   A. Django配置文件中的DATABASES项必须包含一个名为default的数据库
   B. models.py是Django应用的必备文件，该文件可以为空
   C. Django应用实现后，运行项目便可使用应用实现的功能
   D. 测试环境下无须为Django项目配置服务器

4. 下列选项中符合Django视图开发理念的是（   ）。
   A. 简洁   B. 松耦合
   C. 使用请求对象   D. 以上全部

四、简答题

1. 简述Django的设计模式。
2. 简述Django项目与应用的区别。
3. 简述Django的开发理念。

第 2 章 路由系统

学习目标：

- ◎ 了解Django处理HTTP请求的流程。
- ◎ 掌握路由转换器的用法。
- ◎ 熟练使用正则表达式配置URL。
- ◎ 掌握如何通过include()函数实现路由分发。
- ◎ 熟悉URL命名与URL命名空间。
- ◎ 掌握如何使用reverse()反向解析URL。

认真严谨的
做事态度

通过URL（Uniform Resource Locator，统一资源定位符）可以访问互联网上的资源——用户通过浏览器向指定URL发起请求，Web服务器接收请求并返回用户请求的资源，因此可以将URL视为用户与服务器之间交互的桥梁。

作为一个优秀的Web框架，Django提供了配置URL的路由系统，通过该路由系统，开发人员可以设计出简洁、优雅的URL。本章将对Django的路由系统进行介绍。

2.1 认识路由系统

Django接收到用户的请求后如何处理请求、返回响应？用户输入的网址如何生成？让我们带着这些疑问来认识路由系统，了解HTTP请求的处理流程以及URL的配置方式。

2.1.1 HTTP请求处理流程概述

Django框架的路由系统接收用户通过浏览器发来的HTTP请求，为请求分派视图，以处理请求并返回响应。结合Django项目进行分析，这一处理HTTP请求的具体流程如下：

① Django接收到HTTP请求后，首先会加载项目的配置文件，从配置文件中查找ROOT_URLCONF项所对应的值，以获取根URLconf（根URL配置文件）。通常情况下ROOT_URLCONF的值为"项目名.urls"，例如第1章创建的mysite项目，它的URL配置文件为mysite.urls.py。

② 通过配置文件的ROOT_URLCONF项找到根URLconf，Django根据用户请求的URL地址逐一匹配urlpatterns中的URL模式，匹配成功后停止匹配，并调用该模式中对应的视图。

③ 如果没有匹配到对应的URL模式，或匹配过程中出现异常，Django会调用错误处理视图返回响应。

Django处理HTTP请求的流程具体如图2-1所示。

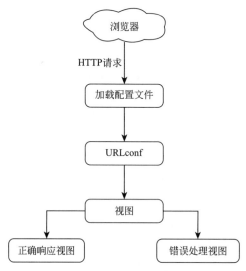

图2-1　处理HTTP请求流程

2.1.2　URL配置示例

一个项目允许有多个urls.py，但Django需要一个urls.py作为入口，这个特殊的urls.py就是根URLconf（根路由配置），它由settings.py文件中的ROOT_URLCONF指定。示例如下：

```
ROOT_URLCONF = 'chapter02.urls'
```

以上示例通过ROOT_URLCONF指定了chapter02目录下的urls.py作为根URLconf。

为保证项目结构清晰，开发人员通常在Django项目的每个应用下创建urls.py文件，在其中为每个应用配置子URL。路由系统接收到HTTP请求后，先根据请求的URL地址匹配根URLconf，找到匹配的子应用，再进一步匹配子URLconf，直到匹配完成，具体过程如图2-2所示。

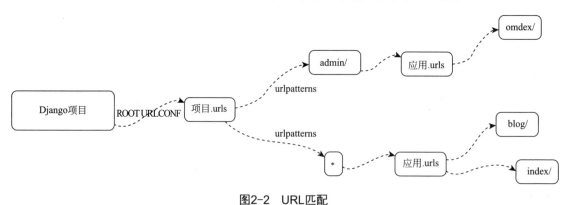

图2-2　URL匹配

下面看一个URL模式的配置示例，具体如下：

```
urlpatterns = [
    path('blog/', views.blog),
```

```
    path('showblog/<article>/', views.showblog)
]
```

以上示例中的变量urlpatterns是一个列表，该列表的元素是使用path()函数匹配的URL模式。path()函数定义在django.urls模块中，它的语法格式如下：

```
path(route,view,kwargs=None,name=None)
```

path()函数中各个参数的具体含义如下：

① route：必选参数，匹配URL的规则，是一个字符串，其中可以包含捕获参数，以"<>"标识，如上述示例第二条URL中的<article>，article将以关键字参数的形式传递给showblog()视图。

② view：必选参数，表示视图函数，Django匹配到URL模式后会调用相应的视图，并传入一个django.http.HttpRequest对象作为第一个参数。

③ kwargs：接收URL地址中的任意个关键字参数，将其组织为一个字典类型的数据传递给目标视图。

④ name：为URL模式取名，以便Django可以在任意地方唯一地引用它。

需要注意，使用path()函数对URL模式进行匹配时，不会对URL中的协议类型、域名、端口号进行匹配。

结合对path()函数的功能分析以上示例中的URL配置可知：/blog/会匹配列表urlpatterns中的第一项，并调用views.blog()视图；/showblog/django/会匹配列表urlpatterns中的第二项，调用views.showblog()视图，并将捕获到的参数article=django传递给该视图。

2.2 路由转换器

路由转换器用于将URL中的路由参数转换为指定的类型。Django内置了5种路由转换器，也支持开发人员自定义路由转换器。本节将对路由转换器进行介绍。

2.2.1 内置路由转换器

内置路由转换器可以显式地指定路由中参数的数据类型。例如，<str:phone>指定路由参数phone的数据类型为str。

Django内置了5种路由转换器，这些路由转换器的功能具体如下：

① str：匹配任何非空字符串，但不包含路由分隔符"/"。如果URL中没有指定参数类型，则默认使用该类型。

② int：匹配0或任何正整数。

③ slug：匹配由字母、数字、连字符和下画线（英文形式）组成的URL，例如，http://127.0.0.1:8000/blog/type_blog-django。

④ uuid：匹配一个uuid。为了防止多个URL映射到同一页面中，该转换器必须包含连字符，且所有字母均为小写，例如，59c08cbe-b828-11e9-a3b8-408d5c7ffd28。

⑤ path：匹配任何非空字符串，包括路由分隔符"/"。

在项目的urls.py中分别使用上述5种路由转换器定义URL模式，示例如下：

```
urlpatterns = [
    path('str/<str:str_type>', views.str_converter),      # 使用 str 转换器
    path('int/<int:int_type>', views.int_converter),      # 使用 int 转换器
```

```
        path('slug/<slug:slug_type>', views.slug_converter),    # 使用slug转换器
        path('uuid/<uuid:uuid_type>', views.uuid_converter),    # 使用uuid转换器
        path('path/<path:path_type>', views.path_converter),    # 使用path转换器
]
```

2.2.2 自定义路由转换器

虽然内置的路由转换器能够处理绝大部分应用场景，但在实际开发中可能需要匹配一些复杂的参数，如限制路由长度的参数，这时就需要开发人员自定义路由转换器。

自定义路由转换器本质上是一个类，这个类需包含类属性regex、实例方法to_python()和to_url()，其中regex设置匹配规则，to_python()方法将匹配到的字符串转换成要传递到视图中的类型；to_url()方法将Python数据类型转换为URL中使用的字符串。

自定义路由转换器定义完成之后，需通过urls模块中的register_converter()函数注册到Django框架中。register_converter函数的格式如下：

```
register_converter(converter, type_name)
```

register_converter()函数中包含两个参数，其中参数converter接收自定义的路由转换器类；参数type_name表示在URL中使用的路由转换器名称。

以定义用于匹配手机号码的路由转换器为例演示如何定义和使用自定义路由转换器，具体步骤如下：

① 创建Django项目chapter02，在此项目中创建应用app01，在应用app01中新建converter.py文件，在该文件中自定义路由转换器类MyConverter类，并使用register_converter()函数注册自定义路由转换器。定义与注册自定义路由转换器的代码具体如下：

```
from django.urls import register_converter
class MyConverter:
    regex = '1[3-9]\d{9}'                       # 匹配规则
    def to_python(self, value):
        return value
    def to_url(self, value):
        return value
register_converter(MyConverter, 'mobile')       # 注册自定义的路由转换器
```

② 路由转换器定义好之后，在app01应用的urls.py文件中导入转换器所在文件并使用自定义的路由转换器，代码如下：

```
from django.urls import path
from app01 import converter,views                # 导入应用中的converter
urlpatterns = [
    path('mobile/<mobile:phone_num>/',views.show_mobile)
]
```

③ 在app01应用中定义mobile视图，在页面中呈现手机号。示例如下：

```
from django.http import HttpResponse
def show_mobile(request, phone_num):
    return HttpResponse(f'手机号为：{phone_num}')
```

启动chapter02项目，访问http://127.0.0.1:8000/mobile/13000000000/，此时，因为URL中的手机号13000000000匹配自定义的路由转换器mobile，所以Django能够调用views.py中的show_mobile()视图，在页面中呈现手机号，如图2-3所示。

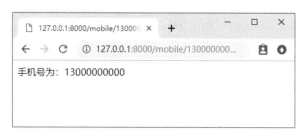

图2-3 效果页面

2.3 使用正则表达式匹配URL

若URL中包含文件路径、工牌号这类不规则的信息,则使用路由转换器无法很好地匹配URL模式,此时可以使用正则表达式定义路由模式。

若要使用正则表达式匹配URL,urlpatterns中的元素为re_path()函数的返回值。re_path()函数位于urls模块,其语法格式如下:

```
re_path(route, view, kwargs=None, name=None)
```

re_path()函数的参数route接收一个正则表达式,其余参数与path()函数中参数的作用相同。

使用re_path()函数匹配URL,示例如下:

```
from django.urls import re_path
urlpatterns = [
    re_path(r'^index/$', views.index, name='index'),
    re_path(r'^bio/(?P<username>\w+)/$', views.bio, name='bio'),
    ...
]
```

以上示例使用原生字符串为re_path()函数的参数route传参,以免因正则表达式包含转义字符而产生转义。

使用re_path()函数匹配包含正则表达式的URL有两种方式,具体如下:

1. 命名正则表达式

命名正则表达式格式为:(?P<name>pattern),其中name表示分组名,pattern表示匹配的正则表达式。URL匹配成功后,捕获到的参数会作为关键字参数传递给对应的视图,因此视图中的形式参数必须和正则表达式中的分组名相同。

例如,当前有如下URL模式:

```
re_path(r'^index/(?P<name>\w+)/$',views.site),
```

若URL为/index/itcast/会匹配到该URL模式,则调用views.site()视图,并将捕获到的参数"name=itcast"传递给视图。

2. 未命名正则表达式

若正则表达式只通过小括号"()"来捕获URL的参数,但未为其命名,则它是一个未命名正则表达式,此时捕获的参数并将其以位置参数形式传递给对应视图。示例如下:

```
re_path(r'num/(\d+)/',views.number)
```

若URL为/num/123/,此条URL与之匹配,路由系统调用views.number()视图,并将URL中的参数123传递给视图。

2.4 路由分发

通常情况下,一个Django项目中会包含多个应用,每个应用都可以设置多个URL,如果将项目所有的URL都保存在根URLconf中,那么URLconf会变得非常臃肿,不利于维护。

Django允许每个应用将URL封装到本应用的URLconf中,在根URLconf使用urls模块的include()函数将应用中的URLconf导入即可实现路由分发。路由分发的使用降低了应用的URLconf与根URLconf的耦合度。

使用include()实现路由分发有以下两种方式:

```
include(module,namespace = None)         # 1.引入应用 URLconf
include(pattern_list)                    # 2.引入 URL 模式列表
```

include()函数参数的具体介绍如下:

① module:用于指定URLconf模块。
② namespace:用于指定URL模式实例的命名空间。
③ pattern_list:用于指定一个可迭代的path或re_path实例列表。

在chapter02项目中创建app02应用,并在此应用中新建URLconf模块(即新建urls.py文件)。接下来,在app02应用中演示实现路由分发的两种方式。

1. 引入应用URLconf

首先在chapter02项目的根URLconf中使用include()函数导入app02应用的URLconf,代码如下:

```
from django.contrib import admin
from django.urls import path,include
urlpatterns = [
    path('admin/', admin.site.urls),
    path('app02/', include('app02.urls')),         # 导入 app02 中的 URLconf
]
```

然后在app02应用的URLconf中定义与应用相关的URL,示例如下:

```
from django.urls import path, re_path
from app02 import views
urlpatterns = [
    path('login/',views.login),
    re_path(r'^logon/$',views.logon),
]
```

当访问/app02/login/时,路由系统首先在chapter02项目的根URLconf进行URL匹配,匹配到/app02/后,路由系统遍历app02应用的URLconf,继续匹配URL其余部分。

2. 引入URL模式列表

除了引入应用的URLconf,include()函数还可以引入URL模式列表,此种形式不需要在应用中新建urls.py,只需在项目的根URLconf中使用include()函数添加额外的URL模式列表即可。

例如,在chapter02项目的根urls.py文件中添加额外的URL模式列表。示例如下:

```
from django.contrib import admin
from django.urls import path,include
from app02 import views
app02_extra_patterns = [
    path('reports/', views.report),
    path('reports/<int:id>/', views.show_num),
]
```

```
urlpatterns = [
    path('admin/', admin.site.urls),
    path('app02/', include(app02_extra_patterns)),
]
```

访问/app02/reports/时，路由系统首先在chapter02项目的根URLconf进行URL匹配，匹配到/app02/后路由系统遍历URL模式变量app02_extra_patterns中的元素，继续匹配URL的其余部分。

2.5 向视图传递额外参数

path()函数、re_path()函数允许向视图传递额外参数，这些参数存放在一个字典类型的数据中，该数据的键代表参数名，值代表参数值。re_path()函数与path()函数传递额外参数的方式相同，下面以path()函数为例介绍如何向视图传递额外参数。

使用path()函数的第三个参数可以向视图传递额外参数。例如，在app02应用的urls.py文件中定义如下URL模式：

```
path('blog-list/',views.blog,{'blog_id':3}),
```

路由系统匹配到以上URL模式时，会调用views.blog()视图，并向该视图传递值为3的参数blog_id。

URL模式中向视图传递了参数，那么视图必然定义了接收该参数的形参。在app02应用views.py文件中定义blog视图，代码如下：

```
def blog(request, blog_id):
    return HttpResponse(f'参数blog_id值为：{blog_id}')
```

此时访问/app02/reports/，视图会将参数blog_id的值嵌套在响应信息返回。浏览器中的页面如图2-4所示。

图2-4 传递额外参数

> **多学一招**：向include()中传递额外参数

path()函数除了可以向视图中传递额外参数之外，还可以向include()函数传递额外参数。向include()函数传递参数时，include()函数会将参数传递到被引入的URLconf中；被引入的URLconf会将参数传递给本模块每个URL对应的视图。示例如下：

```
# 根URLconf
urlpatterns = [
    path('blog/', include('app02.urls'), {'blog_name':'Django'}),
]
# app02应用URLconf
urlpatterns = [
    path('archive/', views.archive),
    path('about/', views.about),
]
```

以上示例在根URLconf将参数blog_name传递到app02的URLconf，在app02的URLconf中会将参数blog_name分别传递到archive()视图与about()视图。

2.6 URL命名与命名空间

2.6.1 URL命名

项目开发过程中，一个URL可能经常发生变化，例如项目初期用户登录使用的URL为/user-logon/，但在项目后期需要将用户登录URL更换为/login/，这意味着只要涉及/user-logon/的URL都需要更改为/login/。将项目中的/user-logon/替换为/login/会是一个重复且枯燥的过程。此时可通过URL命名来简化这一处理。

在path()函数或re_path()函数中使用参数name为URL命名，示例如下：

```
urlpatterns = [
    path('user-login/', views.login,name='login'),
]
```

以上示例代码将路由/user-login/命名为"login"，通过该名称便可调用login视图，若后期需要修改访问login视图的URL，只需修改path()或re_path()函数中的URL即可。

2.6.2 使用reverse()反向解析URL

使用Django开发应用时可以直接使用URL，但此种方式URL与项目耦合度较高，如果urls.py中修改了某个页面的URL，那么视图或模板都需要修改，在维护或更新项目过程中都有可能出现错误。

为了解决上述问题，Django使用urls模块中的reverse()函数实现反向解析，直到URL被访问时，Django服务器才会获取具体的URL。

reverse()函数的语法格式如下：

```
reverse(viewname, urlconf=None, args=None, kwargs=None, current_app=None)
```

reverse()函数中参数的具体含义如下：

① viewname：URL模式名称或可调用的视图对象。
② urlconf：包含URL模式的URLconf模块。
③ args：传递给URL的列表类型的参数。
④ kwargs：传递给URL的字典类型的参数。
⑤ current_app：当前视图所属的应用。

需要注意，reverse()函数中参数args与kwargs不能同时使用。

下面在chapter02项目中创建app03应用并在此应用中新建urls.py，在app03应用中演示reverse()函数的用法。

首先将app03应用的URLconf添加到chapter02项目的根URLconf中，具体如下：

```
path('app03/',include('app03.urls')),
```

然后在app03应用的urls.py文件中定义URL模式，具体如下：

```
from app03 import views
urlpatterns = [
```

```python
    path('url-reverse/',views.get_url,name='url'),
]
```

最后在app03应用中的views.py文件中定义get_url()视图,该视图可在页面显示通过反向解析获得的URL地址,代码如下:

```python
from django.shortcuts import reverse
def get_url(request):
    return HttpResponse(f"反向解析的url为：{reverse('url')}")
```

上述示例代码使用reverse()函数将URL命名为"url"的路由反向解析,当访问/app03/url-reverse/时,视图get_url()返回利用反向解析获取的具体的URL地址。

2.6.3 应用命名空间

Django的多个应用中可能包含同名的URL,为了避免反向解析URL时产生混淆,可以使用命名空间区分不同应用。

只需在应用的urls.py文件中定义app_name变量,便可指定当前应用的命名空间,其格式为"应用命名空间:URL名称"。

在chapter02项目中创建app04应用并在此应用中新建urls.py,下面通过app03应用与app04应用演示应用命名空间的使用。

将app04应用的URLconf添加到chapter02项目的根URLconf中,具体如下:

```python
path('app04/',include('app04.urls')),
```

在app04应用的urls.py文件中定义URL模式,具体如下:

```python
from app04 import views
app_name = 'app04'              # 设置app04应用命名空间
urlpatterns = [
    path('login/', views.login, name=login),
]
```

在app03应用的urls.py文件中追加URL模式,具体如下:

```python
path('login/',views.login,name='login'),
```

分别在app03应用与app04应用的views.py文件中定义login()视图,具体如下:

```python
def login(request):
    return HttpResponse(f"反向解析的url为：{reverse('login')}")
```

当访问的URL为/app03/login/时,页面响应结果如图2-5所示。

图2-5 响应结果

观察图2-5可知,访问的地址为app03/login/,而页面显示的地址为app04/login/,显然页面响应的结果与实际访问的地址不同,这不符合需求,此时可以通过设置应用命名空间来解决以上问题。

在app03应用与app04应用的urls.py文件中分别设置变量app_name的值，具体如下：

```
app_name = 'app03'        # 在 app03 应用 urls.py 文件中设置
app_name = 'app04'        # 在 app04 应用 urls.py 文件中设置
```

此时将login()视图中的反向解析按照"reverse('应用命名空间名称:login')"格式修改，以app03应用login()视图为例。具体如下：

```
def login(request):
    return HttpResponse(f" 反向解析的 url 为：{reverse('app03:login')}")
```

再次访问/app03/login/，页面响应结果如图2-6所示。

图2-6　响应结果

观察图2-6可知，通过设置应用命名空间可以正确区分不同应用中同名的URL。

2.6.4　实例命名空间

Django中允许多个应用的URLconf指向同一个应用的URLconf，在视图中使用应用命名空间实现反向解析时出现URL匹配混淆，例如项目chapter02的根URLconf中定义了如下URL模式：

```
path('path-one/',include('app04.urls'),
path('path-two/',include('app04.urls'),
```

该项目app04应用的urls.py定义了URL模式，具体如下：

```
path('index/', views.url_path,name='url_path'),
```

该项目app04应用的views.py定义了url_path()视图，具体如下：

```
def url_path(request):
    return HttpResponse(f" 当前 url 为：{(reverse('app04:url_path'))}")
```

此时，若访问/path-one/index/或/path-two/index/，页面中均响应"当前url为:/path-one/index/"，这是因为反向解析URL都满足根URLconf中第一条URL规则。页面响应结果如图2-7所示。

图2-7　响应结果

但我们期望视图函数能根据URL的具体路径响应不同的信息。为解决这个问题，可设置URL实例命名空间。实例命名空间在include()函数中设置参数namespace的值，其格式如下：

```
path('index/',include('app04.urls',namespace=' 实例命名空间名称 '))
```

在chapter02项目的根URLconf中为URL设置实例命名空间,具体如下:
```
urlpatterns = [
    path('path-one/', include('app04.urls', namespace='one')),
    path('path-two/', include('app04.urls', namespace='two')),
]
```
修改app04应用的url_path()视图,在该视图中通过request.resolver_match.namespace获取当前URL实例的命名空间,区分当前调用URL的应用,使反向解析能获得正确的结果。示例如下:
```
def url_path(request):
    return HttpResponse(f" 当前url为:{reverse('app04:url_path',
current_app=request.resolver_match.namespace)}")
```
此时,访问/path-one/index/页面响应"当前url为:/path-one/index/";访问/path-two /index/页面响应"当前url为:/path-two/index/"。设置实例命名空间响应结果,如图2-8所示。

图2-8 响应结果

小 结

本章介绍了Django框架中的路由系统,包括如何处理HTTP的请求、路由转换器、如何利用正则表达式配置URL、通过include()函数实现路由分发、向视图传递额外参数、URL命名与命名空间、反向解析URL。通过本章的学习,希望读者能够熟练使用Django框架中的路由系统。

习 题

一、填空题

1. 若在路由中传递参数,则需要使用_____包含参数类型与参数名。
2. 路由中使用路由转换器传递参数时包含两部分,前者为_____,后者为_____。
3. 路由转换器中包含_____方法、_____方法和_____属性。
4. URL的路由分发由_____函数实现。
5. URL作反向解析时需要使用_____函数。

二、判断题

1. URLconf是一个由Python代码组成的模块。   (   )
2. 一个Django项目只允许有一个URLconf。   (   )
3. URL中允许向视图传递额外参数。   (   )
4. include()函数可以向视图传递额外参数。   (   )
5. path()函数也可匹配包含正则的URL模式。   (   )

三、选择题

1. 下列选项中，关于内置路由转换器说法错误的是（　　）。
   A. Django提供5种内置路由转换器
   B. str可以匹配路由分隔符
   C. int只能匹配0或正整数
   D. path可以匹配任何非空字符

2. 若要匹配http://127.0.0.1:8000/django-3.0/，则URL配置中可以包含的内置路由转换器是（　　）。
   A. str　　　　B. int　　　　C. slug　　　　D. uuid

3. 若有URL模式path('<str:name>/<int:version>/',views.doc)，则下列URL能够与之匹配的是（　　）。
   A. http://127.0.0.1:8000/django/3.0/
   B. http://127.0.0.1:8000/django/3/
   C. http://127.0.0.1:8000/python-django/3.0/
   D. http://127.0.0.1:8000/python/django/3/

4. 在向视图传递额外参数时，该参数的类型是（　　）。
   A. list　　　　B. dict　　　　C. touple　　　　D. str

5. 下列关于URL命名与命名空间的说法中正确的是（　　）。
   A. Django中URL命名是唯一的
   B. 应用命名空间需要在根URLconf中指定
   C. 应用命名空间需要使用变量app_name定义
   D. 实例命名空间用于解决URL重名问题

四、简答题

1. 简述HTTP请求处理流程。
2. 简述path()函数与re_path()函数的使用区别。
3. 简述应用命名空间与实例命名空间的使用场景。

第 3 章 模型

学习目标：
- 掌握如何定义模型，熟悉模型常用字段。
- 熟悉模型的元属性。
- 了解模型管理器Manager。
- 掌握如何利用模型方法实现数据的增删改查。
- 熟练使用模型的QuerySet对象管理数据库数据。
- 了解执行原始SQL语句的方法。

模型（Models）用来定义Django中数据的结构和行为，通常情况下每个Django模型映射数据库中的一张表。Django支持多种数据库，如SQLite、MySQL、PostgreSQL、Oracle。Django内部封装了丰富的数据操作方法，开发人员无须专门学习数据库访问技术，便能管理数据库中的数据。本章主要介绍如何定义与使用模型，以及如何利用模型管理数据库中的数据。

3.1 定义与使用模型

Django中的模型以Python类的形式定义，每个非抽象模型类对应一张数据表，模型类的每个属性对应数据表中的一个字段。模型类定义在应用的models.py 文件中，并继承models.Model类。例如，定义books应用书籍信息模型类，代码如下：

```python
from django.db import models
class BookInfo(models.Model):
    name = models.CharField(max_length=20,verbose_name="名称")
    pub_date = models.DateField(verbose_name="发布日期")
    readcount = models.IntegerField(default=0,verbose_name="阅读量")
    commentcount = models.IntegerField(default=0,verbose_name="评论量")
    is_delete = models.BooleanField(default=False,verbose_name="逻辑删除")
    def __str__(self):
        return self.name
```

以上代码定义了包含name、pub_date、readcount、commentcount、is_delete这5个字段和一个魔法方法的模型类BookInfo，其中魔法方法__str__()会将查询结果以字符串形式显示。

若要将模型映射到数据库,需要先在settings.py文件中将包含该模型的应用安装到INSTALLED_APPS中,即在该项中添加一个表示应用名的元素。例如,安装books应用,代码如下:

```
INSTALLED_APPS = [
    ...
    'books',                                    # 安装books应用
]
```

如应用未安装,则无法为该应用中的模型创建数据表。

将应用注册到INSTALLED_APPS中后,方可对模型中定义的模型类进行映射。映射分为两步:生成迁移文件和执行迁移文件。从本质上看,生成迁移文件是通过ORM框架生成执行数据库操作所需的SQL语句,而执行迁移文件则是执行迁移文件中的SQL语句。

生成迁移文件的命令具体如下:

```
python manage.py makemigrations    # 生成迁移文件
```

执行以上命令后,若输出如下所示信息,则表明成功生成迁移文件。

```
E:\books_system>python manage.py makemigrations
Migrations for 'books':
    books\migrations\0001_initial.py
        -Create model BookInfo
```

执行生成迁移的命令后应用的migrations目录下会自动创建一个名为"0001_initial.py"的文件,该文件包含生成的数据表的代码。

0001_initial.py文件的代码如下:

```
from django.db import migrations, models
class Migration(migrations.Migration):
    initial = True
    dependencies = [
    ]
    operations = [
        migrations.CreateModel(
            name='BookInfo',
            fields=[
                ('id', models.AutoField(auto_created=True, primary_key=True,
serialize=False, verbose_name='ID')),
                ('name', models.CharField(max_length=20,
verbose_name='名称')),
                ('pub_date', models.DateField(null=True,
verbose_name='发布日期')),
                ('readcount', models.IntegerField(default=0,
verbose_name='阅读量')),
                ('commentcount', models.IntegerField(default=0,
verbose_name='评论量')),
                ('is_delete', models.BooleanField(default=False,
verbose_name='逻辑删除')),
            ],
        ),
    ]
```

以上代码中migrations.CreateModel的参数name表示当前迁移数据的模型类名,参数fields中包含定义模型类中的字段。需要说明的是,如果在定义模型类时没有指定主键,那么Django会自动

创建id字段作为主键。

迁移文件生成之后，使用执行迁移文件命令生成对应的数据表，具体如下：

```
python manage.py migrate                    # 执行迁移文件
```

执行上述命令后，数据库中生成会以"应用名_模型类名（小写）"形式命名的数据表。例如，books应用下定义模型类BookInfo，数据库中会生成数据表"books_bookinfo"。

这里Django使用MySQL数据库，可以通过Navicat工具查看生成的数据表。项目生成的数据表与表结构如图3-1所示。

（a）生成的数据表　　　　　　　　　　（b）表结构

图3-1　数据表books_bookinfo

图3-1所示的数据库中除books_bookinfo外，其他表都由Django内置的模型类映射而来。

3.2　模型的字段

字段是Django模型的重要组成部分，每个模型类的字段对应数据表中的一个字段。模型字段是模型类的属性，它自身也是一个类。本节介绍字段类型、关系字段和字段的一些通用选项。

3.2.1　字段类型

模型中的字段分为字段类型和关系字段：字段类型用于定义字段的数据类型；关系字段用于定义模型之间的关联关系。接下来对字段类型与关系字段进行介绍。

Django内置了许多字段类，常用的字段类及说明如下：

1. AutoField

AutoField用于定义可自增的整型字段。

2. BooleanField

BooleanField用于定义布尔类型的字段，值为True或False。

3. CharField

CharField用于定义字符串类型的字段，通过必选参数max_length设置最大字符个数。

4. DateField

DateField用于定义格式为YYYY-mm-dd的表示日期字段，有auto_now和auto_now_add两个常用参数，意义分别如下：

① auto_now：表示"最后一次修改"的时间戳，每次保存对象时自动设置该字段为当前日

期，默认为False。

② auto_now_add：表示"当前对象第一次被创建"的时间戳，对象被创建时自动设置该字段为当前日期，默认为False。参数auto_now_add和auto_now是相互排斥的，组合将会发生错误。

5. TimeField

TimeField用于定义格式为HH:MM[:ss[.uuuuuu]] 的时间字段，参数同DateField。

6. DateTimeField

DateTimeField用于定义格式为YYYY-mm-dd HH:MM[:ss[.uuuuuu]] 的日期时间字段，参数同DateField。

7. EmailField

EmailField用于定义邮箱字段，会对邮箱的合法性进行检查。

8. FileField

FileField用于上传文件的字段，该字段不能作为主键，不支持primary_key参数。FileField字段包含storage和upload_to两个可选参数，意义分别如下：

① storage：表示存储组件，用于处理文件的存储与检索。

② upload_to：表示待上传文件的存储路径。

9. ImageField

ImageField用于上传图片类型文件，继承自FileField类，包含FileField字段的全部属性和方法。该字段提供了Width_field和height_field两个参数，意义分别如下：

① width_field：表示上传图片的高度。

② height_field：表示上传图片的宽度。

10. IntegerField

IntegerField用于定义整型字段，取值范围为–2 147 483 648~2 147 483 647（-2^{31}~$2^{31}-1$）。

11. TextField

TextField用于定义大文本字段，在HTML页面中表现为textarea标签，如果为此字段的max_length参数设置值，那么HTML页面中textarea标签输入的字符数量将会受到限制。

3.2.2 关系字段

关系型数据库不仅定义了数据的组织形式，也定义了表间的关系，因此，Django中的模型除了要定义表示数据类型的字段，还需要定义表间关系。数据库表之间的关系分为一对多、一对一和多对多三种，Django使用ForeignKey、OneToOneField和ManyToManyField关系字段类来定义这三种关系。

1. ForeignKey

ForeignKey用于定义一对多关系，它包含to和on_delete两个必选参数，其中to接收与之关联的模型；on_delete用于设置关联对象删除后当前对象作何处理，该选项有以下几种取值：

① models.CASCADE：级联删除，删除主表中记录的同时也删除关联表中相关的记录。该取值为on_delete的默认值。

② models.DO_NOTHING：删除当前表中记录，但不删除关联表中相关记录。

③ models.PROTECT：删除关联数据时引发的ProtectError错误。

④ models.SET_NULL：在外键字段可为空的基础上，若修改或删除主表的主键，则将字表中参照的外键设置为null。

⑤ models.SET_DEFAULT：在外键字段可为空的基础上，若修改或删除主表的主键，则将字表中参照的外键设置为默认值。

⑥ models.SET：删除关联数据时重新设置的ForeignKey值。

此外，ForeignKey还有一个常用参数related_name，该参数用于设置关联对象查询时的名称。

在定义一对多关系时，需要将ForeignKey字段定义在处于"多"的一端的模型中。以国家和人为例，一个国家包含多个人，国家和人之间具有一对多关系，ForeignKey应该定义在人类模型中。示例如下：

```
from django.db import models
class Country(models.Model):
    country_code = models.CharField(max_length=20)
    country_name = models.CharField(max_length=50)
    class Meta:
        db_table="country"
class Person(models.Model):
    person_name = models.CharField(max_length=20)
    person_age = models.IntegerField(default=0)
    person_money = models.IntegerField(default=0)
    person_nation = models.ForeignKey(Country,on_delete=models.CASCADE)
    class Meta:
        db_table="person"
```

2. OneToOneField

OneToOneField用来定义一对一关系，它继承了ForeignKey，使用方式与ForeignKey类似。OneToOneField需要添加一个与关联模型相关的位置选项。在定义一对一关系时，可将OneToOneField字段定义在任意模型中。

以国家和总统为例，一个国家只能有一个总统，一个总统也只能属于一个国家，将OneToOneField定义在总统模型中，示例如下：

```
class President(models.Model):
    president_name = models.CharField(max_length=20)
    president_gender = models.CharField(max_length=10)
    president_nation = models.OneToOneField(Country,on_delete=models.CASCADE)
    class Meta:
        db_table="president"
```

3. ManyToManyField

ManyToManyField用来定义多对多关系，它需要一个必选位置参数to，该参数接收与当前模型关联的模型。与定义一对一关系类似，在定义多对多关系时，也可将ManyToManyField字段定义在任意模型中。

以教师和学生为例，多位教师可以对应多名学生，定义具有多对多关系的教师表和学生表，示例如下：

```
class Teachers(models.Model):
    name = models.CharField(max_length=10)
    class Meta:
        db_table="teachers"
class Students(models.Model):
```

```
            name = models.CharField(max_length=10)
            classes = models.ManyToManyField(Teachers)
            class Meta:
                db_table="students"
```

3.2.3 字段的通用参数

字段的一些参数为该字段的特有参数,但还有一些参数为多个字段的通用参数。常见的字段通用参数及说明如表3-1所示。

表3-1 常见的字段通用参数及说明

参数	说明
null	默认值是False,若为True,则表示字段可以为空
default	设置字段的默认值,默认值不能是模型实例、列表、集合等可变对象
blank	如果为True,则该字段允许为空白,默认值是False
choices	设置字段的选项,取值为二维元组或二维列表
primary_key	默认值是False,若为True,则字段会成为模型的主键字段,一般作为AutoField的选项使用
unique	默认值是False,若为True,则表示字段在表中必须唯一
db_column	用于设置该字段在数据库表中的列名。若未指定,则使用字段名作为列名
db_index	默认值是False,若值为True,则在表中会为此字段创建索引

3.3 模型的元属性

模型的元属性用于设置数据表的一些属性,例如排序字段、数据表名、字段单复数等。通过在模型类中添加内部类Meta的方式可以定义模型的元属性。例如,在模型类BookInfo中设置数据表名称,代码如下:

```
class BookInfo(models.Model):
    ...                     # 定义的字段
    class Meta:
        db_table = 'tb_bookinfo'
```

以上代码在Meta中通过db_table属性设置数据表名为"tb_bookinfo"。

除db_table元属性外,Django还提供了十几种元属性,接下来对常用的元属性进行介绍。

1. abstract

用于设置模型是否为抽象类,若abstract=True,则表示模型是抽象类。抽象类用来定义多个模型类的共有信息,在Meta类中设置abstract=True,这个模型不能被实例化,只能作为其他模型的基类。

2. app_label

如果定义的模型没有在配置文件的INSTALLED_APPS项中注册,那么必须使用app_label选项在Meta类中指明当前模型所属的应用。

3. ordering

ordering属性用于设置模型字段的排序方式,该属性默认按照升序排序,取值可以是由字段名组成的元组或列表。例如,在BookInfo类中使用ordering属性设置数据表按id字段升序排序,代码如下:

```
            ordering = 'id'
```

如果想设置数据表按某个字段降序排序,可在字段前加"-"符号。示例如下:

```
ordering = ['-id']                                        # 降序排序
```
如果ordering中存在多个字段，默认优先按照第一个字段进行排序，如果第一个字段无法为记录排序，则再根据第二个字段进行排序。示例如下：

```
ordering = ['id','score']
```
上述示例表示优先按照"id"进行升序排序，如果只根据"id"无法为记录排序，再根据"score"进行升序排序。

4．verbose_name

元属性verbose_name用于设置显示在后台管理系统页面上的、直观可读的数据表名。示例如下：

```
verbose_name = "book"
verbose_name = "图书"
```

5．verbose_name_plural

元属性verbose_name_plural用于设置模型类在后台管理系统页面上显示的表名的复数形式。示例如下：

```
verbose_name_plural = "books"
```
如果没有指定verbose_name_plural，那么默认以verbose_name加上"s"作为复数形式。例如，verbose_name值为book，那么模型类名的复数形式为books。

3.4　Manager管理器

Manager管理器是Django模型进行数据库查询操作的接口，每个模型都拥有至少一个管理器。本节将针对Manager管理器进行介绍。

3.4.1　管理器名称

默认情况下，Django为每个模型类添加一个名为 objects 的管理器。若想使用其他名称访问管理器，可以在模型类中使用自定义的类属性接收models.Manager()，以重命名管理器。

在模型中定义一个值为 models.Manager() 的属性来重命名管理器，示例如下：

```
from django.db import models
class Person(models.Model):
    ...
    custom_objects = models.Manager()
```

上述示例将管理器重命名为custom_objects，此时若使用objects调用Manager管理中的all()方法则会抛出 AttributeError 异常，而使用Person.custom_objects.all() 会返回一个包含所有 Person 对象的列表。

3.4.2　自定义管理器

在models.py文件中实例化自定义的Manager管理器，就可以在定义的模型中使用自定义的Manager管理器。自定义管理器通常有两种方式：一是添加额外的管理器方法；二是修改Manager的原始查询集。

1．添加额外的自定义管理器方法

添加额外的自定义管理器方法是为模型类增加"表级"功能。首先，自定义管理器类，在该

类中定义查询数据相关方法；然后，在与之对应的模型类中将模型类的objects赋值为自定义管理器类。例如，为3.2.2节中自定义模型Country添加自定义管理器CountryManager，通过该管理器能够将查询结果以"国家:国名"格式显示。示例如下。

```python
class CountryManager(models.Manager):
    def country_name_prefix(self):
        # 查询所有结果
        all_countries = self.all()
        for country in all_countries:
            country.country_name = '国家:' + country.country_name
        return all_countries
class Country(models.Model):
    country_code = models.CharField(max_length=20)
    country_name = models.CharField(max_length=50)
    objects = CountryManager()
    class Meta:
        db_table = 'country'
    def __str__(self):
        return self.country_name
```

以上示例定义了自定义管理器CountryManager，在该类中定义了查询所有国家名称的country_name_prefix()方法，并在Country类中指定使用管理器CountryManager，此时可以通过Country.objects.country_name_prefix()查询所有国家名称。

2．修改Manager原始查询集

调用Manager管理器中的all()方法可得到一个包含所有查询结果的QuerySet对象，例如，Person.objects.all()会返回一个包含所有人员信息的QuerySet对象。通过重写Manager管理器中的get_queryset()方法可以修改all()方法获取的查询集。

例如，自定义PersonManager管理器，使Person.objects.all()只返回国家id为1的人员信息。示例如下：

```python
class PersonManager(models.Manager):
    def get_queryset(self):
        return super(PersonManager,self).get_queryset().filter(person_nation__exact=1)
class Person(models.Model):
    ...
    objects = PersonManager()
```

3.5 数据的增删改查

Django模型提供了丰富的数据库操作功能，如添加数据、查询数据、更新数据和删除数据，下面依次介绍如何使用这些功能（为方便演示，下列示例均在Django Shell中执行，在终端中执行命令python manage.py shell可进入Django Shell）。

1．添加数据

向数据表中添加数据有两种方式：一是使用模型管理器的create()方法添加数据；二是使用模型实例的save()方法保存数据。

（1）create()方法

create()方法是模型类的管理器方法，模型类通过管理器调用该方法。该方法可将传入的数据添加到数据表中，其语法格式如下：

```
create(self, **kwargs)
```

例如，模型类BookInfo通过管理器调用create()方法添加数据，示例如下：

```
BookInfo.objects.create(name="骆驼祥子",readcount=100,
                        pub_date="1937-1-2",is_delete=0,commentcount=70)
```

（2）save()方法

save()方法是模型对象的方法，模型实例可调用该方法。该方法可将数据添加到数据库中，其语法格式如下：

```
save(force_insert=False, force_update=False, using=None,
                                             update_fields=None)
```

save()方法各个参数的具体介绍如下：

① force_insert：表示强制执行插入语句，不可与force_update同时使用。
② force_update：表示强制执行更新语句，不可与force_insert同时使用。
③ using：用于将数据保存到指定的数据库。
④ update_fields：用于指定更新的字段，其余的字段不更新。

例如，创建模型类BookInfo的实例，调用save()方法保存实例数据，示例如下：

```
bookinfo = BookInfo(name='围城',pub_date='1994-02-05',readcount=134,
                                  commentcount=100,is_delete=0)
bookinfo.save()
```

2. 查询数据

Django的对象管理器提供了4个查询数据的方法：all()、filter()、exclude()和get()。下面分别介绍这4个查询方法。

（1）all()方法

all()方法查询模型在数据库映射的表中的所有记录，返回值是一个QuerySet对象，该对象是一个类似列表的结构，它支持for循环、索引（不支持负索引）、切片等操作。

例如，使用all()方法查询模型类BookInfo所对应数据表中所有的记录，示例如下：

```
all_info = BookInfo.objects.all()
```

（2）filter()方法

filter()方法根据查询条件查询数据表，返回满足条件的数据，返回值是一个QuerySet对象。

例如，使用filter()方法筛选出id值大于3的记录，示例如下：

```
binfo = BookInfo.objects.filter(id__gt=3)
```

以上查询语句表示筛选出id值大于3的记录，其中"gt"为字段查询中的运算符，表示大于。

字段查询的基本形式为："属性名称__比较运算符=值"。常见的运算符如表3-2所示。

表3-2 常见的运算符

运算符	说明
gt、gte、lt、lte	分别表示>、>=、<、<=
in	判断字段值是否存在于一个可迭代列表中
range	判断字段值是否在指定的区间
exact	判断字段值是否精确相等

续表

运算符	说明
iexact	判断字段值是否精确相等,忽略大小写
contains	字段值的模糊匹配
icontains	字段值的模糊匹配,忽略大小写
startswith	判断字段值以…开头
istartswith	判断字段值以…开头,忽略大小写
endswith	判断字段值以…结尾
iendswith	判断字段值以…结尾,忽略大小写

(3) exclude()方法

exclude()方法根据查询条件查询数据库,返回不满足条件的数据,返回值是一个QuerySet对象。

例如,使用exclude()方法获取id小于3的记录,示例如下:

```
ex_binfo = BookInfo.objects.exclude(id__lt=3)
```

(4) get()方法

get()方法根据查询条件进行查找,返回符合条件的一条记录,返回值是一个模型对象。

例如,使用get()方法查询数据表books_bookinfo中id值为1的记录,示例如下:

```
binfo = BookInfo.objects.get(id=1)
```

3. 删除数据

删除数据使用对象的delete()方法,对应SQL中的删除操作,此方法会立即删除数据库中的记录,并返回删除记录的数量。示例如下:

```
binfo.delete()
```

4. 更新数据

update()是对象管理器的方法,用于根据查询条件更新数据表的指定字段,并返回生效的行数,其语法格式如下:

```
update(self, **kwargs)
```

例如,将模型类BookInfo对应的数据表中id为1的is_delete值修改为1,示例如下:

```
BookInfo.objects.filter(id=1).update(is_delete=1)
```

3.6 QuerySet的使用

QuerySet是Django的数据查询集,它表示从数据库中获取的对象集合。本节对QuerySet的用法进行介绍。

3.6.1 多表查询

实际开发中的数据查询往往涉及多张表,无论表间存在何种关联关系,多表查询都分为正向查询和反向查询两种查询方式。这两种查询方式与关联字段所在位置有关:若关联字段定义在当前表中,则从当前表查询关联表为正向查询;若关联字段不在当前表中,则从当前表查询关联表为反向查询。

Django模型通过关联字段定义表间关系，同时也定义了一套查询关联对象的方法，数据库中多张表之间的查询可通过模型对象操作实现。下面结合本章定义的模型，按表间关系分类，介绍通过关联字段实现正向查询和反向查询的方法。

1. 一对多关系

以3.2.2节定义的具有一对多关系的模型Country和Person为例，这两个模型的关联字段定义在模型Person中，那么使用Person对象查询Country对象为正向查询，使用Country对象查询Person对象为反向查询。下面分别演示如何进行查询。

（1）正向查询

一对多关系中正向查询的语法格式如下：

```
当前模型对象.关联字段.关联模型中要查询的字段
```

以查询某人所属的国家为例，假设此人的id为1，示例代码如下：

```
p = Person.objects.get(id=1)
p_country = p.person_nation.country_name
```

以上代码中的person_nation为Person与Country的关联字段，country_name为Country模型中记录国家信息的字段。

（2）反向查询

一对多关系中反向查询的语法格式如下：

```
当前模型对象.关联模型表名(小写)_set.all()
```

以查询某国包含的人员为例，假设该国家的id为1，示例代码如下：

```
c = Country.objects.get(id=1)
p_country = c.person_set.all()
```

以上代码通过Country模型查询Person模型中的数据，其中关联模型为Person。

2. 一对一关系

以3.2.2节定义的具有一对一关系的模型Country和President为例，这两个模型的关联字段定义在模型President中，那么使用President对象查询Country对象为正向查询，使用Country对象查询President对象为反向查询。下面分别演示如何进行查询。

（1）正向查询

一对一关系中正向查询的方式与一对多关系中正向查询的方式相同，其语法格式如下：

```
当前模型对象.关联字段.关联模型中的字段
```

以查询某位总统所属的国家为例，假设总统的id为1，示例代码如下：

```
p = President.objects.get(id=1)
p_country = p.president_nation.country_name
```

以上代码中的president_nation为President与Country的关联字段，country_name为Country模型中记录国家信息的字段。

（2）反向查询

一对一关系中反向查询的语法格式如下：

```
当前模型对象.关联模型表名(小写).关联模型中要查询的字段
```

以查询某个国家的总统为例，假设Country对象的id为1，示例代码如下：

```
c = Country.objects.get(id=1)
p_name = c.president.president_name
```

以上代码通过Country模型查询President模型中的数据,其中关联模型为President。

3. 多对多关系

多对多关系中正向查询与反向查询的方式与一对多关系相同,此处不再赘述。

3.6.2 F对象与Q对象

之前的查询都是字段与常量值进行比较,如果在查询过程中需要比较表中的字段,那么可以使用django.db.models中的F对象;查询时可能涉及一个或多个查询条件,此时可以使用Q对象。

1. F对象

使用F对象的语法格式如下:

```
F(字段名)
```

假设现有模型类BookInfo,该模型类中的字段readcount表示阅读量,字段commentcount表示评论量,利用F对象查询阅读量大于评论量的图书,示例如下:

```
from django.db.models import F
BookInfo.objects.filter(readcount__gt=F('commentcount'))
```

F对象支持加、减、乘、除、求余、次方运算。例如,查询阅读量等于2倍评论量的图书。示例如下:

```
BookInfo.objects.filter(readcount=F('commentcount')*2)
```

2. Q对象

使用Q对象的语法格式如下:

```
Q(属性名__运算符=值)
```

例如,查询阅读量大于20并且编号小于3的图书。示例如下:

```
from django.db.models import Q
BookInfo.objects.filter(readcount__gt=20,id__lt=3)
```

Q对象可与逻辑运算符"|"和"&"结合实现复杂的数据库查询。例如,使用Q对象查询阅读量大于20且编号小于等于5的图书。示例如下:

```
BookInfo.objects.filter(Q(readcount__gt=20)&Q(id__lte=5))
```

Q对象还支持取反操作,其格式为"~Q()"。例如,查询id不等于3的图书。示例如下:

```
BookInfo.objects.filter(~Q(id=3))
```

3.6.3 QuerySet的特性

QuerySet具有两大特性:一是惰性执行;二是缓存。

1. 惰性执行

惰性执行指执行创建QuerySet查询集操作时不会立刻访问数据库,直到需要使用查询集中的数据,例如要对查询集进行切片、序列化、求长度等操作时,Django才会真正对数据库进行访问。例如,有如下代码:

```
p = Person.objects.filter(id__range=(2,5))
print(p)
```

以上第一行代码便执行了查询操作,但直到运行第二行代码时,Django才访问数据库并获取了其中的数据。

2. 缓存

每个QuerySet查询集都包含一个缓存以实现数据库访问的最小化，新建的QuerySet查询集中缓存为空，首次对QuerySet查询集求值时Django访问数据库获取查询到的数据，并存储到QuerySet查询集的缓存中。之后再对相同的数据进行查询，Django首先从缓存中读取数据，若缓存中无此数据，再从数据库中查询数据。

3.7 执行原始SQL语句

Django允许开发人员使用两种方式执行原始SQL语句：一种使用模型管理器的raw()方法执行原始查询语句并返回模型实例；另一种完全不经过模型层，利用Django提供的默认数据库django.db.connection获取游标对象，再通过游标对象调用execute()方法直接执行SQL语句。

1. 使用Manager.raw()方法执行SQL查询语句

Manager.raw()方法接收一个原始SQL查询语句，返回一个RawQuerySet对象，该对象是一个查询集，与QuerySet对象一样支持迭代操作。

raw()方法的语法格式如下：

```
Manager.raw(raw_query,params=None,translations=None)
```

raw()方法中各个参数的具体含义如下：

① raw_query：表示原始的SQL语句。
② params：查询条件参数，接收列表或字典类型的数据。
③ translations：表示字段映射表，接收存储查询字段与模型字段映射关系的字典类型数据。

使用raw()方法查询数据表person中所有的数据，代码如下：

```
person = Person.objects.raw("select * from person")
```

以上代码等价于"Person.objects.all()"。

raw()方法将查询语句中的字段映射至模型字段，因此raw()方法中字段的顺序并不影响查询出的结果。示例如下：

```
Person.objects.raw("select id,person_age,person_name from person")
Person.objects.raw("select person_age,id,person_name from person")
```

以上示例代码的查询结果一致。

需要注意的是，Django中使用主键来区分模型实例，因此，raw()方法的原始SQL查询语句中必须包含主键，否则会抛出invalidQuery异常。

raw()方法根据字段名称查询数据，raw()方法中的SQL语句可以使用as关键字为字段设置别名。示例如下：

```
Person.objects.raw("select id,persion_age as P_age,
                    person_name as P_name from person")
```

上述的语句表示在数据表中查询字段id、person_age、person_name。通过raw()方法的translations参数也可以实现此查询，示例如下：

```
query_map = {"pk":"id","p_age":"person_age","p_name":"person_name"}
Person.objects.raw("select * from person",translations=query_map)
```

raw()方法还支持索引，若只需要第一个查询结果，则可使用如下形式：

```
person = Person.objects.raw("select * from person")[0]
```

在查询数据时，可以使用raw()方法中参数params为原始SQL语句传递查询参数，该参数可以为一个列表或字典类型的数据。

将查询条件作为参数使用raw()方法进行查询，示例如下：

```
param = ['person_name']
p_name = Person.objects.raw("select id,%s from person",param)
```

上述语句表示查询数据表person中的id、person_name字段，需要说明该查询方式适用于SQLite数据库。

使用"%(key)s"作为占位符可以为raw()方法的参数params传递一个字典类型的参数，其中key由参数中的key替换。示例如下：

```
param = {"id"=1}
p_name =Person.objects.raw("select * from person where id=%(id)s',param)
```

上述语句表示查询数据表person中id为1的记录。

需要说明的是，如果使用的是SQLite数据库，那么参数params只能以列表形式传入。

2．利用游标对象执行SQL语句

虽然使用raw()方法可以通过模型查询到数据表中的数据，但是在实际开发中还可能需要对未映射至模型的数据进行查询，或更新、插入、删除，此时无法再使用raw()方法，只能绕过模型，直接访问数据库。

django.db.connection提供默认数据库连接，使用connection.cursor()方法可以获取数据库游标对象，使用游标对象的execute()方法可以执行原始的SQL语句。

例如，使用connection对象查询数据表person中所有数据，示例如下：

```
from django.db import connection
conn = connection.cursor()
conn.execute('select * from person')
```

fetchone()与fetchall()也是数据库游标对象的常用方法，它们分别返回查询集中的一条/全部记录。使用fetchone()查询一条记录，示例如下：

```
conn.fetchone()
```

以上示例代码将查询出一条记录。

使用fetchall()查询所有记录，示例如下：

```
conn.fetchall()
```

以上示例代码将查询出所有记录。

小　　结

本章介绍了与Django模型相关的知识，包括模型的定义、字段的使用、模型元属性、Manager管理器、数据的增删改查、QuerySet的使用。通过本章的学习，希望读者能对Django中的模型有所了解，掌握如何定义模型，熟练利用模型操作数据库中的数据。

习　　题

一、填空题

1. Django中模型的作用是_____。

2. Django生成迁移文件的命令为_____，执行迁移文件的命令为_____。
3. 模型定义完成执行迁移命令后，在migrations目录下会生成对应的_____。
4. Django中的关系字段分别为_____、_____和_____。
5. 用于设置数据表名称的元属性是_____。

二、判断题

1. Django支持多种数据库。 （ ）
2. 每个模型在数据库中一定有对应的数据表。 （ ）
3. 模型类可以定义在任意文件中。 （ ）
4. 模型在生成数据表时，需要明确指定数据表中的主键字段。 （ ）
5. 模型在生成数据表时，默认以模型名为数据表命名。 （ ）

三、选择题

1. 下列关于Manager管理器的说法错误的是（   ）。
   A. 一个模型类中有一个或多个Manager管理器
   B. 模型类默认使用objects为Manager管理命名
   C. Manager管理器名称可以重命名
   D. 重命名的Manager管理器仍可以使用objects调用管理器方法
2. 下列字段类型中用于验证Email合法性的是（   ）。
   A. CharField   B. BooleanField
   C. EmailField   D. FileField
3. ForeignKey的必选参数on_delete有多个取值，下列用于级联删除的是（   ）。
   A. models.CASCADE   B. models.DO_NOTHING
   C. models.PROTECT   D. models.SET_NULL
4. 下列关于字段的通用选项说法错误的是（   ）。
   A. default用于设置字段的默认值
   B. choices设置字段的选项，取值为二维元组
   C. unique表示设置字段的唯一性
   D. blank表示字段可以为空
5. QuerySet具有惰性查询，但在以下（   ）情况会到数据库中查询数据。（多选）
   A. repr()   B. len()   C. list()   D. dict()

四、简答题

1. 简述F对象与Q对象的区别。
2. 简述在什么情况下使用自定义管理。
3. 简述Django执行SQL查询的两种方式。

第4章 模板

学习目标：
- 掌握模板在Django框架中的位置与功能。
- 了解Django加载模板的机制。
- 掌握模板语言，可熟练在模板中定义变量、使用过滤器和标签。
- 掌握模板继承机制。
- 熟悉Jinja2模板的配置与使用。

Web网页即HTML页面，作为一个Web框架，Django提供了一种动态生成HTML页面的快捷方式，即模板。本章将针对模板的相关内容进行详细介绍。

4.1 模板与模板引擎

Django的模板文件是一个文本文件，这个文件可以是任何类型的文本（如HTML、CSV等），但通常保存为HTML类型。

Django项目通过模板引擎解释模板文件，一个Django项目中可以配置一个或多个模板引擎。Django有内置的模板引擎，也支持广泛使用的Python模板引擎Jinja2。

若要在Django项目中使用模板，需先在settings.py文件的TEMPLATES选项中配置模板引擎。TEMPLATES的值是一个列表，列表的每个元素对应一个引擎。使用startproject命令创建项目后，settings.py文件的TEMPLATES默认如下：

```
TEMPLATES = [
    {
        'BACKEND': 'django.template.backends.django.DjangoTemplates',
        'DIRS': [],
        'APP_DIRS': True,
        'OPTIONS': {
            ...
        },
    },
]
```

在配置模板引擎时通常需要为其指定4项信息：BACKEND、DIRS、APP_DIRS、OPTIONS。这4项信息的含义说明如下：

① BACKEND：实现Django模板引擎API的模板引擎类的路径。Django内置模板引擎DjangoTemplates和Jinja2的路径分别为django.template.backends.django.DjangoTemplates和django.template.backends.jinja2.Jinja2。

② DIRS：设置模板源文件的目录列表，模板引擎将按列表中元素的顺序依次查找目录，若模板目录在项目根目录下，则DIRS值为os.path.join(BASE_DIR, 'templates')。

③ APP_DIRS：声明是否在已安装的应用程序中查找模板。

④ OPTIONS：模板引擎的设置信息，dict类型。Django内置模板引擎常用的OPTIONS配置信息说明如表4-1所示。

表 4-1 OPTIONS 配置信息说明

选 项	说 明
autoescape	bool 类型，用于控制是否启用 HTML 自动转义，默认为 True。需要注意，若渲染非 HTML 模板，则此项必须设置为 False
content_processors	在使用 request 呈现模板时用于填充上下文的可调整的路径列表
debug	bool 类型，用于打开/关闭模板的调试模式，默认为 DEBUG 设置的值
loaders	模板加载器类的 Python 路径列表
string_if_invalid	模板系统读取到无效变量时会输出的字符串
file_charset	读取磁盘上的模板文件时使用的字符编码

Django定义了标准API，无论使用哪个模板引擎，Django总以标准API加载和渲染模板。加载模板的标准API为get_template()和selsect_template()，它们定义在django.templates.loader模块，语法格式分别如下：

```
get_template(template_name, using=None)
select_template(template_name_list, using=None)
```

以上语法格式中，get_template()接收一个模板名，返回Template对象；select_template()接收一个模板名称列表，按顺序尝试加载列表中的模板，返回找到的第一个模板的Template对象。若未找到模板，则这两个方法都抛出TemplateDoesNotExist；若找到的模板中存在语法错误，则抛出TemplateSyntaxError。get_template()和select_template()的参数using是可选参数，接收模板引擎的名字，用于限定搜索时使用的模板引擎。

get_template()和select_template()生成的Template对象包含一个render()方法，该方法用于渲染模板，它的语法格式如下：

```
Template.render(context=None, request=None)
```

render()方法的参数context用于接收一个字典，字典内容为将要嵌入到模板中的上下文，可以为空；参数request是一个HttpRequest对象。

4.2 模板查找顺序

了解模板查找顺序有助于模板文件的组织与管理工作。本节将结合模板引擎配置，说明Django项目中模板文件的查找顺序。

假设Django项目的模板引擎配置代码如下：

```
TEMPLATES = [
    {
        'BACKEND': 'django.template.backends.django.DjangoTemplates',
        'DIRS': [
            '/home/html/example.com',
            '/home/html/default',
        ],
    },
    {
        'BACKEND': 'django.template.backends.jinja2.Jinja2',
        'DIRS': [
            '/home/html/jinja2',
        ],
    },
]
```

使用get_template()方法加载模板，为其传入参数"story_detail.html"，模板引擎查找模板的顺序如下：

① /home/html/example.com/story_detail.html（Django引擎）。
② /home/html/default/story_detail.html（Django引擎）。
③ /home/html/jinja2/story_detail.html（Jinja2引擎）。

使用select_template()方法加载模板，为其传入参数"['story_253_detail.html', 'story_detail.html']"，则查找顺序如下：

① /home/html/example.com/story_253_detail.html（Django引擎）。
② /home/html/default/story_253_detail.html（Django引擎）。
③ /home/html/jinja2/story_253_detail.html（Jinja2引擎）。
④ /home/html/example.com/story_detail.html（Django引擎）。
⑤ /home/html/default/story_detail.html（Django引擎）。
⑥ /home/html/jinja2/story_detail.html（Jinja2引擎）。

需要注意的是，一旦查找到对应模板，模板引擎便会终止查找。

多学一招：render_to_string()

django.shortcuts模块中定义了一个用于实现模板加载和渲染的函数render_to_string()，该函数的语法格式如下：

render_to_string(template_name, context=None, request=None, using=None)

render_to_string()函数像get_template()一样加载模板，并立刻调用Templates对象的render()方法。

4.3 模板语言

模板文件包含静态的HTML文本和描述数据如何插入HTML文本中的动态内容，模板系统的模板语言分变量（variables）和标签（tags）两部分定义了这些动态内容的语法，此外，Django为变量定义了过滤器（filter），也支持自定义过滤器，以便模板可以更加灵活地呈现数据。本节将分变量、过滤器、标签和自定义过滤器这4部分介绍Django的模板语言。

4.3.1 变量

模板变量用于标识模板中会动态变化的数据，当模板被渲染时，模板引擎将其替换为视图中传递而来的真实数据。模板变量的语法格式如下：

```
{{ variable }}
```

模板变量名由字母、数字和下画线组成，但不能以下画线开头。

模板语言通过点字符进一步访问变量中的数据，但由于模板不明确模板变量的类型，因此模板引擎会按以下顺序进行尝试：

① 将变量视为字典，尝试根据键访问变量的值。
② 将变量视为对象，尝试访问变量的属性或方法。
③ 尝试访问变量的数字索引。

需要注意的是，若点字符后是一个方法，则这个方法在调用时不带括号。例如，调用字典变量books的items()方法，具体示例如下：

```
{{ books.items }}
```

若变量不存在，则模板引擎将以string_if_invalid选项的值填充该模板变量。

模板生效时，模板引擎会计算变量的值，并使用计算结果替换变量。

4.3.2 过滤器

过滤器用于过滤变量，获取更精确的数据，其语法格式如下：

```
{{ variables|filters }}
```

可以使用多个管道符号（"|"）连接多个过滤器，连续对同一变量进行过滤，其语法格式如下：

```
{{ variables|filters1|filters2... }}
```

需要注意的是，管道符号和变量、过滤器之间不能有空格。

一些过滤器可以接收参数，过滤器与参数之间使用":"分隔。若参数中含有空格，则参数必须放在引号之内，例如{{ list|join:", " }}。

Django提供了约60个内置模板过滤器，下面对常用的过滤器进行介绍。

1. add

add用于将过滤器的参数添加到变量，例如：

```
{{ value|add:"32" }}
```

假设变量value的值为3，其被以上过滤器过滤后的结果为35。

add过滤器首先尝试将变量和参数都强制转换为整数，若转换失败，则add会连接变量与参数。示例如下：

```
{{ first|add:second }}
```

假设first的值为[1,2,3]，second的值为[4,5,6]，则输出结果为[1,2,3,4,5,6]（过滤器的参数second也通过context渲染）。

需要注意，连接操作适用于字符串、列表这类数据，若为其他类型的数据，则返回空字符串。

2. addslashes

addslashes用于在引号前增加反斜线，例如：

```
{{ value|addslashes }}
```
假设value的值为"I don't know.",其被以上过滤器处理后的结果为"I don\'t know."。

3. capfirst

capfirst用于将首字母转换为大写。例如:

```
{{ value|capfirst }}
```

假设value的值为"itcast",其被以上过滤器处理后的结果为"Itcast"。需要注意,若value的首字符不是字母,则此过滤器无效。

4. center

center用于指定一个宽度,使值居中显示。例如:

```
{{ value|center:"18" }}
```

假设value的值为"itcast",其被以上过滤器处理后的结果为"   itcast   "。

5. cut

cut用于移除变量中存在的由参数指定的字符串,例如:

```
{{ value|cut:" " }}
```

假设value的值为"hello world",其被以上过滤器处理后的结果为"helloworld"。

6. date

date用于根据给定格式格式化日期。Django定义了大量格式字符,如表示4位年份的"Y",表示2位月份的"m",表示2位的某一天的"d"(更多格式字符请参见官方文档)。使用过滤器date输出格式化日期,示例如下:

```
{{ now|date:"Y年m月d日" }}
```

假设now的值为使用datetime.datetime.now()获取的当前时间(January 09, 2020 - 14:07:52),则结果将会是"2020年01月09日"。

类似地,过滤器time用于根据给定格式格式化时间。

7. default

default用于指定变量的默认值。如果value的计算结果为False,则使用default指定的默认值。例如:

```
{{ value|default:"35" }}
```

假设value的值为"",其被以上过滤器处理后的结果为"35"。

8. dictsort

dictsort用于获取字典列表,并返回按参数指定的键排序后的列表。例如:

```
{{ value|dictsort:"age" }}
```

假设value为:

```
[
    {'name': '张三', 'age': 19},
    {'name': '李四', 'age': 32},
    {'name': '王五', 'age': 31},
]
```

过滤后的结果是:

```
[
```

```
    {'name': '张三', 'age': 19},
    {'name': '王五', 'age': 31},
    {'name': '李四', 'age': 32},
]
```

dictsort也可以按指定索引处的元素对列表（或实现__getitem__()方法的任何其他对象）排序，例如：

```
{{ value|dictsort:1 }}
```

假设value为：

```
[
    ('a', '42'),
    ('c', 'string'),
    ('b', 'foo'),
]
```

过滤后的结果是：

```
[
    ('a', '42'),
    ('b', 'foo'),
    ('c', 'string'),
]
```

需要注意的是，以上传递的索引必须是整数而非字符串。

类似地，过滤器dictsortreversed按参数指定的键以相反顺序对列表进行排序。

9. escape

escape用于对字符进行HTML转义，具体转换如下：

① 将<转换为<。
② 将>转换为>。
③ 将'（单引号）转换为'。
④ 将"（双引号）转换为"。
⑤ 将&转换为&。

例如：

```
{{ value|escape }}
```

假设value的值为"<Django>"，其被以上过滤器处理后的结果为"<Django>"。

10. filesizeformat

filesizeformat用于将表示文件大小的数据格式化。例如：

```
{{ value|filesizeformat }}
```

假设value的值为123456789，其被以上过滤器处理后的结果为117.7MB。

11. join

join会使用参数指定的字符串连接列表中的元素。例如：

```
{{ value|join:" // " }}
```

假设value的值为[1,2,3]，其被以上过滤器处理后的结果为字符串"1 // 2 // 3"。

12. length

length会返回变量的长度，可用于字符串和列表。例如：

```
{{ value|length }}
```
假设value的值为[1,2,3],其被以上过滤器处理后的结果为3。

13. linenumbers

linenumbers用于显示带行号的文本。例如:

```
{{ value|linenumbers }}
```

假设value的值为:

```
itcast
itheima
coding fish
```

过滤后的结果是:

```
1.itcast
2.itheima
3.coding fish
```

14. lower/upper

lower用于将字符串全部转换为小写, upper用于将字符串全部转换为大写。例如:

```
{{ value|lower }}
```

假设value的值为"Tomorrow is Another day.", 其被以上过滤器处理后的结果为"tomorrow is another day."。

15. random

random用于返回给定列表中的一个随机元素, 例如:

```
{{ value|random }}
```

如果value的值为[1,2,3,4], 其被以上过滤器处理后的结果可能是1、2、3、4中的任意一个。

16. truncatewords

truncatewords用在文本较长的场景, 显示长文本的缩略内容, 可根据参数在一定数量的单词后截断字符串。例如:

```
{{ value|truncatewords:2 }}
```

假设value的值是"tomorrow is another day.", 其被以上过滤器处理后的结果为"tomorrow is ..."。

更多内置过滤器可参见官方文档。

4.3.3 标签

标签蕴含一定的逻辑, 它的功能要比变量复杂, 例如一些标签用于输出文本; 一些标签通过执行循环或逻辑控制流; 一些标签加载外部信息到模板中, 以供后续变量的使用。

标签格式简单, 例如: {% tag %}; 也有一些标签必须成对出现, 以标识模板文本的开始和结束, 示例格式如下:

```
{% tag %}
   ...
{% endtag %}
```

Django内置了约60个模板标签, 下面对常用标签进行介绍。

1. for

for循环遍历数组中的每个元素, 以便在上下文变量中使用这些元素。模板语言中for的用法与

Python中的for相同。例如，使用for标签遍历书单book_list，并输出所有书名，示例代码如下：

```
{% for book in book_list %}
    <li>{{ book.name }}</li>
{% endfor %}
```

模板中的for支持反向遍历列表，语法格式如下：

```
{% for obj in list reversed %}
```

若要遍历双层列表，可以解包内层列表中的每个元素到多个变量中。例如，列表points中的每个元素都是[x,y]形式的坐标，输出每一个坐标的x、y值，示例代码如下：

```
{% for x, y in points %}
    There is a point at {{ x }},{{ y }}
{% endfor %}
```

以上操作在遍历字典时同样适用。示例代码如下：

```
{% for key, value in data.items %}
    {{ key }}: {{ value }}
{% endfor %}
```

需要注意的是，操作符"."查找优先于方法查找，因此若字典中包含键items，data.items将返回data['items']而非data.items()。如果想在模板中使用字典的方法（如items、values、keys等），需避免使用字典的方法名作为键名。

Django为for循环定义了一些变量，具体如表4-2所示。

表4-2　for 循环变量

变　　量	说　　明
forloop.counter	当前循环位置（从 1 开始）
forloop.counter0	当前循环位置（从 0 开始）
forloop.revcounter	反向循环位置（从 1 开始）
forloop.revcounter0	反向循环位置（从 0 开始）
forloop.first	若当前循环为第一次循环，则返回 True
forloop.last	若当前循环为最后一次循环，则返回 True
forloop.parentloop	嵌套循环中当前循环的外层循环

2．for...empty

for循环可以使用可选的{%empty%}子句，若给定的数组为空或无法找到，则显示{%empty%}子句的文本，示例代码如下：

```
{% for book in book_list %}
    <li>{{ book.title }}</li>
{% empty %}
    <li>抱歉，图书列表为空</li>
{% endfor %}
```

3．if/elif/else

if/elif/else是条件判断标签，与Python中的if、elif、else含义相同，若条件为True，则显示相应子句中的内容，示例代码如下：

```
{% if book_list %}
    现有闲余图书：{{ book_list|length }} 本
{% elif book_leased_list %}
    图书待归还……
```

```
{% else %}
    没有图书
{% endif %}
```

以上模板代码首先判断列表book_list是否为空：若不为空则显示闲余图书数量，若为空则判断列表book_leased_list是否为空；book_leased_list若不为空则显示"图书待归还……"，若为空则显示"没有图书"。

if标签允许使用逻辑运算符and、or或not进行布尔测试，允许同一标签中同时使用and和or，and的优先级高于or。例如：

```
{% if athlete_list and coach_list or cheerleader_list %}
```

以上代码等同于Python代码中的如下语句：

```
if(athlete_list and coach_list) or cheerleader_list
```

需要注意的是，模板语言的if标签不支持括号，若需明确表示混合语句中子句的优先级，应使用if嵌套语句。

if标签还支持运算符==、!=、<、>、<=、>=以及in、not in、is、is not，示例代码如下：

```
{% if somevar == "x" %}
  This appears if variable somevar equals the string "x"
{% endif %}
```

4. include

include标签用于加载其他模板，并使用当前上下文进行渲染。在使用include标签时需为其传入置于单/双引号中的变量或硬编码字符串，或指示模板的变量。示例如下：

```
{% include "foo/bar.html" %}
{% include template_name %}
```

以上示例在当前模板中加载了foo/bar.html模板。

include标签可以在加载模板的同时利用关键字with为模板传递变量。例如，为模板name.html传递如下变量：

```
{{ greeting }},{{ person}}
```

使用关键字参数将其作为上下文传给被加载的模板，示例代码如下：

```
{% include "name_snippet.html" with person="Jane" greeting="Hello" %}
```

若只希望使用提供的变量（或不使用变量）渲染上下文，需使用only选项。示例代码如下：

```
{% include "name_snippet.html" with greeting="Hi" only %}
```

值得说明的是，当前模板与被加载的模板不存在包含关系，这两个模板的渲染都是完全独立的过程。

5. load

load标签用于加载自定义模板标签和过滤器。例如，加载注册到库somelibrary和位于包package.otherlibrary中的全部标签与过滤器，示例代码如下：

```
{% load somelibrary package.otherlibrary %}
```

6. from

from标签用于从库中加载部分标签和过滤器。例如，从somelibrary中加载名为foo和bar的标签/过滤器，示例代码如下：

```
{% load foo bar from somelibrary %}
```

7. now

now标签用于显示当前日期时间（默认使用UTC时间，若要修改为国内时区可在settings.py中将TIME_ZONE设置为'Asia/Shanghai'），可以使用一些格式控制字符（如日期过滤器中的格式控制字符）对显示的内容进行格式化，示例代码如下：

```
It is {% now "jS F Y H:i" %}
```

8. url

url标签用于返回与给定视图和可选参数匹配的绝对路径（不带域名的URL）。url可以有多个参数，参数之间以空格分隔，其中第一个参数为URL模式名称，可以是带引号的字符串或任何其他上下文变量；其余参数是要传递给URL的可选参数。示例代码如下：

```
{% url 'some-url-name' v1 v2 %}
```

以上代码为URL模式some-url-name传递了两个位置参数，也可以以关键字形式为URL模式传参，示例代码如下：

```
{% url 'some-url-name' arg1=v1 arg2=v2 %}
```

9. autoescape

autoescape标签用于控制当前的自动转义行为，参数有on和off两个取值。当自动转义生效时，所有变量内容都会在将结果放入输出之前（但在应用任何过滤器之后）应用HTML转义。示例代码如下：

```
{% autoescape on %}
    {{ body }}
{% endautoescape %}
```

10. block

block标签用于定义可由子模板覆盖的块。示例代码如下：

```
{% block 模块名 %}
...模块内容...
{% endblock %}
```

11. comment

comment标签用于添加注释，模板引擎会忽略{% comment %}与{% endcomment %}之间的所有内容，标签可以嵌套使用。

12. cycle

cycle标签定义了一组参数，每次遇到该标签时模板引擎都会提取其中的一个参数，第一次遇到时提取第一个参数，第二次遇到时提取第二个参数，依此类推。当所有参数提取完毕时，标记将循环到第一个参数并再次进行提取。此标签常在循环之中使用，示例代码如下：

```
{% for o in list_data %}
    <<table>
        <tr class="{% cycle 'row1' 'row2'%}">
            <th>
                {{o}}
            <th>
        </tr>
    </table>
{% endfor %}
```

13. extends

extends标签标记当前模板所继承的模板。该标签有以下两种使用形式。

```
{% extends "base.html" %}
{% extends variable %}
```

关于此标签的更多内容将在4.4节中介绍。

14．firstof

firstof标签用于输出变量中第一个非False参数，若所有参数都为False则不进行输出。示例代码如下：

```
{% firstof var1 var2 var3 %}
```

以上代码等效于如下代码：

```
{% if var1 %}
    {{ var1 }}
{% elif var2 %}
    {{ var2 }}
{% elif var3 %}
    {{ var3 }}
{% endif %}
```

15．with

with标签用于为复杂变量创建别名，此操作在多次使用高消耗方法（如与数据库相关的方法）时非常有用。示例代码如下：

```
{% with total=business.employees.count %}
    ...
{% endwith %}
```

以上示例使用total作为business.employees.count的别名。

4.3.4 自定义过滤器和标签

Django内置的过滤器和标签已经能满足大部分需求，若它们不能提供想要的功能，可以通过Python代码自定义过滤器和标签以拓展模板引擎。

自定义的过滤器和标签通常位于应用目录包templatetags之下，可以在templatetags包中创建文件，在文件中自定义过滤器和标签。需要注意的是，这个文件将被load标签加载到模板中，应避免文件名与其他应用的标签和过滤器重名。

为应用booklist添加自定义过滤器，假设过滤器位于文件filters.py中，此时该应用的目录结构如下：

```
booklist\
    __init__.py
    models.py
    templatetags\
        __init__.py
        filters.py
    views.py
    ...
```

使用load标签加载filters.py文件，示例如下：

```
{% load filters %}
```

包含自定义标签的应用需被注册到INSTALLED_APPS中，以便load标签工作。Django不限制templatetags目录下模块文件的数量。需要注意的是，load标签的参数filters指代模块名而非应用名。

为了使自定义过滤器和标签生效，templatetags下的过滤器文件必须包含模块级变量register，

示例如下:
```
from django import template
register = template.Library()
```
register变量是一个template.Library实例,该变量需在模块顶部定义。

需要说明的是,模板系统旨在展示内容,而非规定程序逻辑,自定义过滤器与标签时也应尽量遵循此宗旨。下面分别介绍如何自定义过滤器和标签,以及如何使用自定义的过滤器和标签。

1. 自定义过滤器

自定义过滤器是一些包含一到两个参数的Python函数,这些函数有以下特点:

① 接收的变量值不局限于字符串。

② 参数可以有默认值,也可以省略。

在应用目录下新建包templatetags,在包中新建文件filiters.py,在文件中自定义过滤器,示例如下:

```
def sum(value, arg):
    return value + arg
```

若过滤器不接收参数,则可省略函数参数arg。

自定义过滤器需要注册到Library实例中,以便在Django模板中使用。注册过滤器sum,示例代码如下:

```
register.filter('sum',sum)
```

以上代码使用Library的filter()方法注册过滤器,该方法接收两个参数:

① 一个表示过滤器名字的字符串。

② 一个定义了过滤器功能的Python函数。

也可以利用register.filter()装饰器注册过滤器,示例如下:

```
@register.filter(name='examp')
def examp(value, arg):
    return value + arg
```

若过滤器与Python函数同名,则filter()方法的参数可以省略,示例如下:

```
@register.filter
def examp(value, arg):
    return value + arg
```

在模板中使用自定义过滤器examp,示例如下:

```
{{ data|examp:3 }}
```

需要注意的是,模板语言不提供异常处理,模板引发的任何异常都将作为服务器错误被抛出。若有合理的返回值,过滤器函数应避免引发异常。

2. 自定义标签

标签可以实现任何功能,因此自定义标签比自定义过滤器更加复杂。Django提供了许多快捷方式,以便开发者编写标签。下面介绍常用的自定义标签的快捷方式。

(1)简单标签simple_tag

模板标签常见的一种工作方式为:接收参数(字符串或模板变量)—结合参数与外部信息进行计算—返回计算结果。这些标签可以借助Django提供的辅助方法simple_tag()创建。

simple_tag()是django.template.Library的一个方法，它接收一个包含任意个参数的函数，将其包装后注册到模板系统中。

以输出格式化当前日期的功能为例，使用simple_tag()注册标签，示例代码如下：

```
import datetime
from django import template
register = template.Library()
@register.simple_tag
def current_time(format_string):
    return datetime.datetime.now().strftime(format_string)
```

若标签需要访问当前模板的上下文，可以在注册标签时使用参数takes_context。示例如下：

```
@register.simple_tag(takes_context=True)
def current_time(context, format_string):
    timezone = context['timezone']
    # get_current_time()是自定义的获取当前时间的方法
    return get_current_time(timezone, format_string)
```

注意此时标签函数的第一个参数必须是context，只要在自定义标签时设置装饰器参数takes_context=True，模板便会自动从上下文获取参数。

以上调用的get_current_time()是自定义的获取当前时间的方法，具体代码如下：

```
def get_current_time(timezone,format_string):
    return datetime.datetime.now(timezone).strftime(format_string)
```

views.py中上下文字典context的值如下：

```
from dateutil import tz
...
    context = {
        "format_string":"%b %d %Y %H:%M:%S",
        "timezone":tz.gettz('Asia/Shanghai'),
    }
...
```

在模板文件中使用自定义标签，代码如下：

```
{% load filters %}
{% current_time format_string%}
```

可以为simple_tag传入自定义名称以重命名标签，示例如下：

```
@register.simple_tag(name='curtime')
def current_time(context, format_string):
    ...
```

simple_tag也可以接收任意个位置参数或关键字参数，示例如下：

```
@register.simple_tag
def my_tag(a, b, *args, **kwargs):
    warning = kwargs['warning']
    profile = kwargs['profile']
    ...
    return ...
```

随后在模板中使用该标签时，可以为该标签传入多个以空格分隔的参数。与Python传参类似，关键字参数在赋值时形式为varname=value，且应在位置参数之后提供。示例如下：

```
{% my_tag 123 "abcd" book.title warning=message|lower profile=user.profile %}
```

（2）包含标签inclusion_tag

模板标签的另一种常见功能是在当前模板中渲染另一个模板来呈现一些数据，这类标签被称为包含标签（inclusion tags）。下面结合示例介绍如何使用包含标签。

假设定义一个返回给定列表对象obj的标签show_results，该标签在模板中的用法如下：

```
{% show_results obj %}
```

以上代码将逐个输出列表obj中的元素，假设obj的值为['First choice', 'Second choice', 'Third choice']，则此条语句的输出如下：

```
<ul>
  <li>First choice</li>
  <li>Second choice</li>
  <li>Third choice</li>
</ul>
```

分析show_results标签的功能：该标签应该接收表示对象的参数obj，并返回存储数据的字典。这里标签返回的字典将作为模板的上下文。定义标签show_results，示例代码如下：

```
def show_results(obj):
    choices = obj.choice_set.all()        # 根据当前对象获取所有选择集合
    return {'choices': choices}
```

接下来编写一个用于呈现标签输出内容的模板，这个模板是标签固定功能的一部分，示例代码如下：

```
<ul>
{% for choice in choices %}
    <li> {{ choice }} </li>
{% endfor %}
</ul>
```

下面调用Library的inclusion_tag()方法注册标签show_results。假设上面的模板代码存储在模板目录下的文件results.html中，将标签与模板关联，示例如下：

```
@register.inclusion_tag('results.html')
def show_results(obj):
    ...
```

至此，一个自定义的包含标签实现完毕。

此外，包含标签可以像简单标签一样传递上下文或接收位置参数与关键字参数，用法与简单标签相同，此处不再赘述。

4.4 模板继承

Web网站的多个页面往往包含一些相同的元素，为了避免多个模板包含大量重复代码，提高代码重用率，减少开发人员的工作量，Django模板实现了模板继承机制。模板继承机制允许开发人员先在一个模板中定义多个页面共有的内容和样式，再以该模板为基础拓展模板。

模板继承机制使用模板系统中的block标签和extends标签实现，其中block标签标识与继承机制相关的代码块，extends指定子模板所继承的模板。子模板可以通过继承获取父模板中的内容，如下所示是一个简单的框架模板（父模板）：

```
<!DOCTYPE html>
<html lang="en">
<head>
    <title>{% block title %}页面标题{% endblock %}</title>
</head>
<body>
{% block header %}
```

```
        <h1>标题</h1>
{% endblock header %}
{% block main %}
        <h2>页面内容</h2>
{% endblock %}
<br><br><br>
{% block footer %}
        <div class="footer no-mp">
            <div class="foot_link">
                <a href="#">关于我们</a>
                <span> | </span>
                <a href="#">联系我们</a>
                <span> | </span>
                <a href="#">招聘人才</a>
                <span> | </span>
                <a href="#">友情链接</a>
            </div>
                <p>CopyRight © 2019 北京小鱼商业股份有限公司 All Rights Reserved</p>
                <p>电话：010-****888    京ICP备*******8号</p>
        </div>
{% endblock %}
</body>
</html>
```

以上模板使用block标签定义了4个可以被子模板填充的块。假设以上框架模板存储在base.html中，定义一个继承该模板的子模板lists.html，示例代码如下：

```
{% extends 'base.html' %}
{% block title %}
    列表页面
{% endblock %}
{% block header %}
    <h1>书单</h1>
{% endblock header %}
{% block main %}
    <a href="#">1.《鲁迅作品全集》</a><br>
    <a href="#">2.《秋雨散文集》</a><br>
    <a href="#">3.《黑暗森林》</a><br>
    <a href="#">4.《月亮与六便士》</a><br>
{% endblock main %}
```

以上子模板继承了模板base.html，重写了其中的块title、header和main，保留了base.html的块footer。配置urls.py，父模板和子模板在浏览器中呈现的效果如图4-1所示。

（a）base.html页面　　　　　　　　　　　　（b）lists.html页面

图4-1　模板继承

4.5 Jinja2

Django虽然提供了一个优秀的模板引擎,但它并不限制开发者使用其他模板引擎的自由。Django支持开发者使用任何一个自己喜欢的模板引擎,例如Jinja2模板引擎。

Jinja2是一个使用Python实现的模板引擎,它的设计思想源于Django的模板引擎,但它拓展了Django模板语法,实现了一系列强大的功能,并具有比Django默认引擎更高的效率。Jinja2功能齐全、速度快,同时得到了Django的良好支持,所以在Django开发中也得到了广泛应用。下面介绍如何使用Jinja2模板。

1. 配置Jinja2模板引擎

配置Jinja2模板之前需先安装Jinja2模板。使用pip工具快速安装Jinja2,具体命令如下:

```
pip install jinja2
```

安装完成后,打开Django配置文件settings.py,在TEMPLATES选项中添加Jinja2模板引擎,示例代码如下:

```
{
    'BACKEND': 'django.template.backends.jinja2.Jinja2',
    'DIRS': [os.path.join(BASE_DIR, 'templates')],
    'APP_DIRS': True,
    'OPTIONS': {
        'context_processors': [
            'django.template.context_processors.debug',
            'django.template.context_processors.request',
            'django.contrib.auth.context_processors.auth',
            'django.contrib.messages.context_processors.messages',
        ],
    },
},
```

2. 使用Jinja2

Jinja2模板的用法与Django模板相同,语法元素和元素的功能也十分相似,但它们之间也存在一些区别。掌握Jinja2与Django内置模板的区别,方能在掌握Django内置模板的基础上,快速上手Jinja2。下面介绍Jinja2与Django内置模板的区别。

(1)方法调用

Django模板中对方法的调用是隐式的,例如:

```
{% for page in user.get_created_pages %}
    ...
{% endfor %}
```

Jinja2模板中必须使用括号明确表明调用的是一个方法(即不能省略括号),例如:

```
{% for page in user.get_created_pages() %}
    ...
{% endfor %}
```

Django模板不支持为方法传递参数,但Jinja2由于这一形式差别,支持此项功能。

(2)过滤器参数

Django模板中使用冒号":"间隔过滤器和过滤器的参数,例如:

```
{{ items|join:", " }}
```

Jinja2使用括号包含过滤器参数，例如：

```
{{ items|join(', ','arg') }}
```

除传参语法不同，Jinja2支持为过滤器提供不止一个参数，且参数类型可以不同。

（3）循环

Jinja2的循环与Django循环十分相似，区别在于Jinja2中的循环变量为loop而非forloop。

（4）cycle

Jinja2中没有cycle标签，但它通过loop变量的cycle()方法隐式实现了cycle标签的功能。例如，有以下Django模板：

```
{% for user in users %}
    <li class="{% cycle 'odd' 'even' %}">{{ user }}</li>
{% endfor %}
```

可以使用下面的Jinja2代码实现相同功能。

```
{% for user in users %}
    <li class="{{ loop.cycle('odd', 'even') }}">{{ user }}</li>
{% endfor %}
```

Jinja2的语法与Django模板的语法有很高的匹配度，但不可在Jinja2环境中直接使用Django模板。另外，需注意Jinja2的扩展接口与Django有根本区别，Django自定义标签无法在Jinja2环境下正常工作。

小　　结

本章介绍了与Django模板相关的知识，包括Django内置模板引擎与第三方模板引擎Jinja2、Django模板的查找顺序、模板语言，以及模板的继承机制。通过本章的学习，读者能够熟悉Django模板语法，掌握如何配置模板引擎，了解模板的查找顺序，熟练使用模板。

习　　题

一、填空题

1. Django的_____提供了动态生成HTML页面的快捷方式。

2. Django通过_____解释模板文件。

3. Django项目的模板引擎通过settings.py文件的_____选项配置，该选项的值是一个列表，列表的每个元素对应一个模板引擎。

4. 在配置模板引擎时通常需要为其指定4项信息：BACKEND、_____、APP_DIRS、OPTIONS。

5. Django用于加载模板的API为_____和_____，这两个API定义在django.templates.loader模块。

二、判断题

1. 无论使用哪个模板引擎，Django总以标准API加载和渲染模板。（　　）

2. select_template()函数接收一个模板名称列表，按顺序尝试加载列表中的模板并将其返回。

（　　）

3. 模板对象包含一个render()方法,该方法用于渲染模板。（   ）
4. render()方法的参数context用于接收一个字典,字典中的内容将会被嵌入模板。（   ）
5. render()方法的参数request是必选参数,它接收一个HttpRequest对象。（   ）
6. 若要在Django内置模板中访问字典变量people的set_name()方法,具体为"{{ people.set_name() }}"。（   ）

三、选择题

1. 假设Django项目的模板引擎配置代码如下:
```
TEMPLATES = [
    {
        'BACKEND': 'django.template.backends.django.DjangoTemplates',
        'DIRS': [
            'D:\\Android\\example.com',
            'D:\\Android\\default',
        ],
    },
    {
        'BACKEND': 'django.template.backends.jinja2.Jinja2',
        'DIRS': [
            'D:\\Android\\jinja2',
        ],
    },
]
```
使用get_template()方法加载模板,若为其传入参数"story_detail.html",则查找的第三项为（   ）。

   A. D:\\Android\\default\\story_detail.html
   B. D:\\Android\\jinja2\\story_detail.html
   C. D:\\Android\example.com\\story_detail.html
   D. 不确定

2. 下列（   ）函数加载模板并立刻调用Templates对象的render()方法。

   A. get_template()
   B. render_to_string()
   C. select_template()
   D. 以上全部

3. 下列关于模板语言的说法中错误的是（   ）。

   A. Django模板语言主要分为变量和标签两部分
   B. 模板语言中的标签用于控制模板的逻辑
   C. 过滤器用于对变量进行过滤
   D. 模板变量名的命名规则与Python变量相同

4. 模板语言中使用点字符访问变量的属性,当遇到点字符时,模板引擎会先（   ）方式进行解释。

   A. 数字索引查找
   B. 属性或方法查找
   C. 字典查找

D. 以上皆可
5. 假设当前使用Jinja2模板引擎，下列模板文件内容中错误的是（　　）。
   A. {% cycle 'odd' 'even' %}
   B. {{ items|join(', ','arg') }}
   C. {{ stu.name }}
   D. {{ books.items() }}

四、简答题

1. 简单介绍模板引擎。
2. 简单列举Django模板引擎与Jinja2模板引擎的区别。

第5章 视图

学习目标:
- 掌握视图在Django框架中的位置与功能。
- 熟悉请求对象和响应对象。
- 熟练使用模板响应对象。
- 掌握生成响应对象的快捷方式。
- 熟练定义和使用类视图。
- 了解通用视图的用法。

视图是Django框架的核心之一,它接收并处理URLconfs分发的HTTP请求,返回响应。本章将对视图相关的知识进行讲解。

5.1 认识视图

视图用于处理HTTP请求,并返回响应。视图的功能决定了它的基本结构,其结构示意如下:

```
def view_name(request, *args=None, **kwargs=None):
    代码段
    return HttpResponse(response)
```

使用以上结构可定义一个基本视图,显然这个视图本质上是一个Python函数。结构示意中的view_name表示视图名称;参数request是必选参数,用于接收请求对象(HttpRequest类的实例);参数args和kwargs为可选参数,用于接收URL中的额外参数;返回值用于返回响应对象(HttpResponse类或其子类的实例)。

在应用的views.py文件中定义一个返回当前日期和时间的视图curr_time(),具体代码如下:

```
from django.http import HttpResponse
import datetime
def curr_time(request):
    now = datetime.datetime.now()
    response = "<html><body>It is %s.</body></html>" % now
    return HttpResponse(response)
```

以上视图将页面的样式以硬编码形式写在了代码中,这会造成两个问题:

① 若要修改视图返回的页面样式，必须修改Python代码。

② 若页面内容较多，视图会非常臃肿。

Django当然考虑到了上述问题，根据MTV设计模式，Django提倡将页面样式放在模板文件之中，在视图文件中使用上下文字典向模板传递数据。

提取视图curr_time()中的样式代码，将其放在HTML文件time.html中，示例如下：

```html
<!DOCTYPE html>
<html lang="en">
<head>
    <meta charset="UTF-8">
    <title>当前时间</title>
</head>
<body>
It is {{now}} .
</body>
</html>
```

以上模板的变量now表示当前时间，它接收从视图函数中传来的数据。下面修改views.py文件中的视图函数代码，示例如下：

```python
from django.http import HttpResponse
from django.template import loader
import datetime
def curr_time(request):
    t = loader.get_template("time.html")            # 加载模板
    now = datetime.datetime.now()                    # 获取当前时间
    context = {                                      # 上下文字典
        'now': now,
    }
    response = t.render(context, request)           # 渲染模板
    return HttpResponse(response)
```

以上代码中的视图函数curr_time()首先使用django.template.loader模块的get_template()函数加载模板文件time.html，生成模板对象，然后获取当前时间，将当前时间存储到上下文字典中，之后使用模板对象的render()方法结合请求消息request和上下文字典渲染模板，最后返回响应对象。

5.2 请求对象

请求对象由Django自动创建，由视图的request参数接收，Django项目中所有请求的处理都离不开请求对象。请求对象是HttpRequest类的实例，其中封装了HTTP请求。通过HttpRequest类内定义的属性和方法可以访问与HTTP请求相关的信息。下面分别介绍HttpRequest对象的常用属性和方法。

1. HttpRequest的常用属性

（1）HttpRequest.body

HttpRequest.body包含原始HTTP请求的请求体信息，该属性为bytes类型。

（2）HttpRequest.path

HttpRequest.path包含请求页面的完整路径，即文件访问路径，如"/index.html/13"，该属性为字符串类型。

（3）HttpRequest.method

HttpRequest.method包含本次请求所用的请求方法，该属性常用在需要根据不同方法执行不同逻辑的场景。

（4）HttpRequest.GET

HttpRequest.GET包含GET请求的所有参数，该属性是一个QueryDict对象。若要取用GET中某个参数的值，可使用该属性的get()方法，例如request.GET.get('name')。

（5）HttpRequest.POST

HttpRequest.POST包含POST请求的所有参数，该属性是一个QueryDict对象。使用get()方法可根据关键字获取指定参数。需要注意的是，若表单form以POST方式提交请求但表单中没有数据，则服务器收到的POST请求为空，这种情况下不能使用"if request.POST"来判断是否使用了POST方法，而应使用"if request.method == "POST""进行判断。

（6）HttpRequest.COOKIES

HttpRequest.COOKIES包含所有Cookie信息，该属性是一个字典数据，其中的键和值都是字符串类型。

（7）HttpRequest.session

HttpRequest.session包含当前会话信息，该属性是一个QueryDict对象。只有Django的中间件SessionMiddleware激活时该属性才可以使用。

（8）HttpRequest.site

HttpRequest.site包含由get_current_site()返回的Site或RequestSite实例，表示当前站点。

（9）HttpRequest.user

HttpRequest.user包含当前登录用户的相关信息，该属性是一个User对象。如果用户未登录，HttpRequest.user将被初始化为AnonymousUser类的实例。只有Django中的Authentication中间件激活时该属性才可以使用。

（10）HttpRequest.META

HttpRequest.META包含HTTP请求的头部信息，该属性为dict类型。常用的头部信息如下：

① CONTENT_LENGTH：请求正文的长度（按字符串类型计算）。

② CONTENT_TYPE：请求正文的MIME类型。

③ HTTP_ACCEPT：可接收的响应内容类型。

④ HTTP_ACCEPT_ENCODING：可接收的响应编码类型。

⑤ HTTP_ACCEPT_LANGUAGE：可接收的响应语言类型。

⑥ HTTP_HOST：客户端发送的HTTP主机头部信息。

⑦ HTTP_USER_AGENT：客户端的user-agent字符串。

⑧ QUERY_STRING：未解析的原始查询字符串。

⑨ REMOTE_ADDR：客户端IP地址。

⑩ REMOTE_HOST：客户端主机名。

⑪ REQUEST_METHOD：表示请求方法的字符串，如"GET""POST"。

⑫ SERVER_NAME：服务器主机名。

⑬ SERVER_PORT：服务器端口（字符串）。

2. HttpRequest的常用方法

（1）HttpRequest.get_host()

HttpRequest.get_host()根据META属性中头部信息HTTP_X_FORWARDED和HTTP_HOST的值，按顺序返回发起请求的原始主机。如果这两个头部信息的值为空，则组合SERVER_NAME和SERVER_PORT作为原始主机。

（2）HttpRequest.get_port()

HttpRequest.get_port()使用META属性中头部信息HTTP_X_FORWARDED_PORT和SERVER_PORT的值顺序返回发起请求的端口。

（3）HttpRequest.get_full_path()

HttpRequest.get_full_path()返回包含完整参数列表的path，例如"/music/bands/the_beatles/?print=true"。

（4）HttpRequest.build_absolute_uri(location=None)

HttpRequest.build_absolute_uri()的参数为location，该方法的功能为返回location的绝对URI。若未提供location，则返回request.get_full_path()方法获取的值。

（5）HttpRequest.get_signed_cookie()

HttpRequest.get_signed_cookie()从已签名的Cookie中获取值，若签名不合法则返回django.core.signing.BadSignture，该方法的具体声明如下：

```
HttpRequest.get_signed_cookie(key, default=RAISE_ERROR, salt='',
max_age=None)
```

（6）HttpRequest.is_ajax()

HttpRequest.is_ajax()用于判断当前请求是否通过AJAX发送，若是则返回True。

> **多学一招：QueryDict**
>
> HttpRequest对象的GET与POST属性都获取一个QueryDict对象，QueryDict是字典的子类，它实现了字典的所有方法，因此它与字典非常相似，QueryDict与字典唯一的区别是，它的一个键可以对应多个值。HTTP请求中以键值对的方式组织请求信息，有些情况一个键有多个取值，例如表单中包含多选框时。QueryDict对象正是用于处理这类表单。
>
> QureyDict对象初始化方法的语法格式如下：
> ```
> QueryDict.__init__(query_string=None, mutable=False, encoding=None)
> ```
> 使用query_string实例化QueryDict对象，具体示例如下：
> ```
> >>> QueryDict('a=1&a=2&c=3')
> <QueryDict: {'a': ['1', '2'], 'c': ['3']}>
> ```
> 关于QueryDict对象的更多内容参见Django官方文档，此处不再进一步讲解。

5.3 响应对象

创建请求对象的工作由Django完成，但创建响应对象是开发人员的工作，开发人员编写的每个视图中都需实现响应对象的实例化、填充和返回。响应对象是HttpResponse类或其子类的实例，这些类都定义在django.http模块中。下面分别进行介绍HttpResponse类和它的子类。

5.3.1 HttpResponse类

HttpResponse类是最基础的响应类，本节将介绍HttpResponse类的常用属性、方法，以及如何使用HttpResponse类。

1. HttpResponse的常用属性

（1）HttpResponse.content

HttpResponse.content用于设置响应消息的内容，值为字节类型。

（2）HttpResponse.charset

HttpResponse.charset用于设置响应消息的编码方式。若不设置，则Django通过解析content_type获取编码方式；若解析失败，则使用默认值DEFAULT_CHARSET。

（3）HttpResponse.status_code

HttpResponse.status_code用于设置响应的状态码。

（4）HttpResponse.reason_phrase

HttpResponse.reason_phrase用于设置响应的HTTP原因短语。除非明确设置，否则reason_phrase通过值status_code确定。

2. HttpResponse的常用方法

（1）HttpResponse.__init__()

__init__()是HttpResponse类的构造方法，该方法使用给定的页面内容和内容类型创建HttpResponse对象。__init__()方法的声明如下：

```
__init__(content = b'',content_type = None,status = 200,
reason = None,charset = None)
```

__init__()方法中的参数content应接收一个迭代器或字符串；参数content_type可以省略，默认情况下由DEFAULT_CONTENT_TYPE和DEFAULT_CHARSET组成，即"text / html; charset = utf-8"；参数status、reason、charset分别设置响应的状态码、原因短语、编码方式。

（2）HttpResponse.set_cookie()

set_cookie()方法用于设置Cookie信息，该方法的声明如下：

```
HttpResponse.set_cookie(key, value='', max_age=None, expires=None,
path='/', domain=None, secure=None, httponly=False, samesite=None)
```

声明中的参数max_age用于设置生存周期，单位为秒；expires用于设置到期时间；domain用于设置域，实现跨域Cookie；httponly用于防止XSS攻击，若httponly被设置为True，则服务器将阻止客户端的JavaScript访问Cookie。

（3）HttpResponse.set_signed_cookie()

set_signed_cookie()与set_cookie()方法类似，但会对Cookie签名加密，该方法通常与HttpRequest.get_signed_cookie()一起使用。

（4）HttpResponse.del_cookie()

delete_cookie()方法接收3个参数，它的具体声明如下：

```
HttpResponse.delete_cookie(key,path ='/',domain = None)
```

delete_cookie()方法使用给定密钥删除Cookie，如果密钥不存在，则删除失败。需要注意，由于Cookie的工作方式，delete_cookie()方法的参数path和domain应与set_cookie()方法的一致，否则Cookie不会被删除。

3. 使用HttpResponse类

使用HttpResponse类创建响应对象的简单方式是传递一个字符串（这个字符串将作为页面的内容呈现）到HttpResponse类的构造函数，具体示例如下：

```
response1 = HttpResponse("Here's the text of the Web page.")
response2 = HttpResponse("Text only, please.", content_type="text/plain")
response3 = HttpResponse(b'Bytestrings are also accepted.')
```

以上示例创建了3个响应对象。

响应对象创建后，可使用write()方法向其中追加内容，具体示例如下：

```
response = HttpResponse()
response.write("<p>Here's the text of the Web page.</p>")
response.write("<p>Here's another paragraph.</p>")
```

HttpResponse类的构造函数也可接收一个可迭代对象。HttpResponse()接收到可迭代对象后，立刻以字符串形式存储可迭代对象中的内容，当数据存储完成后销毁可迭代对象（如接收一个文件对象，内容存储完毕后立刻调用close()方法关闭文件对象）。

Django支持以类似字典操作的方式增加和删除响应消息中的字段，具体示例如下：

```
response = HttpResponse()
response['Age'] = 120                    # 增加字段Age
del response['Age']                      # 删除字段Age
```

需要注意的是，与字典不同，若要删除的字段不存在，Django不会抛出KeyError异常；若HTTP字段值中包含换行符，Django会抛出BadHeaderError异常。

5.3.2 HttpResponse的子类

HttpResponse有很多子类，其中HttpResponseDirect和JsonResponse是HttpResponse类的两个重要子类。下面介绍如何使用HttpResponseDirect和JsonResponse，并简单介绍HttpResponse其他子类的功能。

1. HttpResponseRedirect

HttpResponseRedirect类接收的响应信息是URL。创建HttpResponseRedirect对象时必须将用来重定向的URL作为第一个参数传给构造方法，这个URL可以是完整的链接（如http://example.com/），也可以是不包含域名的绝对路径（如/search/）或相对路径（如search/）。示例代码如下：

```
return HttpResponseRedirect("http://example.com/")    # 链接
return HttpResponseRedirect("/search/")               # 绝对路径
return HttpResponseRedirect("search/")                # 相对路径
```

需要注意HttpResponseRedirect只支持硬编码链接，不能直接使用URL名称，若要使用URL名称，需要先使用反向解析方法reverse()解析URL，例如使用命名空间blog下名为article_list的URL，示例代码如下：

```
return HttpResponseRedirect(reverse('blog:article_list'))
```

HttpResponseRedirect默认返回302状态码和临时重定向，可以传入命名参数status重设状态码、设置参数permanent值为True以返回永久重定向。使用类HttpResponsePermanentRedirect可直接返回永久重定向（状态码为301）。

2. JsonResponse

JSON是Web开发中常用的数据格式，视图函数常常需要返回JSON类型的响应。HttpResponse的子类JsonResponse能更方便地实现此项功能。使用JsonResponse返回JSON类型响应，示例代码如下：

```
from django.http import JsonResponse
def json_view(request):
    response = JsonResponse({'foo':'bar'},safe=False)
    return response
```

当json_view()视图被调用时，页面会显示JSON数据"{'foo':'bar'}"。

默认情况下JsonResponse只能转储dict类型的数据，若要转储非dict数据，需要将其参数safe设置为False，示例代码如下：

```
from django.http import JsonResponse
def json_view(request):
    response = JsonResponse(['coding', 'fish'],safe=False)
    return response
```

HttpResponse也能满足返回JSON类型响应的需求，但在返回之前需要先调用json.dumps()将数据转储为JSON字符串。

3. 其他HttpResponse的子类

视图除返回正常的响应消息和重定向外，也可能返回错误。虽然HttpResponse类也能返回异常响应，但为了简化对异常的处理，Django内置了一系列HttpResponse子类来生成各种异常响应信息。这些子类也定义在django.http模块中，常见子类及其功能如下：

① HttpResponseNotModified：用来表示这个页面在上次请求后未改变，无参数，状态码为304。

② HttpResponseBadRequest：类似HttpResponse，表示错误的请求，状态码为400。

③ HttpResponseNotFound：类似HttpResponse，表示请求的页面不存在，状态码为404。项目一般使用统一的404错误页面，为方便起见，Django提供了一个Http404异常，如果视图抛出了Http404异常，Django会捕获这个异常并返回一个标准的错误页面。

④ HttpResponseForbidden：类似HttpResponse，表示禁止访问，状态码为403。

⑤ HttpResponseNotAllowed：类似HttpResponse，表示禁止访问，构造函数的第一个参数为允许的方法列表，例如['GET', 'POST']，状态码为405。

⑥ HttpResponseGone：类似HttpResponse，状态码为410。

⑦ HttpResponseServerError：类似HttpResponse，表示服务器错误，状态码为500。

5.4 实例1：商品管理

数据管理是Web网站的常见功能之一，数据管理的本质是基于数据库的增删改查，Django中对数据库的操作通过模型类操作进行映射。本实例要求定义视图，实现展示商品和删除商品的功能，实例界面如图5-1所示。

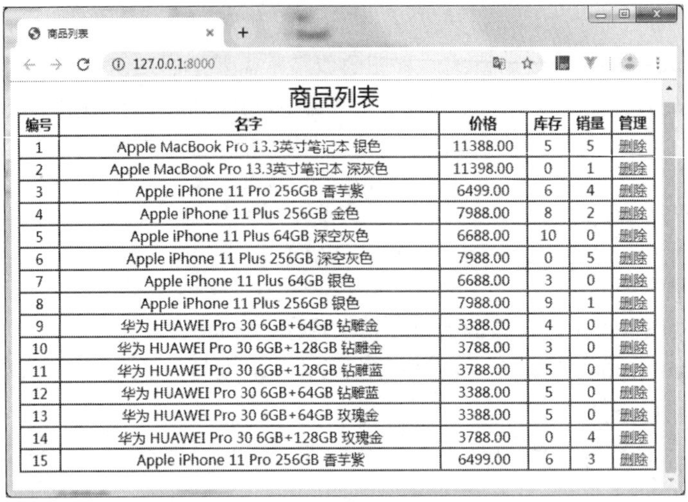

商品列表

编号	名字	价格	库存	销量	管理
1	Apple MacBook Pro 13.3英寸笔记本 银色	11388.00	5	5	删除
2	Apple MacBook Pro 13.3英寸笔记本 深灰色	11398.00	0	1	删除
3	Apple iPhone 11 Pro 256GB 香芋紫	6499.00	6	4	删除
4	Apple iPhone 11 Plus 256GB 金色	7988.00	8	2	删除
5	Apple iPhone 11 Plus 64GB 深空灰色	6688.00	10	0	删除
6	Apple iPhone 11 Plus 256GB 深空灰色	7988.00	0	5	删除
7	Apple iPhone 11 Plus 64GB 银色	6688.00	3	0	删除
8	Apple iPhone 11 Plus 256GB 银色	7988.00	9	1	删除
9	华为 HUAWEI Pro 30 6GB+64GB 钻雕金	3388.00	4	0	删除
10	华为 HUAWEI Pro 30 6GB+128GB 钻雕金	3788.00	3	0	删除
11	华为 HUAWEI Pro 30 6GB+128GB 钻雕蓝	3788.00	5	0	删除
12	华为 HUAWEI Pro 30 6GB+64GB 钻雕蓝	3388.00	5	0	删除
13	华为 HUAWEI Pro 30 6GB+64GB 玫瑰金	3388.00	5	0	删除
14	华为 HUAWEI Pro 30 6GB+128GB 玫瑰金	3788.00	0	4	删除
15	Apple iPhone 11 Pro 256GB 香芋紫	6499.00	6	3	删除

图5-1　商品管理页面

分析图5-1，项目首页展示商品列表，列表依次包含商品的编号（在列表中的编号）、名字、价格、库存和销量信息，列表中的每条记录对应一个链接“删除”，单击记录对应的链接，该记录将被删除。

商品管理页面的HTML代码存储在模板文件goods.html中，具体如下：

```
<!DOCTYPE html>
<html lang="en">
<head>
    <meta charset="UTF-8">
    <title>商品列表</title>
</head>
<body>
<div>
    <table cellpadding="1" cellspacing="0" border="1"
style="width:100%;max-width: 100%;margin-bottom: 20px ">
        <caption align="top" style="font-size: 26px">商品列表</caption>
        <thead>
        <tr>
            <th>编号</th>
            <th>名字</th>
            <th>价格</th>
            <th>库存</th>
            <th>销量</th>
            <th>管理</th>
        </tr>
        </thead>
        <tfoot align="right">
        </tfoot>
        <tbody>
        {% for row in goods %}
        <tr align="center">
            <td>{{ forloop.counter }}</td>
            <td>{{ row.name }}</td>
            <td>{{ row.price }}</td>
            <td>{{ row.stock }}</td>
```

```html
            <td>{{ row.sales }}</td>
            <td><a href="/delete{{ row.id }}">删除</a></td>
        </tr>
        {% endfor %}
    </tbody>
    </table>
</div>
</body>
</html>
```

实现本实例需要使用商品模型类Goods，该模型类的定义如下：

```python
from django.db import models
class Goods(models.Model):
    """ 商品SKU """
    # 可以利用null和blank属性使部分字段留空
    create_time = models.DateTimeField(auto_now_add=True,
                                      verbose_name="创建时间")
    update_time = models.DateTimeField(auto_now=True,
                                      verbose_name="更新时间")
    name = models.CharField(max_length=50, verbose_name='名字')
    price = models.DecimalField(max_digits=10, decimal_places=2,
                    verbose_name='价格')
    stock = models.IntegerField(default=0, verbose_name='库存')
    sales = models.IntegerField(default=0, verbose_name='销量')
    class Meta:
        db_table = 'tb_goods'
        verbose_name = '商品'
        verbose_name_plural = verbose_name
    def __str__(self):
return '%s: %s' % (self.id, self.name)
```

下面分别实现展示商品和删除商品的功能，并介绍如何配置路由、添加导包路径。

1. 展示商品

展示商品的本质是读取数据库中存储的商品数据，并在HTML页面之中展示。在views.py文件中定义视图get_goods()实现展示商品的功能，具体代码如下：

```python
from django.shortcuts import loader
from django import http
from .models import Goods
def get_goods(request):
    """ 展示商品 """
    t = loader.get_template('goods.html')
    goods = Goods.objects.all()                                 # 获取所有商品
    context = {
        'goods': goods,
    }
    response = t.render(context, request)
    return http.HttpResponse(response)
```

以上代码使用模板文件goods.html（将在后面内容给出）创建模板对象t，使用通过模型类Goods获取的商品数据goods构造上下文字典context，使用模板对象的render()方法结合上下文和请求对象生成响应信息，并返回了通过http.HttpResponse类构造的响应对象。

2. 删除商品

删除商品的本质是获取用户要删除的商品的id，在数据库中删除该id对应的记录，再重定向到商品列表页面，展示更新后的商品数据。定义视图del_goods()实现删除商品的功能，具体代码如下：

```
def del_good(request, gid):
    """删除指定商品"""
    good = Goods.objects.get(id=gid)
    good.delete()
    return http.HttpResponseRedirect('/')
```

del_good()函数通过参数gid获取待删除商品的id，利用id找到商品对象，调用delete()方法删除该对象，最后通过http.HttResponseRedirect类重定向到首页，展示新的商品列表。

3. 配置路由

以上视图文件views.py存储在chapter05_example01/apps/goods目录下，这里在goods目录中为goods应用创建专属路由文件urls.py，并分别配置主路由文件和goods应用的路由，具体配置分别如下：

（1）urls.py

```
from django.urls import re_path, include
…
# 商品goods
    re_path('^', include('goods.urls')),
…
```

（2）apps/goods/urls.py

```
from django.urls import path, re_path
from . import views
urlpatterns = [
    # 展示商品数据
    re_path(r'^$', views.get_goods),
    # 删除商品
    re_path(r'^delete(\d+)$', views.del_good),
]
```

4. 添加导包路径

在配置文件settings.py中的BASE_DIR之后追加导包路径：

```
import sys
sys.path.insert(0, os.path.join(BASE_DIR, 'chapter05_example01\\apps'))
```

在INSTALLED_APPS中安装应用goods，生成迁移文件并执行迁移，利用数据文件goods.sql（教材所附资源）插入商品数据，之后启动项目，访问网站，页面中将呈现图5-1所示的商品资源；单击"删除"连接，方可删除相应数据。

5.5 模板响应对象

标准HttpResponse对象是静态结构，它在构造时被提供有预设样式的内容，虽然可以修改这些内容以生成不同的响应，但修改这些内容并不容易。开发者期待视图的响应可以被修改，Django.template.response模块定义了TemplateResponse以解决这一问题。本节将介绍模板响应类TemplateResponse和如何渲染模板响应对象。

5.5.1 TemplateResponse

TemplateResponse类接收给定的模板、上下文、内容类型、HTTP状态和字符集以生成TemplateResponse对象，下面从该类的构造方法、属性和方法三个方面介绍TemplateResponse类。

1. TemplateResponse类的构造方法

TemplateResponse类的构造方法声明如下:

```
TemplateResponse.__init__(request, template, context=None,
content_type = None, status = None, charset=None, using=None)
```

以上声明中各参数的说明如下:

① request:当前视图函数接收到的请求对象。

② template:接收模板对象、模板名称或模板名称列表。模板对象一般使用Template类结合定义了页面样式的HTML文件生成。

③ context:接收一个用于填充模板上下文的dict类型的数据,默认为None。

④ content_type:HTTP响应信息头部包含的值,用于设置MIME类型和字符集的编码,默认使用DEFAULT_CONTENT_TYPE。

⑤ charset:响应使用的编码格式。

⑥ using:加载模板时使用的模板引擎的名称。

2. TemplateResponse类的属性

TemplateResponse类常用属性的说明如下:

① TemplateResponse.template_name:渲染时使用的模板名称,可以是一个模板对象、模板名称或模板名称列表,如['foo.html', 'path/to/bar.html']。

② TemplateResponse.context_data:渲染模板时要使用的上下文数据,如{'foo':123}。

③ TemplateResponse.rendered_content:指代当前已渲染的内容,是一个作为属性的方法。调用该属性时使用当前的模板和上下文启动渲染。

④ TemplateResponse.is_rendered:一个布尔值,记录是否已完成渲染。

3. TemplateResponse类的方法

TemplateResponse类常用方法的说明如下:

① resolve_context():处理上下文,默认接收一个字典变量并将其作为上下文返回,可以重写该方法以便对上下文执行额外处理。

② resolve_template():接收模板对象、模板名字或多个模板名字组成的列表。

③ add_post_render_callback():添加渲染完成后的回调函数,若该方法运行时渲染已完成,回调函数被立刻调用。

④ SimpleTemplateResponse.render():检查is_rendered属性,若is_rendered属性为False,则调用rendered_content属性,启动渲染,将is_rendered设置为True,将实例的content属性设置为rendered_content,调用回调函数(若有),返回最终响应;若is_rendered属性为True,则直接返回响应。

5.5.2 模板响应对象的渲染

TemplateResponse对象在被返回之前必须先经过渲染,渲染的本质是将模板与上下文结合,生成字节流。以下三种情况会渲染TemplateResponse:

① TemplateResponse对象显式调用render()方法时。

② 程序给response.content赋值,显式设置响应内容时。

③ TemplateResponse对象传递给模板响应中间件后,传递给响应中间件之前。

一个TemplateResponse对象只能被渲染一次。在渲染TemplateResponse对象前,TemplateResponse

的render()方法会检查is_rendered属性，判断TemplateResponse对象是否需要渲染。若想强制重新渲染，可以手动为content属性赋值，操作示例如下：

```
# 创建 TemplateResponse 对象
from django.template.response import TemplateResponse
t=TemplateResponse(request, 'original.html', {})
t.render()
print(t.content)
# 重新调用 render() 但不改变上下文，仍使用原来的上下文
t.template_name='new.html'
t.render()
print(t.content)
# 修改 content 属性，上下文发生改变
t.content=t.rendered_content
print(t.content)
```

以上示例中调用了两次render()方法，第二次调用render()时TemplateResponse对象的上下文不变；代码调用了三次print()语句，输出的结果分别为原始文本、原始文本和新文本。结合示例与输出结果可知，第二次调用render()方法时TemplateResponse并未被重新渲染，直到content属性被修改，上下文发生改变后，TemplateResponse才被重新渲染。

一些操作（如缓存操作）必须在已渲染的模板上执行，但操作执行时机难以把握，因为视图生成的响应信息在中间件处理之后才会真正开始渲染。当然，可以自定义中间件处理逻辑，将逻辑代码放在渲染完成后调用，但中间件会处理所有响应，其中不应定义某些特有响应的逻辑。此时可以利用模板响应对象的add_post_render_callback()方法，为对象添加回调函数来解决这一问题。

为TemplateResponse对象添加回调函数这一操作在视图中完成，示例如下：

```
from django.template.response import TemplateResponse
def my_render_callback(response):
    # 处理过程
    do_post_processing()
def my_view(request):
    ...
    # 创建一个响应对象
    response = TemplateResponse(request, 'mytemplate.html', {})
    # 添加回调函数
    response.add_post_render_callback(my_render_callback)
    # 返回响应
    return response
```

以上实例中的回调函数my_render_callback()将在模板mytemplate.html被渲染后调用，该函数还接收一个已完成渲染的TemplateResponse实例作为参数。若模板已经被渲染，回调函数会被立即调用。

任何可使用HttpResponse的地方都可以使用TemplateResponse对象，例如使用一个模板和包含查询集的上下文返回一个TemplateResponse对象，示例代码如下：

```
from django.template.response import TemplateResponse
def blog_index(request):
    return TemplateResponse(request, 'entry_list.html',
                                    {'entries': Entry.objects.all()})
```

5.6 生成响应的快捷方式

"载入模板→填充上下文→生成响应消息→返回响应对象"这一生成响应消息、返回响应对象的流程在视图中非常常见,于是Django提供了快捷函数——render()来简化这一流程。

render()函数定义在django.shortcuts模块中,该函数的声明如下:

```
render(request, template_name, context = None, content_type = None,
status = None, using = None)
```

render()函数结合给定的模板和上下文字典,返回一个渲染后的HttpResponse对象。render()函数中各参数的含义如下:

① request:请求对象。

② template_name:模板名称或模板序列的名称。若该参数接收模板序列,则使用序列中的第一个模板。

③ context:接收一个用于填充模板上下文的dict类型的数据,默认为None。若不为None,则在呈现模板之前将其整合到模板中。

④ content_type:用于指定响应信息的MIME类型,如"text/html; charset = UTF-8"。

⑤ status:指定响应的状态码,默认为200。

⑥ using:指定加载模板时所用的模板引擎名称。

使用render()函数重写5.1节中的视图函数,具体代码如下:

```
from django.shortcuts import render
def curr_time(request):
    now = datetime.datetime.now()
    context = {                                          # 上下文字典
        'now': now,
    }
    return render(request, "time.html",context)
```

除render()外,shortcuts模块中还定义了快捷方式redirect()、get_object_or_404()、get_list_or_404()。下面简单介绍这些快捷方式。

1. redirect()

redirect()函数用于快速返回HttpResponseRedirect对象,该函数的声明如下:

```
redirect(to, * args, permanent=False, ** kwargs)
```

redirect()的参数to有以下3种取值:

① 模型对象:此时redirect()会调用模型对象的get_absolute_url()方法(用来告诉Django如何计算对象规范URL的方法),反向解析出目的URL。

② 视图(可能带有参数):这种情况下使用reverse()实现URL的反向解析。

③ 绝对的或相对的URL:此时将URL作为重定向的目标位置。

默认情况下redirect()生成临时重定向,将它的permanent设置为True后会生成永久重定向。

下面根据参数to的不同取值分别演示redirect()函数的使用方法。

(1)传入一个模型对象

```
from django.shortcuts import redirect
def my_view(request):
    ...
    obj = MyModel.objects.get(...)
```

```
    return redirect(obj)
```

（2）传入一个视图

```
def my_view(request):
    ...
    return redirect('some-view-name', foo='bar')
```

（3）传入URL

① 传入相对URL：

```
def my_view(request):
    ...
    return redirect('/some/url/')
```

② 传入绝对URL：

```
def my_view(request):
    ...
    return redirect('http://example.com/')
```

2. get_object_or_404()

get_object_or_404()是一个非常实用的函数，常与对象查询结合使用。不同的函数返回值对应不同的查询结果：如果查找成功，返回查询集；如果查询失败，返回404页面。get_object_or_404()函数的语法格式如下：

```
get_object_or_404(klass, * args, ** kwargs)
```

get_object_or_404()函数的参数klass可以是一个模型类、Manager或者QuerySet对象；参数kwargs用于接收查询参数，查询参数可应用于get()或filter()方法。以get()方法为例：

```
from django.shortcuts import get_object_or_404
def my_view(request):
    obj = get_object_or_404(MyModel, pk=1)
```

以上示例等同于如下代码：

```
from django.http import Http404
def my_view(request):
    try:
        obj = MyModel.objects.get(pk=1)
    except MyModel.DoesNotExist:
        raise Http404("No MyModel matches the given query.")
```

3. get_list_or_404()

get_list_or_404()函数从模型中提取数据后将其强制转换为列表返回，若数据为空则抛出Http404异常；该函数的参数与get_object_or_404()相同，这里不再赘述，下面给出示例代码：

```
from django.shortcuts import get_list_or_404
def my_view(request):
    my_objects = get_list_or_404(MyModel, published=True)
```

以上示例等同于如下代码：

```
from django.http import Http404
def my_view(request):
    my_objects = list(MyModel.objects.filter(published=True))
    if not my_objects:
        raise Http404("No MyModel matches the given query.")
```

5.7 类 视 图

虽然一个视图处理用户的一个请求，但HTTP提供了多种请求方式（GET、POST、PUT等），用户使用应用的某个功能时，该功能可能以任意一种方式发起请求，例如商品管理功能使用GET方式发起的呈现商品列表的请求、使用POST方式发起的修改商品请求等。此时视图需要结合条件分支，对每种请求方式分别进行处理。然而，若所有请求方式的处理逻辑都定义在同一个视图中，视图很可能庞大且臃肿。为了解决这一问题，Django设计了类视图。

5.7.1 定义类视图

类视图允许在views.py的一个类中定义不同的方法，以处理同一功能以不同请求方式发送的请求。

假设有来自同一URL的GET请求和POST请求，以函数视图和类视图的形式分别组织代码，具体示例如下：

1. 以函数的形式定义视图

```python
from django.http import HttpResponse
def my_view(request):
    if request.method == 'GET':
        return HttpResponse('GET result')
    elif request.method == 'POST':
        return HttpResponse('POST result')
```

2. 以类的形式定义视图

```python
# views.py
from django.http import HttpResponse
from django.views import View
class MyView(View):
    def get(self, request):
        return HttpResponse('GET result')
    def post(self,request):
        return HttpResponse('POST result')
```

Django的URLconf期望将和请求关联的参数直接传递给可调用的函数而非定义了方法的类，所以URL配置中会调用视图类的as_view()方法。as_view()方法的功能是接收请求，获取请求方法request.method，并根据request.method返回相应的视图方法。

在urls.py中配置URL，调用以上定义的类视图，示例代码如下：

```python
# urls.py
from django.urls import path
from views import MyView
urlpatterns = [
    path('about/', MyView.as_view()),
]
```

以上示例中的path()函数在接收到URL"about/"时，会调用MyView类的as_view()方法，根据不同的请求方式执行类视图MyView中的不同请求方法。

5.7.2 基础视图类

5.7.1节的类视图MyView继承了Django内置模块django.views中的视图类View。View是所有类视图的基类之一，具有处理视图与URL之间的映射关系、HTTP方法调度等功能。除View外，Django还定义了两个基础视图类：TemplateView和RedirectView，这两个基础视图类定义在django.views.generic.base模块中，它们可以像View一样被继承与使用。下面分别介绍这两个基础视图类。

1. TemplateView

TemplateView为模板视图类，它结合了模板与视图，可以通过指定视图类使用的模板文件和上下文数据快速定义一个视图。

TemplateView的功能源于它继承的三个类：TemplateResponseMixin、ContextMixin和View，这三个类的功能和重要内容的说明分别如下：

① TemplateResponseMixin：定义与模板信息相关的内容，如用于指定模板文件的属性template_name、指定模板引擎的属性tempalte_engine等。

② ContextMixin：定义与上下文数据相关的内容，如获取上下文数据的get_context_data()方法。

③ View：定义与视图操作相关的内容，如为HTTP请求分派类方法的as_view()方法。

下面分别对本章实例1的views.py和goods/urls.py文件进行修改，基于TemplateView实现展示商品的功能。

（1）views.py

在views.py中定义继承了TemplateView的视图类GoodView，在该类中通过属性template_name指定模板文件、重写get_context_data()方法，在该方法中获取所有商品数据，将其构造为上下文数据并返回。具体代码如下：

```python
from .models import Goods
from django.views.generic.base import TemplateView
class GoodView(TemplateView):
    template_name = "goods.html"
    def get_context_data(self, **kwargs):
        context = super().get_context_data(**kwargs)
        context['goods'] = Goods.objects.all()
        return context
```

（2）urls.py

在goods应用的urls.py文件中修改展示商品的URL，修改后的代码如下：

```python
path('', GoodView.as_view()),
```

以上代码替换了goods应用下子路由中用于展示商品数据的路由。

views.py和goods/urls.py修改完成后，重启项目，访问网页，网页中正常展示商品数据，说明基于TemplateView类的商品展示功能成功实现。

2. RedirectView

RedirectView为重定向视图类，它继承了View类，具有View类提供的所有功能；此外它定义了一些独有的属性和方法，实现了重定向功能。对RedirectView类常用的特有属性和方法进行介绍，具体如下：

（1）属性

① url：重定向的目标URL，字符串形式，若值为None引发410（Gone）错误。URL中可包含参数，path()函数可以字典形式为其传值。

② pattern_name：目标URL的名称。

③ permanent：用于设置重定向是否为永久重定向，默认为False，表示不设置为永久重定向。

④ query_string：用于设置是否将GET请求中的查询字符串附加到URL，默认为False，表示不将查询字符串附加到URL，直接丢弃。

（2）方法

RedirectView类的常用方法为get_redirect_url()，该方法用于构造重定向的目标URL，它的语法格式如下：

```
get_redirect_url(self, *args, **kwargs)
```

get_redirect_url()方法默认使用类的url属性设置的目标URL，若url属性未设置，get_redirect_url()方法尝试根据pattern_name属性设置的URL名称，以反向解析的方式匹配URL。

下面分别对本章实例1的views.py和goods/urls.py文件进行修改，基于RedirectView实现删除商品的功能。

（1）views.py

在views.py中定义继承了RedirectView类的视图类DeleteView，在该类中使用url属性设置重定向的目标URL、重写get_redirect_url()方法，在get_redirect_url()方法中删除用户选择的商品，并返回重定向。具体代码如下：

```
class DeleteGood(RedirectView):
    url = '/'
    permanent = True
    def get_redirect_url(self, *args, **kwargs):
        good = get_object_or_404(Goods, id=kwargs['gid'])
        good.delete()
        return super().get_redirect_url(*args, **kwargs)
```

（2）urls.py

在goods应用的urls.py文件中修改删除商品的URL，修改后的代码如下：

```
path('delete<int:gid>', DeleteGood.as_view()),
```

以上代码需替换goods应用下子路由中用于删除商品数据的路由。

views.py和goods/urls.py修改完成后，重启项目，访问网页，若单击"删除"能删除商品，说明基于RedirectView类的删除商品功能成功实现。

5.7.3 配置类属性

Django提供了两种方式来配置类属性：一种是Python类中定义属性的标准方法——直接重写父类的属性；另一种是在URL中将类属性配置为as_view()方法的关键字参数。下面分别介绍这两种配置类属性的方法。

1．Python类中定义属性的标准方法

假设父类GreetingView包含属性greeting，示例代码如下：

```
from django.http import HttpResponse
from django.views import View
class GreetingView(View):
    greeting = "Good Day"
    def get(self, request):
        return HttpResponse(self.greeting)
```

在子类MoringGreetingView中重新配置greeting属性，具体如下：

```python
class MoringGreetingView(GreetingView):
    greeting = "G'Day"
    def get(self, request):
        return HttpResponse(self.greeting)
```

2．将类属性配置为as_view()方法的关键字参数

在配置URL时通过关键字参数为as_view()方法传参，其本质也是重新配置类的属性，具体示例如下：

```python
urlpatterns = [
    path('about/', GreetingView.as_view(greeting="G'day")),
]
```

5.8　实例2：基于类视图的商品管理

本实例要求实现基于类视图的商品管理，包括展示、添加、修改和删除商品。页面效果如图5-2所示。

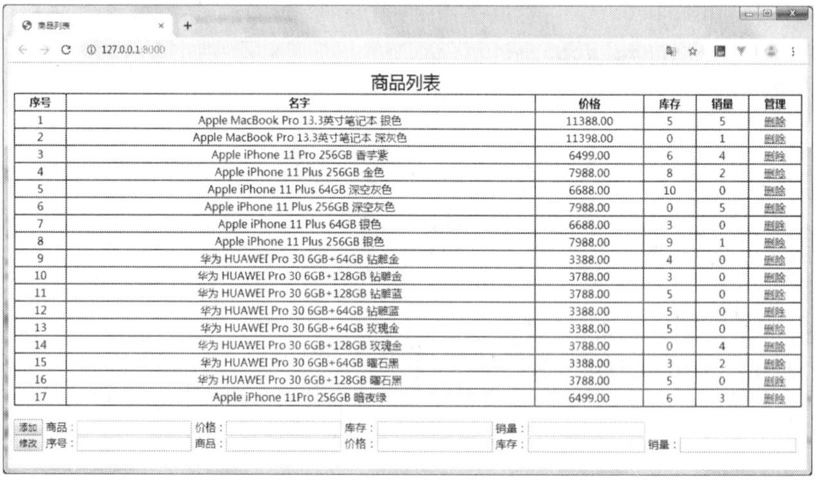

图5-2　商品管理页面

从用户的角度分析，本实例保留了5.4节实例1的展示与删除功能，新增了添加和修改功能。但从开发人员的角度分析，本实例要求基于类视图实现后端逻辑，所以除了新增添加和修改代码外，还需要修改实例1中的模板文件、修改实现展示和删除功能的代码，并重新配置URL。

使用类视图时，后端根据前端发送请求的方式，选择执行相应的视图方法，那么后端开发人员必须了解用户进行不同操作时分别使用什么请求方式。查看模板文件goods.html，具体代码如下：

```html
<!DOCTYPE html>
<html lang="en">
<head>
    <meta charset="UTF-8">
    <title>商品列表</title>
</head>
<body>
<div>
    <table cellpadding="1" cellspacing="0" border="1"
```

```html
                style="width:100%;max-width: 100%;margin-bottom: 20px ">
            <caption align="top" style="font-size: 26px"> 商品列表 </caption>
            <thead>
            <tr>
                <th> 序号 </th>
                <th> 名字 </th>
                <th> 价格 </th>
                <th> 库存 </th>
                <th> 销量 </th>
                <th> 管理 </th>
            </tr>
            </thead>
            <tbody>
            {% for row in goods %}
            <tr align="center">
                <td>{{ forloop.counter }}</td>
                <td>{{ row.name }}</td>
                <td>{{ row.price }}</td>
                <td>{{ row.stock }}</td>
                <td>{{ row.sales }}</td>
                <td>
                    <a href="goods/{{row.id}}"> 删除 </a>
                </td>
            </tr>
            {% endfor %}
        </tbody>
        </table>
</div>
<div>
    {#                        表单一：添加                                    #}
    <form method="post" action="/" cellpadding="1" cellspacing="0"
            border="1">
        {% csrf_token %}
        <input type="submit" value=" 添加 ">
        商品 :<input type="text" name="good_name">
        价格 :<input type="text" name="good_price">
        库存 :<input type="text" name="good_stock">
        销量 :<input type="text" name="good_sales">
    </form>
</div>
<div>
    {#                        表单二：修改                                    #}
    <form method="post" action="goods/" cellpadding="1" cellspacing="0"
            border="1">
        {% csrf_token %}
        <input type="submit" value=" 修改 ">
        序号 :<input type="text" name="good_num">
        商品 :<input type="text" name="good_name">
        价格 :<input type="text" name="good_price">
        库存 :<input type="text" name="good_stock">
        销量 :<input type="text" name="good_sales">
    </form>
</div>
</body>
</html>
```

分析以上模板代码,可知用户在使用展示和删除功能时,代码发送GET请求;用户在使用添加和修改商品功能时,代码发送POST请求。

由于GET和POST请求均由两种功能共同使用,为了避免冲突,这里分别定义类视图GoodView和UpdateDestoryGood,其中,GoodView视图用于实现展示和添加功能,UpdateDestoryGood视图用于实现修改和删除功能。根据分析,在views.py文件中设计视图类的代码结构,具体如下:

```python
from django.shortcuts import render, redirect
from django.views import View
from django import http
from django.urls import reverse
from .models import Goods
# Create your views here.
class GoodView(View):
    """ 商品视图类 """
    def get(self, request):
        """ 展示商品 """
        pass
    def post(self, request):
        """ 添加商品 """
        pass
class UpdateDestoryGood(View):
    """ 编辑或删除商品 """
    def get(self, request, gid):
        """ 删除商品数据 """
        pass
    def post(self, request, gid=0):
        """ 编辑商品 """
        pass
```

本实例商品展示和删除的逻辑与实例1的相同,此处不再分析。下面分别在类GoodView和UpdateDestoryGood中实现商品展示和删除功能,具体代码如下:

```python
...
class GoodView(View):
    """ 商品视图类 """
    def get(self, request):
        """ 展示商品 """
        goods = Goods.objects.all()
        context = {
            'goods': goods,
        }
        return render(request, 'goods.html', context)
    ...
class UpdateDestoryGood(View):
    """ 编辑或删除商品 """
    def get(self, request, gid):
        """ 删除商品数据 """
        try:
            good = Goods.objects.get(id=gid)
            good.delete()
        except Exception as e:
            return http.HttpResponseForbidden('删除失败')
        return redirect(reverse('goods:info'))
    ...
```

用户通过goods.html文件中定义的第一个表单添加商品，该表单接收用户在页面上填写的商品名字、价格、库存以及销量，通过"添加"按钮将数据传递到后端；后端代码接收前端传来的商品名字、价格、库存、销量数据，创建商品对象并添加到数据库。根据分析在GoodView视图中实现添加商品功能，具体代码如下：

```
...
    def post(self, request):
        """ 添加商品 """
        good = Goods()
        try:
            """ 接收参数 """
            good.name = request.POST.get('good_name')
            good.price = request.POST.get('good_price')
            good.stock = request.POST.get('good_stock')
            good.sales = request.POST.get('good_sales')
            good.save()
            return redirect(reverse('goods:info'))
        except Exception as e:
            return http.HttpResponseForbidden(' 数据错误 ')
...
```

用户通过goods.html文件中定义的第二个表单修改商品信息，该表单接收用户输入的商品序号、名字、价格、库存以及销量，通过"修改"按钮将数据传递到后端；后端代码根据POST请求中的商品序号找到数据库中的相应商品，更新商品数据并重定向到展示页面。需要注意，用户在执行修改操作时填写的序号是商品列表中的序号而非数据库中商品的id。根据分析在UpdateDestoryGood视图中实现修改功能，具体代码如下：

```
...
    def post(self, request, gid=0):
        """ 编辑商品 """
        goods = Goods.objects.all()
        count = goods.count()
        try:
            num = request.POST.get('good_num')
            for i in range(1, count + 1):
                if i == int(num):
                    good = goods[i - 1]
                    good.name = request.POST.get('good_name')
                    good.price = request.POST.get('good_price')
                    good.stock = request.POST.get('good_stock')
                    good.sales = request.POST.get('good_sales')
                    good.save()
                    break
        except Exception as e:
            return http.HttpResponseForbidden(' 编辑失败 ')
        return redirect(reverse('goods:info'))
```

至此，视图部分完成，下面配置URL。保持根URL不变，修改goods应用的urls.py，修改后的代码如下：

```
from django.urls import re_path
from . import views
app_name = 'goods'
urlpatterns = [
    # 展示商品数据、添加商品
```

```
re_path(r'^$', views.GoodView.as_view(), name='info'),
# 修改删除商品
re_path(r'^goods/(\d*)$', views.UpdateDestoryGood.as_view()),
]
```

5.9 通用视图

通用视图是视图开发中常见任务的抽象，使用通用视图，只需编写少量代码，便可快速开发数据的公共视图，例如用于呈现列表、呈现对象的详细信息，或处理表单的视图。本节将简单介绍Django中的通用视图。

5.9.1 通用视图分类

5.7.2节介绍的基础视图其实也是一类通用视图，除此之外，通用视图还分为通用显示视图、通用编辑视图和通用日期视图，这些视图都可以通过django.views.generic模块导入。Django支持的各类通用视图及它们的功能如表5-1所示。

表 5-1 基于类的通用视图

分 类	内 容	说 明
基础视图	View TemplateView RedirectView	包含 Django 视图所需的大部分功能，既是通用视图，也是其他类的父视图；既可以被继承，也可以单独使用
通用显示视图	DetailView ListView	用于显示数据，是许多项目中最常用的视图
通用编辑视图	FormView CreateView UpdateView DeleteView	分别用于显示表单、创建表单、编辑已有表单和删除表单。包含了SuccessMessageMixin，这有助于呈现成功提交表单的消息
通用日期视图	ArchiveIndexView YearArchiveView MonthArchiveView WeekArchiveView DayArchiveView TodayArchiveView DateDetailView	用于呈现基于日期的深层页面数据的视图，依次表示按日期显示"最新"对象的顶级索引页面、每年存档页面、每月存档页面、每周存档页面、每日存档页面、当天存档页面和单个对象的页面

以上视图中最常使用的是通用显示视图，后续内容将以此为例演示如何使用通用视图。

5.9.2 通用视图与模型

将模型作为额外参数传递给通用视图，可以快速开发视图。除了额外接收模型外，基于通用视图的开发流程与基于基础视图的开发流程基本相同。下面以通用显示视图ListView为例，演示如何利用通用视图呈现数据。

这里首先为后续内容准备模型。创建Django项目，在项目中创建应用booklist，在应用的models.py文件中定义模型Publisher和Author，具体代码如下：

```
# models.py
from django.db import models
```

```python
class Publisher(models.Model):
    name = models.CharField(max_length=30)
    address = models.CharField(max_length=50)
    city = models.CharField(max_length=60)
    state_province = models.CharField(max_length=30)
    country = models.CharField(max_length=50)
    website = models.URLField()
    class Meta:
        ordering = ["-name"]
    def __str__(self):
        return self.name
class Author(models.Model):
    salutation = models.CharField(max_length=10)
    name = models.CharField(max_length=200)
    email = models.EmailField()
    headshot = models.ImageField(upload_to='author_headshots')
    def __str__(self):
        return self.name
class Book(models.Model):
    title = models.CharField(max_length=100)
    authors = models.ManyToManyField('Author')
    publisher = models.ForeignKey(Publisher, on_delete=models.CASCADE)
    publication_date = models.DateField()
```

然后在应用的views.py文件中定义一个继承了ListView的视图，通过该视图来呈现数据库中的出版者信息表，具体代码如下：

```python
# views.py
from django.views.generic import ListView
from books.models import Publisher
class PublisherList(ListView):
    model = Publisher
```

以上类视图PublisherList使用属性model指定了视图使用的模型类Publisher。

之后在应用的urls.py文件中配置URL，具体代码如下：

```python
urlpatterns = [
    path('publishers/', PublisherList.as_view()),
]
```

在项目的urls.py文件中配置URL，具体代码如下：

```python
path('', include('booklist.urls')),
```

最后准备模板文件。我们可以在视图类中通过属性template_name指定模板，若不显式指定，Django将根据对象名推断模板名。当前示例Django推断出的模板名为"booklist/publisher_list.html"，其中"book list"为模型所在的应用的名称，"publisher"为模型名称的小写。

在模板目录templates中创建目录booklist，在booklist下创建模板文件publisher_list.html，编写模板代码，遍历上下文对象，在页面上逐条显示数据，具体代码如下：

```html
<h2>Publishers</h2><hr>
<ul>
    {% for publisher in object_list %}
        <li>{{ publisher.name }}</li>
    {% endfor %}
</ul>
```

以上模板代码中使用的上下文对象object_list即通用视图的默认上下文对象，该对象的值为Publisher.objects.all()。

至此，完成基于通用视图ListView的视图的快速开发。

5.9.3　添加额外的上下文对象

若想获取视图所采用的模型类之外的一些附加信息，例如，在每一个出版者的详情页显示已出版书籍的列表，该如何实现呢？

观察models.py中定义的Publisher类，该类中并未定义与书籍列表相关的信息。此时若要实现以上需求，需要对通用视图的数据进行修改。通用视图通过get_context_data()方法返回嵌入模板中的上下文字典，重写该方法，具体示例如下：

```python
from django.views.generic import DetailView
from books.models import Book, Publisher
class PublisherDetail(ListView):
    model = Publisher
    def get_context_data(self, **kwargs):
        # 调用基类的 get_context_data() 方法获取存储数据列表的上下文字典对象
        context = super().get_context_data(**kwargs)
        # 将书籍信息的查询集加入上下文对象
        context['book_list'] = Book.objects.all()
        return context
```

5.9.4　通过queryset控制页面内容

5.9.2节中使用models属性指定了通用视图中使用的数据模型，还可以使用queryset属性指定视图呈现的数据。示例代码如下：

```python
from django.views.generic import DetailView
from books.models import Publisher
class PublisherDetail(ListView):
    context_object_name = 'publisher'
    queryset = Publisher.objects.all()
```

实际上models = Publisher是queryset = Publisher.objects.all()的简写，相比models，queryset对数据的控制更加灵活，它不仅可以获取全部的数据对象，也可以获取排序后的数据，对数据进行过滤，等等。queryset本质上是一个查询集对象，它接收模型管理器的查询结果。

下面仍以5.9.2节定义的模型类为例进行介绍。

① 按照出版日期对书籍列表进行排序，近期出版的书籍位置更靠前。

```python
from django.views.generic import ListView
from books.models import Book
class BookList(ListView):
    queryset = Book.objects.order_by('-publication_date')
    context_object_name = 'book_list'
```

② 展示指定出版者出版的书籍。

```python
from django.views.generic import ListView
from books.models import Book
class AcmeBookList(ListView):
    context_object_name = 'book_list'
    queryset = Book.objects.filter(publisher__name='ACME Publishing')
    template_name = 'books/acme_list.html'
```

5.9.5 重要属性和方法

通过重置通用视图的属性和方法，可以实现更灵活、个性的视图。通用视图的常用属性和方法以及它们的功能说明如下：

① models：指定模型对象。
② template_name：指定模板对象。
③ get_context_data()：设置查询集。
④ queryset：指定模型的查询对象。
⑤ context_object_name：指定上下文对象名称。
⑥ get_queryset()：获取视图的查询集。
⑦ get_context_object_name()：设置了上下文对象的名字。

以上视图和方法分布在各个通用视图中，更多内容请参阅Django官方文档，此处不再展开讲解。

小　　结

本章介绍了与Django中的视图相关的知识，包括函数视图、请求对象和响应对象、模板响应对象、生成响应的快捷方式、类视图，以及基于类的通用视图。通过本章的学习，读者能够熟悉Django中视图的功能、结构，掌握请求对象和响应对象，熟练定义和使用视图。

习　　题

一、填空题

1. Django使用URLconfs将不同的URL模式映射到不同视图，视图_____，返回响应。
2. 视图的参数_____是必要参数，它是一个HttpRequest对象，用于接收请求信息。
3. Django提倡将页面样式放在模板文件之中，使用_____为模板传递数据。
4. 请求对象由Django自动创建，由视图的参数_____接收。
5. 若要取用GET请求中参数carts的值，具体代码为_____。
6. 可以使用model属性指定通用视图中使用的数据模型，还可以使用_____属性指定视图呈现的数据。

二、判断题

1. 视图就是函数。　　　　　　　　　　　　　　　　　　　　　　　　　　（　　）
2. 当表单以POST方式提交请求，但表单中没有数据时，不能使用"if request.POST"来判断是否使用了POST方法。　　　　　　　　　　　　　　　　　　　　　　　（　　）
3. HttpRequest对象的GET与POST属性都是字典。　　　　　　　　　　　　（　　）
4. 请求对象无须开发者主动创建与填充。　　　　　　　　　　　　　　　　（　　）

三、选择题

1. 响应对象response可以视为一个类文件对象，使用（　　）方法可以向其中追加内容。
   A．write()　　　B．append()　　　C．add()　　　D．adds()

2. 下列关于HttpResponse对象的说法中，错误的是（　　）。
   A. Django支持HttpResponse对象以类似字典操作的方式增加和删除HTTP头部字段
   B. 使用del删除响应对象的字段时，若相应字段不存在，del会抛出异常
   C. HttpResponse类的构造函数可接收一个可迭代对象以生成响应对象
   D. JsonResponse是HttpResponse类的子类，用于返回JSON类型的响应

3. 下列选项中，会发生TemplateResponse渲染的情景是（　　）。
   A. 显式调用render()方法时
   B. 显式调用content属性时
   C. 通过模板响应中间件后，通过响应中间件之前
   D. 以上全部

4. 下列说法中正确的是（　　）。
   A. render()方法会检查is_rendered属性，根据属性的值决定是否执行更多操作
   B. 一个TemplateResponse对象只能被渲染一次
   C. 任何可以有HttpResponse的地方都可以使用TemplateResponse对象代替
   D. 以上全部

5. 若想查询一个数据库表中的一条记录，返回查询到的记录，或错误页面，可使用（　　）快捷方式。
   A. render()　　　　　　　　　　B. redirect()
   C. get_object_or_404()　　　　D. get_list_or_404()

四、简答题

1. 简述render()函数的功能。
2. 列举Django中生成响应时常用的快捷函数。
3. 简述类视图相较于函数视图的优点。
4. 简述配置类属性的两种方式。

第6章 后台管理系统——Admin

学习目标:

◎掌握进入后台管理系统的方法。

◎掌握模型的注册方法。

◎熟悉ModelAdmin的选项。

◎了解Admin认证和授权。

◎了解如何重写Admin后台模板。

Django提供了一个可插拔的后台管理系统——Admin,该系统可以从模型中读取元数据,并提供以模型为中心的界面。Admin后台管理系统不仅让管理员可以便捷地管理、发布、维护网站的内容,也为开发人员节约了大量开发时间。本章将对Admin管理系统进行介绍。

6.1 认识Admin

本节将介绍Admin的基础内容,包括进入Admin与使用Admin。

6.1.1 进入Admin

Django项目的根urls.py文件中默认定义了一个"/admin/"路由,该路由指向Admin。启动Django项目,在浏览器中输入"http://127.0.0.1:8000/admin/",页面会跳转到后台管理系统的登录页面,如图6-1所示。

图6-1 Admin登录页面

登录后台管理系统需要输入管理员用户名与密码，此时可通过"python manage.py createsuperuser"命令（确保已执行数据迁移）创建管理员用户。执行该命令，根据提示依次输入用户名、电子邮件、密码，具体示例如下：

```
python manage.py createsuperuser
Username: Admin
Email address: Admin@xx.com
Password:                          # 设置的密码为：Admin123
Password (again):
Superuser created successfully.
```

以上示例中的电子邮件可为空，密码长度至少为8个字符（非强制），输入的密码不会在屏幕显示。创建完成后的管理员用户信息会被存储在auth_user表中。

使用上文创建的用户登录Admin，登录成功后会进入站点管理页面，如图6-2所示。

图6-2　站点管理首页（默认英文）

Admin系统默认使用英文，可以通过以下两种方式将系统语言修改为中文：

① 在settings文件中将配置项LANGUAGE_CODE的值设置为"zh-Hans"。

② 在settings文件中配置项MIDDLEWARE中添加中间件"django.middleware.locale.LocaleMiddleware"。

系统语言设置完成后，刷新页面，可以看到站点管理页面的内容以中文显示，如图6-3所示。

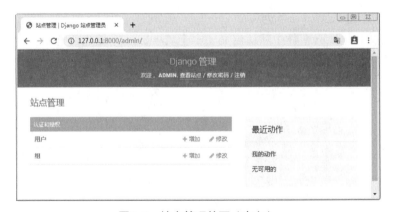

图6-3　站点管理首页（中文）

观察图6-3可知，站点页面已设置为中文显示。

6.1.2 使用Admin

若想使Admin系统中呈现自定义的模型数据,需在应用的admin.py文件中将模型注册到后台系统。本节将以第5章的实例2为基础,介绍如何将模型注册到后台管理系统、设置应用名在后台以中文显示和管理数据库数据。

1. 将模型注册到后台管理系统

注册模型的方式有两种:一是使用装饰器@admin.register()注册模型;二是使用admin.site.register()注册模型。下面分别介绍这两种注册方式。

(1)使用装饰器@admin.register()注册模型

使用装饰器@admin.register()注册模型时,需要将模型名作为参数传入到装饰器中,语法格式如下:

```
@admin.register(模型名)
```

以在admin.py文件中注册goods应用下的Goods模型为例,示例代码如下:

```
from django.contrib import admin
from .models import Goods
@admin.register(Goods)
GoodAdmin(admin.ModelAdmin):
    pass
```

(2)使用admin.site.register()注册模型

使用admin.site.register()注册模型同样需要将注册的模型名作为参数传入,示例如下:

```
admin.site.register(模型名)
```

以在admin.py文件中注册goods应用下的Goods模型为例:

```
admin.site.register(Goods)
```

模型注册完成之后,刷新Admin管理页面,此时站点管理页面如图6-4所示。

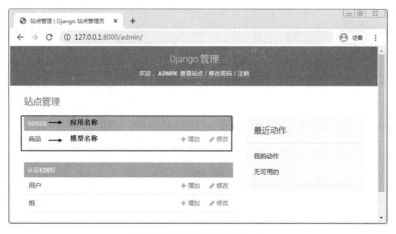

图6-4 注册模型类Goods

对比图6-3和图6-4,可观察到站点管理页面中新增了GOODS,其中"商品"为定义Goods模型类时使用verbose_name属性定义的数据表名。

2. 设置应用名中文显示

图6-4所示的页面中显示的应用名称为GOODS,可以通过以下操作设置其以中文名显示。

首先在goods应用的__init__.py文件中添加如下设置：
```
default_app_config = 'goods.apps.GoodsConfig'
```
上述配置表示加载goods/apps.py文件中类GoodsConfig的配置信息。

然后在goods/apps.py文件的GoodsConfig类中使用verbose_name设置应用的名称，示例代码如下：
```
from django.apps import AppConfig
class GoodsConfig(AppConfig):
    ...
    verbose_name = '商品信息'
```
上述设置完成之后，刷新页面可以看到"GOODS"变更为"商品信息"，如图6-5所示。

图6-5　设置应用名称中文显示

3．管理数据库数据

Admin系统中已经为管理员封装了一些常用的内容管理功能，如添加数据、删除数据、数据排序、修改数据。

为了能够在该页面中展示更详尽的商品信息，可以在GoodsAdmin类中添加list_display选项，此选项用于展示模型字段，示例代码如下。
```
list_display = ('id', 'create_time', 'update_time', 'name','price',
                'stock', 'sales')
```
重启服务器后，在图6-5所示的Admin管理页面中单击"商品"之后，页面会跳转到选择商品来修改页面，该页面包含了指定显示的字段内容，具体如图6-6所示。

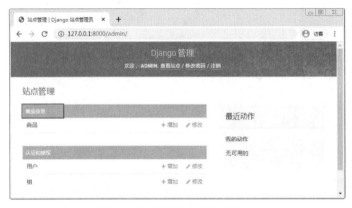

图6-6　商品数据

图6-6展示了常用的内容管理功能，下面分别介绍这些功能。

（1）添加数据

单击图6-6所示页面右上角的"增加商品+"按钮进入"增加商品"页面，如图6-7所示。

图6-7　添加数据

在图6-7所示页面中输入要添加的商品信息，输入完成后，单击"保存"按钮，数据将会保存到数据库中。此时在选择商品来修改页面中可查看添加的数据，如图6-8所示。

图6-8　数据添加结果

（2）删除数据

选中要删除的商品，在"动作"下拉列表框中选择"删除所选的商品"，如图6-9所示。

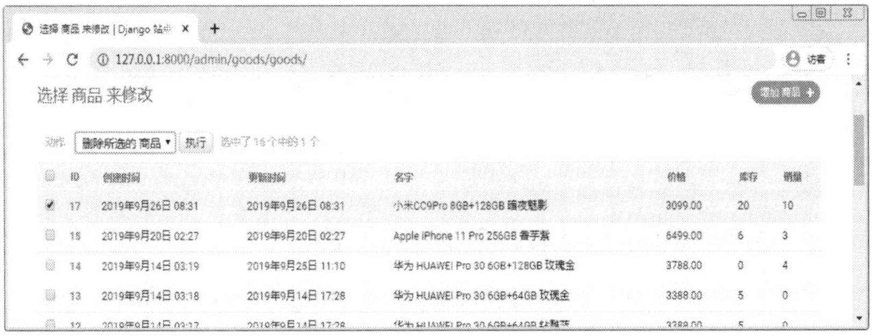

图6-9　选定数据

单击图6-9所示页面中的"执行"按钮，此时页面会跳转到新的页面，该页面会询问操作者是否确定删除数据，如图6-10所示。

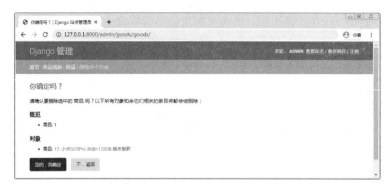

图6-10 删除选定数据

单击"是的,我确定"按钮,商品数据会被删除。

(3) 排序

选择商品来修改页面支持对字段的正序排序和逆序排序,单击字段右侧三角形按钮可对字段进行排序;如果不需要排序可删除排序规则,如图6-11所示。

图6-11 排序与删除排序

(4) 修改数据

单击商品列表页中某条记录的ID可以进入相应数据修改页,在修改商品页面中可以对商品数据进行修改、删除和添加。例如,单击图6-11中的ID"17",跳转后的页面如图6-12所示。

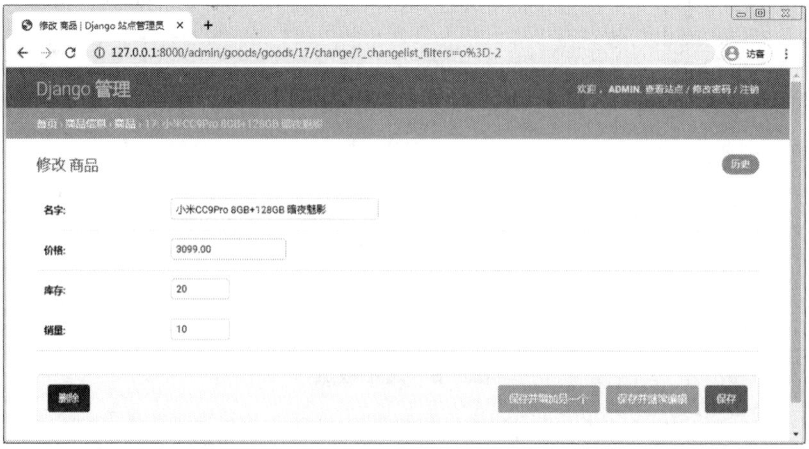

图6-12 修改商品页面

在图6-12所示的表单中可编辑商品数据，编辑完成之后，单击"保存"按钮，修改的内容将会保存到数据库中；单击"删除"按钮，当前数据将被删除；单击"保存并增加另一个"按钮，可以保存当前修改，并进入增加商品页面。

6.2 ModelAdmin选项

ModelAdmin类主要用于控制模型信息在Admin后台页面中的展示。ModelAdmin类包含了诸多选项，包括列表页选项、编辑页选项，管理员可以通过这些选项灵活地控制要呈现的数据。本节对ModelAdmin类的常用选项进行介绍。

6.2.1 列表页选项

Django提供了一些选项来控制列表页的显示字段、搜索字段、过滤器等，这些选项在应用的admin.py文件的模型管理类中使用。接下来以Goods模型为例，对常用列表页选项进行介绍。

1. list_display选项

list_display选项用于控制页面展示的字段，该选项的值为元组或列表类型，其中的元素可以是模型字段或自定义字段。

（1）模型字段

使用list_display控制在页面中显示商品id和商品名称，示例如下：

```
list_display = ('id', 'name')          # 元组形式
list_display = ['id', 'name']          # 列表形式
```

（2）自定义字段

自定义字段指与模型相关，但并不包含在模型中的字段，这种字段是定义在goods/admin.py文件中的一些函数，这些函数会将模型实例作为参数。

例如，在goods/admin.py文件中定义用于显示商品销售额的自定义字段"sales_volume"，并使用sales_volume.short_description设置该字段的功能说明。示例代码如下：

```
from .models import Goods
g = Goods()
def sales_volume(g):
    sales = g.price * g.sales
    return "{}销售额为:{}元".format(g.name, sales)
sales_volume.short_description = '商品销售额'
```

以上代码首先实例化模型类Goods，然后将实例化的模型类作为参数传递到定义的salves_volume()函数中计算商品销售额。

使用list_display选项控制显示sales_volume字段，代码如下：

```
@admin.register(Goods)
class GoodsAdmin(admin.ModelAdmin):
    list_display = (sales_volume,)
```

以上代码在应用的admin.py文件中定义了Goods模型的管理类GoodsAdmin，在该类中通过list_display选项指定要显示的字段。

此时，刷新数据列表，可查看自定义字段显示的数据，如图6-13所示。

图6-13　显示自定义字段

2. list_display_links选项

list_display_links选项用于设置需在页面中以链接形式展示的字段,需要注意List_display_links中的字段必须是模型字段或自定义字段。例如:

```
list_display_links = ('id', 'name')
```

此时页面中的id和name字段将以链接形式展示,如图6-14所示。

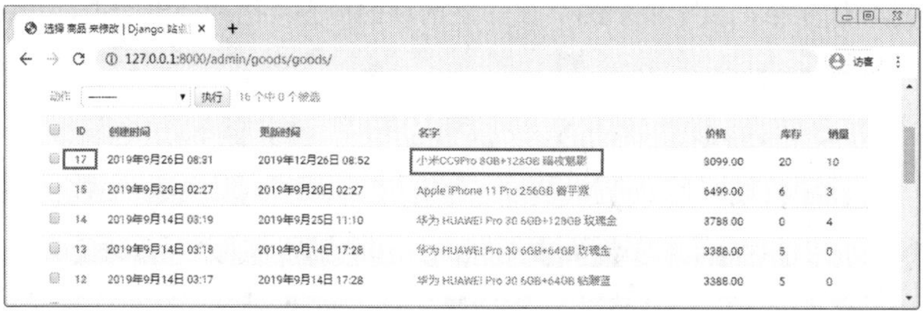

图6-14　设置字段链接

单击图6-14中商品列表部分id字段或name字段中的链接,可进入相应记录的编辑页面。

3. list_filter选项

list_filter选项用于开启列表页过滤器,该选项可以接收模型中的字段作为过滤条件,也可接收自定义过滤器。

（1）按模型字段进行过滤

以Goods模型为例,使用list_filter设置在页面中以商品名称作为过滤条件,示例如下:

```
list_filter = ('name',)                      # 以 name 作为过滤字段
```

列表页的过滤器会在页面右侧展示,如图6-15所示。

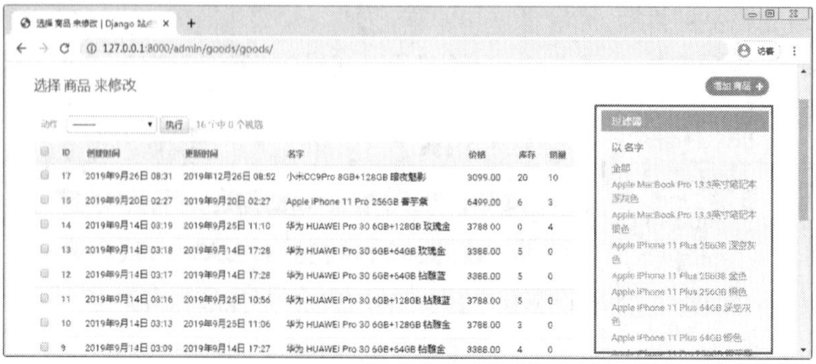

图6-15　过滤器

第 6 章　后台管理系统——Admin

（2）自定义过滤器

list_filter也支持自定义过滤器。Goods模型的数据根据商品名称可分为"Apple Mac Book Pro"、"Apple iPhone"、"华为"和"小米"4种类别，下面自定义根据商品类别进行筛选的过滤器。

自定义过滤器本质上是一个类，该类需要继承admin.SimpleListFilter类，并重写lookups()与queryset()方法，其中lookups()方法用于设置分类，queryset()方法用于查询分类数据。在admin.py中自定义过滤器类，示例代码如下：

```python
class BrandListFilter(admin.SimpleListFilter):
    title = '商品名称'
    parameter_name = 'brand_name'
    def lookups(self, request, model_admin):
        return (
            ('0', ('Apple MacBook Pro')),
            ('1', ('Apple iPhone')),
            ('2', ('华为')),
            ('3', ('小米')),
        )
    def queryset(self, request, queryset):
        if self.value() == '0':
            return queryset.filter(name__istartswith='Apple MacBook Pro')
        if self.value() == '1':
            return queryset.filter(name__istartswith='Apple iPhone')
        if self.value() == '2':
            return queryset.filter(name__istartswith='华为')
        if self.value() == '3':
            return queryset.filter(name__istartswith='小米')
```

以上代码定义的自定义过滤器中，类属性title表示列表页上过滤器的名称，类属性parameter_name表示访问路由中所携带的参数名称；looksups()方法返回一个二维元组，内层元组中的第一个元素是字符串类型的查询编号，第二个元素是过滤器类别名称元组；queryset()方法根据查询编号进行筛选，返回一个QuerySet对象。

在模型管理器中将自定义的过滤器添加到list_filter，示例如下：

```python
class GoodsAdmin(admin.ModelAdmin):
    ...
    list_filter = (BrandListFilter,)
```

刷新选择商品来修改页面，可看到自定义的过滤器，具体如图6-16所示。

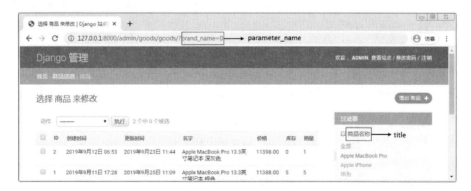

图6-16　自定义过滤器

4. list_per_page选项

选择商品来修改页面默认每页显示100条数据,使用list_per_page选项可以设置每页显示的数据量。例如,设置每页显示5条记录,示例如下:

```
list_per_page = 5    # 每页展示 5 条记录
```

刷新选择商品来修改页面,此时页面效果如图6-17所示。

图6-17　设置每页记录条数

5. list_editable选项

list_editable选项用于设置可编辑的字段,字段若被指定为编辑字段,页面上可直接编辑该字段。例如,设置商品名称name为可编辑字段,示例如下:

```
list_editable = ('name',)
```

刷新选择商品来修改页面,此时页面效果如图6-18所示。

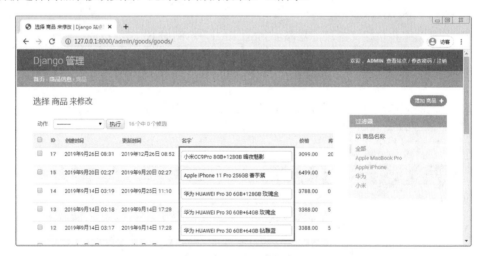

图6-18　设置可编辑字段

数据编辑完毕后,下拉到页面底部,单击"保存"按钮可保存修改后数据。

6. search_fields选项

search_fields选项用于配置搜索字段，示例代码如下：

```
search_fields = ('name',)                    # 表示以 name 作为搜索字段
```

以上代码设置在选择商品来修改页面以商品名称作为搜索条件，此时刷新页面，页面中将出现一个搜索框，具体效果如图6-19所示。

图6-19　搜索框

7. actions_on_top选项

actions_on_top选项用于设置是否在顶部显示动作下拉列表框，默认为True，表示在顶部显示，效果如图6-20所示。

图6-20　默认效果

修改actions_on_top选项为False，那么页面顶部不再显示"动作"下拉列表框，代码如下：

```
actions_on_top = False
```

保存设置，刷新页面，效果如图6-21所示。

图6-21 在顶部不显示"动作"下拉列表框

8. actions_on_bottom选项

actions_on_bottom选项用于设置是否在底部显示"动作"下拉列表框，默认为False，表示不在底部显示，当设置为True时表示在底部显示。

9. actions选项

actions选项用于设定管理员动作。列表页默认提供"删除所选"动作，管理员选定商品后选择"删除所选"动作，再单击"执行"按钮，选定的商品会被删除。

actions选项也支持自定义管理员动作。自定义管理员动作的本质是在管理类中新增一个方法，并将该方法添加到actions选项中。例如，现需要将图6-21中的商品数据保存到Excel文件中，此时可在admin.py文件中定义下载商品信息动作。具体代码如下：

```python
from django.http import HttpResponse
from django.utils.encoding import escape_uri_path
from openpyxl import Workbook
@admin.register(Goods)
class GoodsAdmin(admin.ModelAdmin):
...
    def download_excel(self, request, queryset):
        file_name = '商品信息.xlsx'
        meta = self.model._meta
        # 模型所有字段名
        field_names = [field.name for field in meta.fields]
        # 定义响应内容类型
        response = HttpResponse(content_type='application/msexcel')
        # 定义响应数据格式
        response['Content-Disposition'] = "attachment;　　　　
        filename*=utf-8''{}".format(escape_uri_path(file_name))
        wb = Workbook()                              # 创建文件对象
        ws = wb.active                               # 使用当前活动的Sheet表
        ws.append(['ID', '创建时间', '更新时间', '商品名称',
                   '价格', '库存', '销量'])          # 将模型字段名作为标题写入第一行
        for obj in queryset:                         # 遍历选择的对象列表
            for field in field_names:
                # 将模型属性值的文本格式组成列表
                data = [getattr(obj, field) for field in field_names]
```

```
        ws.append(data)          # 写入模型属性值
        wb.save(response)        # 将数据存入响应内容
        return response
    download_excel.short_description = "下载商品信息"
```

以上示例代码在GoodsAdmin类中定义了方法download_excel()来实现“下载商品信息”的功能，该方法通过openpyxl 模块将列表页中的商品数据写入到Excel文件中，如果当前Python环境中没有此模块，可使用pip命令进行安装。使用openpyxl模块时需先创建文件对象；然后通过文件对象的active属性获取Excel文件中的Sheet表，通过append()方法将标题行写入到Excel文件；最后使用save()方法保存写入的数据。

download_excel()方法定义完成后，将其添加到actions选项中，示例如下：

```
actions = (download_excel,)
```

再次刷新选择商品来修改页面，在“动作”下拉列表框中可以看到自定义的动作已被添加，如图6-22所示。

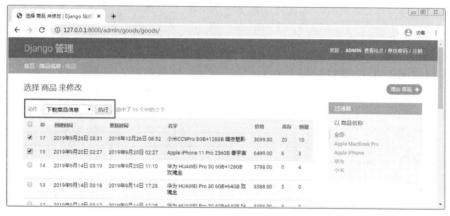

图6-22　自定义管理员动作

单击图6-22中的“执行”按钮下载所选商品信息，打开下载的Excel文件，保存的商品信息如图6-23所示。

	A	B	C	D	E	F	G
1	ID	创建时间	更新时间	商品名称	价格	库存	销量
2	17	2019-09-26 8:31:55	2019-12-26 8:52:09	小米CC9Pro 8G	3099	20	10
3	15	2019-09-20 2:27:05	2019-09-20 2:27:05	Apple iPhone	6499	6	3

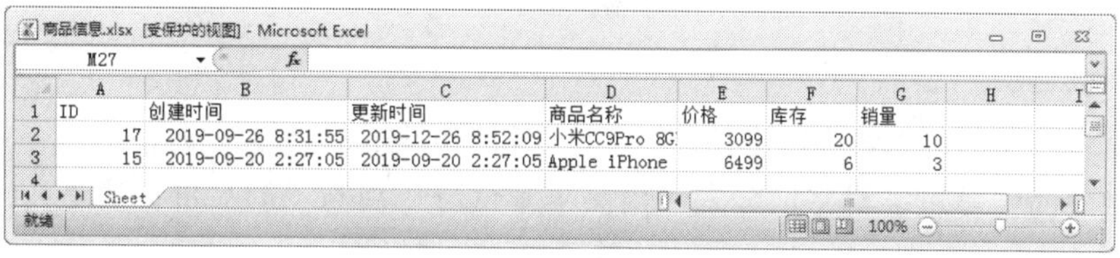

图6-23　商品信息.xlsx

6.2.2　编辑页选项

单击图6-22商品列表中的ID字段后，页面会跳转到相应记录的编辑页。通过编辑页选项可以控制在编辑页显示的字段、设置字段分组、将字段设置为只读等，这些选项在应用的admin.py文件的模型管理类中使用。接下来以Goods模型为例，对常用编辑页选项进行介绍。

1．fields选项

fields选项用于控制编辑页要显示的字段，它的值是元组类型。示例如下：

```
fields = ('name','price')
```

以上示例代码指定在修改商品页面中显示商品名称、单价,具体如图6-24所示。

图6-24　设置显示字段

fields选项支持以二维元组形式设置字段分栏显示,在fields中一个元组表示一栏数据,示例如下:

```
fields = (('name', 'price'),('stock', 'sales'))
```

以上示例代码使用fields选项将4个字段分两栏数据,效果如图6-25所示。

图6-25　分栏显示

2. fieldsets选项

fieldsets选项用于对可编辑字段进行分组,该选项不可与fields选项同时使用。

例如,将商品信息可编辑字段分为"商品基本信息"组与"商品价格信息"组,示例代码如下:

```
class GoodsAdmin(admin.ModelAdmin):
    ...
    fieldsets = (
        ('商品基本信息', {'fields': ['name', 'stock', 'sales']}),
        ('商品价格信息', {'fields': ['price']})
    )
```

刷新修改商品页面,可看到指定的字段被分为两组,具体如图6-26所示。

3. readonly_fields选项

readonly_fields选项中包含的字段会被设置为只读字段,该选项中包含的字段不可被编辑。

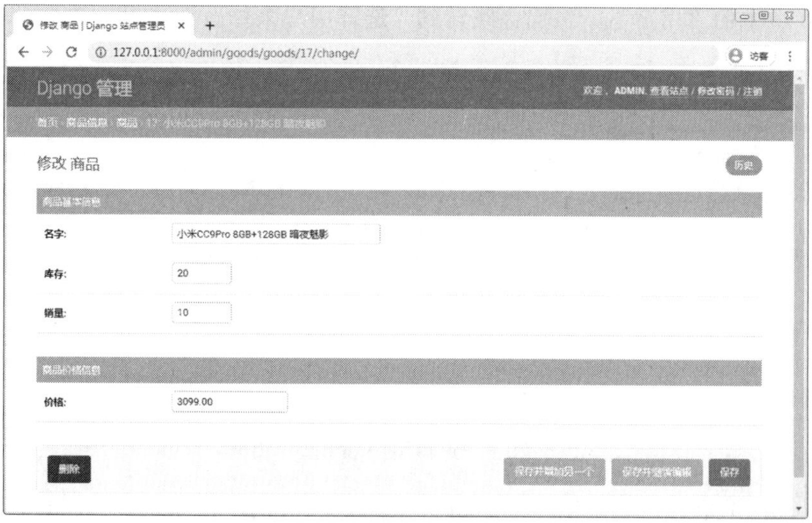

图6-26 分组显示

4. preserver_filters选项

preserver_filters选项默认为False，用于设置在编辑页对数据进行删除、修改、更新操作后表示保留原查询条件的字段。

5. save_on_top选项

save_on_top选项用于设置在编辑页上方是否显示保存、删除等按钮，默认为False，表示不显示。

6.3 认证和授权

Admin提供管理用户与组、用户与组权限的功能，使用超级用户登录后台管理系统后可以对用户或组进行增加，或变更用户与组的权限。

下面对Admin管理系统中的用户、组和权限的管理进行介绍。

1. 用户管理

Admin 站点管理页面中的认证和授权中包含"用户"和"组"，如图6-27所示。

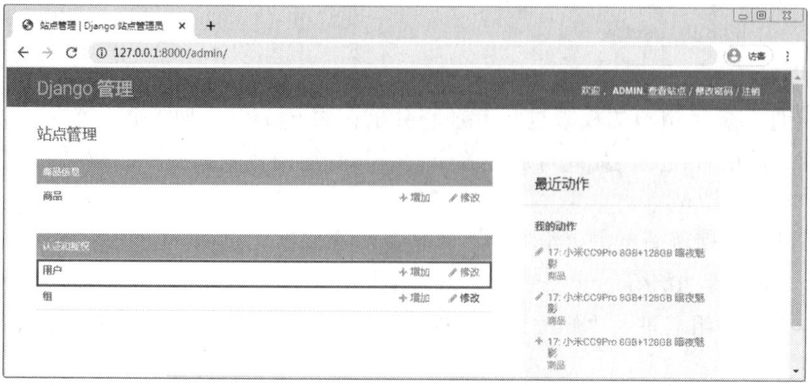

图6-27 Admin站点管理页面

单击图6-27中的"用户",页面会跳转到"选择用户来修改"页面,该页面中显示用户信息,如图6-28所示。

图6-28 "选择用户来修改"页面

单击图6-28右上角的"增加用户+"按钮,可进入"增加用户"页面,如图6-29所示。

图6-29 "增加用户"页面

在图6-29中输入"用户名"、"密码"和"密码确认",单击"保存"按钮,增加的用户将会保存到数据库中的auth_user表中。

2. 组管理

组的作用是批量对用户的权限进行管理和分配,将一个用户加入到一个组中,该用户就拥有了该组所拥有的所有权限,如此可避免逐个管理具有相同权限的用户,减少工作量,提高管理效率。

在Admin站点管理页面单击"组"进入"选择组来修改"页面,在该页面中可以选择要修改的组进行修改,如图6-30所示。

单击图6-30中的组名进入"修改组"页面,在该页面中可以对组的名称和权限进行修改,如图6-31所示。

图6-30 "选择组来修改"页面

图6-31 "修改组"页面

单击图6-30右上角的"增加组 +"按钮,页面跳转到"增加组"页面,在该页面中添加"Python"组,如图6-32所示。

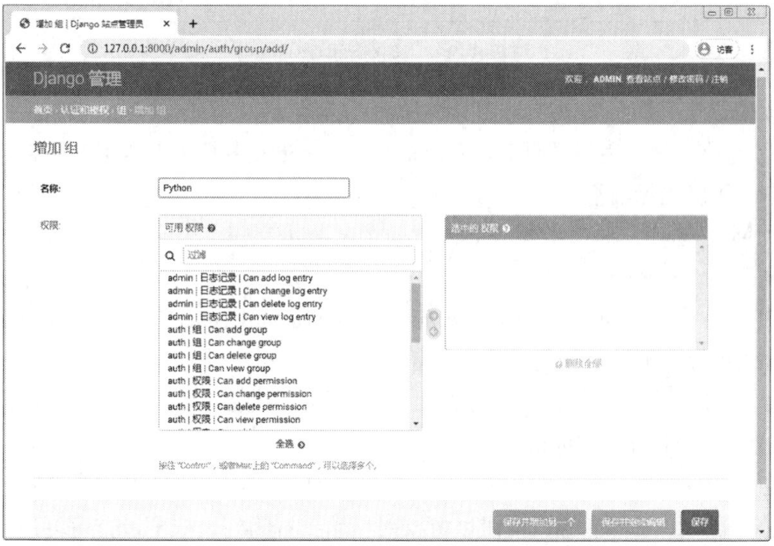

图6-32 "增加组"页面

在"增加组"页面填写好组名称后,单击右下角的"保存"按钮,增加的组将会保存到数据库中的auth_group表中。

3. 权限管理

在Admin中可以对用户或组的权限进行管理。下面分别介绍用户权限和组权限的管理。

(1)用户权限管理

单击"选择用户来修改"页面(见图6-28)中的用户名称可进入"修改用户"页面。"修改用户"页面中包含账号信息、个人信息、权限、重要日期4组数据信息,其中账号信息中包含用户名和密码。例如,进入用户"john"的管理页面,如图6-33所示。

图6-33 修改用户页面

关于"修改用户"页面各选项的介绍具体如下:

① "有效"选项:对应用户数据表auth_user中的is_active字段,表示用户是否激活,如果未勾选,即便用户信息正确也无法登录。

② "人员状态"选项:对应数据表auth_user中is_staff字段,表示是否允许用户登录Admin管理系统,其权限需要一一赋予。

③ "超级用户状态"选项:对应数据表auth_user中is_superuser字段,表示为用户赋予所有权限,在Django管理系统中可以对任何对象进行管理。

使用当前登录的超级用户可以将当前管理的用户添加到指定组中。例如,将用户"john"添加到"Python"组中,如图6-34所示。

在图6-34中用户权限部分左侧的列表框表示项目的所有权限;右侧列表框表示为用户赋予的权限。选中左侧列表框的权限,单击 ➡ 按钮可将权限移动到右侧列表框中,方可为用户赋予权限。例如,为用户"john"赋予查看、修改和添加应用goods中商品数据的权限,如图6-35所示。

图6-34 用户添加组

图6-35 设置用户权限

单击"修改用户"页面底部的"保存"按钮,权限设置将被保存。

(2)组权限管理

在Admin站点管理页面单击"组"进入"选择组来修改"页面,在该页面中单击组名称进入"修改组"页面,在"修改组"页面中可为指定的组设置权限。例如,为"Python"组赋予增加、删除、修改和查看goods应用中商品数据的权限,如图6-36所示。

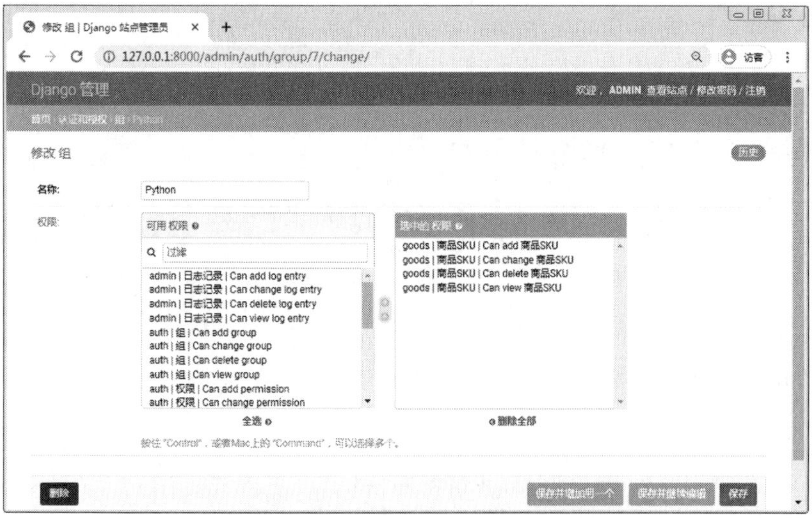

图6-36 设置组权限

单击"修改组"页面的"保存"按钮，为组设置的权限将会保存到数据库中。

6.4 重写Admin后台模板

Admin的原生模板提供了良好的后台页面，但这并不能满足所有的业务需求，此时开发人员可以重写Admin原生模板以拓展模板功能。

以为后台管理页面添加网站logo为例，具体步骤如下：

① 在Django项目目录下创建templates目录与static目录，并在templates目录下创建admin目录。

② 因为要为后台管理系统中的每个页面添加网站logo，所以需要重写base_site.html模板。base_site.html模板存储在"site-packages/django/contrib/admin/templates/admin"中，按照该路径找到base_site.html模板，将base_site.html模板拷贝到templates/admin目录下。

③ 在settings.py文件中配置templates目录与static目录。具体代码如下：

```
TEMPLATES = [
    {
        ...
        # 配置templates目录路径
        'DIRS': [os.path.join(BASE_DIR, 'templates')],
        ...
    },
]
# 配置static目录路径
STATICFILES_DIRS = [
    os.path.join(BASE_DIR, "static"),
]
```

④ 将准备好的网站logo图片添加到static目录下。

⑤ 重写base_site.html模板。具体代码如下：

```
{% extends "admin/base.html" %}
{% load staticfiles %}
{% block title %}{{ title }} | {{ site_title|default:_('Django site admin') }}
{% endblock %}
{% block branding %}
<h1 id="site-name">
    <a href="{% url 'admin:index' %}">
<!-- logo.png 为网站logo图片 -->
        <img src="{% static 'logo.png' %}" height="40px"/>
    </a>
</h1>
{% endblock %}
{% block nav-global %}{% endblock %}
```

base_site.html模板重写完成之后，刷新后台管理系统页面可看到左上角显示了网站logo，具体如图6-37所示。

第6章 后台管理系统——Admin

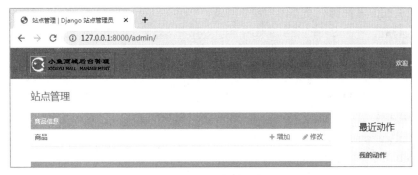

图6-37　设置网站logo

小　　结

本章介绍了与Admin后台管理系统相关的知识，包括如何进入后台、使用后台管理系统、通过ModelAdmin选项控制页面显示内容、认证和授权，以及重写Admin后台模板。通过本章的学习，读者能够掌握并熟练运用以上知识。

习　　题

一、填空题

1. Admin系统可以从_____中读取元数据，并显示到管理界面中。
2. 修改Admin系统语言可通过_____和_____方式进行设置。
3. Admin系统默认路由是_____。
4. 注册模型的方式有_____和_____两种。
5. ModelAdmin类中list_display选项作用是_____。

二、判断题

1. 自定义字段通过Python类实现。　　　　　　　　　　　　　　　　（　　）
2. Admin系统路由不可修改。　　　　　　　　　　　　　　　　　　（　　）
3. Admin系统只允许超级用户登录。　　　　　　　　　　　　　　　（　　）
4. 在编辑页中通过fieldsets选项设置分栏显示。　　　　　　　　　　（　　）
5. 在Admin系统中可以使用超级管理员为管理员赋予权限。　　　　　（　　）

三、选择题

1. 将模型Area注册到Admin中的正确方法是（　　）。
   A. @admin.register(area)
   B. admin.site.register('Area')
   C. admin.site.register(area)
   D. @admin.register('Area')
2. 下列选项中，用于开启列表页过滤器的是（　　）。
   A. list_filter　　　　B. list_filter_all　　　　C. filter　　　　D. screen

3. 若要在Admin系统的列表页添加搜索功能，可通过（　　）实现。
   A. search　　　　　　　　　　B. search_fields
   C. search_all_fields　　　　　D. search_field
4. 下列用于设置字段链接的选项是（　　）。
   A. list_display_links　　　　B. fields_links
   C. edit_links　　　　　　　　D. edit_fields_links
5. 下列关于Admin系统的描述错误的是（　　）。
   A. Admin可以便捷地管理、发布和维护网站内容
   B. 在Admin系统中可以为用户设置组和权限
   C. Admin系统同一时间只允许一位管理员登录
   D. 允许开发人员重写后台模板

四、简答题

1. 简述Admin管理系统。
2. 简述自定义管理员动作的步骤。

第7章 表 单

学习目标：
◎ 了解如何定义Form子类，熟悉Form类的常用字段。
◎ 掌握Django表单类的实例化和表单实例的渲染。
◎ 掌握表单集的定义、创建、管理、验证和使用。
◎ 掌握如何根据模型创建表单与表单集。

开发者若想搭建一个具备接收访问者输入功能的网站，必须理解表单，并在搭建网站时使用表单。本章将分Django表单概述、表单与模板、表单集、根据模型创建表单这几部分介绍如何在Django的Python文件中定义表单，以及如何使用定义的表单。

7.1 Django表单概述

Django常以HTML文件作为模板文件，在HTML文件中定义表单是实现网站交互式工作的经典方式，此外Django也支持利用Form类在Python文件中定义表单。本节将简单对比介绍在Django中定义表单的两种方式，再分Form类的常用字段、实例化、处理和渲染表单、绑定和未绑定的表单实例、表单验证这几个部分介绍如何在Python文件中定义和使用表单。

7.1.1 在Django中定义表单的方式

Django中的表单既可以定义在模板文件中，也可以定义在Python文件中。本节对比演示在Django中定义表单的两种方式。

1. 在模板中定义表单

Django可通过\<form\>...\</form\>标签在HTML模板文件中定义表单域，表单域中可以包含文本框、密码框、隐藏域、多行文本框、单选按钮、复选框、下拉选择框和文本上传框等元素，通过这些元素，表单可以接收访问者的各种输入，例如文本输入、选择的选项、操作的对象等，并将这些输入信息发送给服务器。

一个简单的HTML表单示例如下：

```
<form action="/your-name/" method="post">
```

```
        <label for=" your_name ">Your name: </label>
        <input id="your_name" type="text" name=" 名字 " value="{{ name }}">
        <input type="submit" value=" 提交 ">
</form>
```

2．在Python文件中定义表单

除了在Django项目的静态文件中通过以上代码定义表单外，还可以在后端代码中利用Django提供的Form类定义表单。在应用目录下新建forms.py文件，在其中定义表单，示例代码如下：

```
from django import forms
class NameForm(forms.Form):
    name = forms.CharField(label='Your name', max_length=100)
```

以上代码定义的表单类NameForm经实例化后会被渲染到HTML页面中。

考虑到读者都有一定的HTML基础，后续内容中将主要介绍如何在Python文件中定义和使用表单。

7.1.2 Form类的常用字段

7.1.1节在项目的forms.py文件中定义的表单类NameForm继承了django.forms.Form类。观察7.1.1节定义的表单类NameForm可知，表单类和模型类的定义形式基本相同，但需要注意，表单类定义了Django中的表单如何工作与呈现，表单类的字段映射为HTML表单域中的控件而非数据库的表字段。

表单类的不同字段会映射为HTML表单域中的不同控件，常用的表单字段与HTML表单控件的对应关系和取值如表7-1所示。

表7-1　常用表单字段与表单控件的映射关系

表单字段	表单控件	值
BooleanField	\<input type="text" ...\>	布尔类型的值，默认为False
CharField	\<input type="text" ...\>	字符串类型的值，默认为空
ChoiceField	\<select multiple\>...\</select\>	字符串类型的值，默认为空
TypedChoiceField	\<select multiple\>...\</select\>	TypedChoiceField 构造函数的参数 coerce 所指定类型的值。空值默认为空字符串，也可以利用参数 empty_value 设置为任意字符串
DateField	\<input type="text" ...\>	datetime.date 或 datetime.datetime 对象
TimeField	\<input type="text" ...\>	datetime. time 对象，或以特定时间格式格式化的字符串
DecimalField	DecimalField 构造函数字段的参数 localize=False 时，映射为 \<input type="number" ...\>；localize=False 时，映射为 \<input type="text" ...\>	Decimal 类型的值，默认为 None
FloatField	当字段的参数 localize=False 时，映射为 \<input type="number" ...\>；localize=False 时，映射为 \<input type="text" ...\>	float 类型的值，默认为 None
EmailField	\<input type="email" ...\>	string 类型的值，默认为空
FileField	\<input type="file" ...\>	封装文件内容和文件名的UploadedFile 对象，默认为 None
FilePathField	\<select\>\<option ...\>...\</select\>	string 类型的值，默认为空

续表

表单字段	表单控件	值
ImageField	`<input type="file" ...>`	封装文件内容和文件名的UploadedFile对象，默认为None
IntegerField	当字段的参数 localize=False 时，映射为 `<input type="number" ...>`；否则映射为 `<input type="text" ...>`	int 类型或 long int 类型的值，默认为 None
MultipleChoiceField	`<select multiple>...</select>`	list 类型的值，list 中的元素为 string 类型，默认为 []
URLField	`<input type="url" ...>`	string 类型的值，默认为空

7.1.3 字段的通用参数

Form类的字段本质上也是一个类，定义表单字段的同时可以为字段的构造函数传入参数，对字段进行设置。表单字段具有一些通用参数。下面介绍常用的字段通用参数。

1. required

参数required用于设置当前字段是否为必需字段。默认情况下，表单中的每个字段都是必需字段，如此，若提交表单时检测到存在未赋值的表单字段，程序会抛出ValidationError异常。若要将字段指定为非必需字段，可以在定义表单字段时，将字段的 required 参数设置为False，例如：

```
f = forms.CharField(required=False)
```

这种情况下若字段未被赋值，将返回空值。

2. label

参数label用于为字段指定标签，以便呈现更友好的表单。例如：

```
name = forms.CharField(label='名字')
```

HTML页面中相应的渲染结果如下：

```
<label for="your_name">Your name: </label>
```

若未设置字段的此项参数，应在HTML页面中为表单字段渲染的控件指定标签。

3. initial

参数initial用于为字段设置初始值，例如：

```
name = forms.CharField(initial='初始值')
```

HTML页面中相应的渲染结果如下：

```
<input type="text" name="name" value="初始值" required>
```

4. help_text

参数help_text用于指定字段的描述性文本。

5. error_messages

参数error_messages用于重写字段的错误提示信息，该参数是一个字典，其中的键值为错误的类型。例如，重写required属性引发的错误ValidationError，示例代码如下：

```
>>> name = forms.CharField(error_messages={'required': 'Please enter your name'})
```

调用clean()方法引发异常，操作方式与结果如下：

```
>>> name.clean('')
```

```
Traceback (most recent call last):
   ...
ValidationError: ['Please enter your name']
```

6. localize

参数localize用于启用或关闭本地化。

7. disabled

参数disabled用于设置字段是否使用默认值,默认为False,表示使用默认值。当disabled的值为True时,字段使用默认值且不可编辑,即使用户篡改提交给服务器的数据以修改该字段,相关数据也会被忽略。

7.1.4 实例化、处理和渲染表单

Django表单从定义到呈现经历以下流程:

① 在Django项目的Python文件中定义表单类。
② 在视图中实例化表单,并对表单进行处理。
③ 将Django表单实例传递给模板上下文。
④ 在模板中渲染表单。

值得说明的是,在模板中渲染表单实例与渲染模型实例基本相同,但存在一些关键性的差异:模型实例若为空,模板对它进行的处理没有意义;但表单实例为空时,模板需要将其渲染为空表单,以便用户填充数据。

基于以上差异,处理模型时,一般从数据库中获取实例;在代码中处理表单时,则需在视图中实例化表单。

我们可以在视图中实例化一个空表单,也可以预先准备数据,实例化一个非空表单。预先准备的表单数据可以有多种来源,例如:

① 已保存的模型实例的数据。
② 从其他来源获取的数据,如代码中定义的数据。
③ 由HTML表单提交过来的数据。

在视图中实例化7.1.1节定义的Django表单类,示例代码如下:

```
from django.http import HttpResponseRedirect
from django.shortcuts import render
from .forms import NameForm
def get_name(request):
    # 若是GET请求,实例化一个空表单
    if request.method == 'GET':
        form = NameForm()
        return render(request, 'name.html', {'form': form})
    else:
        # 若是POST请求,创建表单,使用已提交的数据实例化NameForm
        form = NameForm(request.POST)
        # 验证表单
        if form.is_valid():
            # 逻辑处理
            # ...
            # 页面跳转
            return HttpResponseRedirect('/thanks/')
```

处理表单时只会涉及GET和POST两种HTTP请求方式，以上视图被调用后首先判断请求方式，若接收了GET请求（一般在首次访问当前URL时使用GET请求），则创建一个空的表单实例，将其放在模板上下文中进行渲染；若接收了POST请求，则使用POST请求中携带的数据实例化一个非空表单。

表单实例会在模板被渲染时替换模板中的变量。创建模板name.html，示例代码如下：

```
<form action="/your-name/" method="post">
   {% csrf_token %}        # 通过POST方法提交启用了CSRF防护的表单时必须带上该标签
   {{ form }}
   <input type="submit" value=" 提交 " />
</form>
```

需要注意，利用表单类生成的表单不包含<form>标签，所以模板文件中应使用<form>标签包含表单变量；当渲染页面时，模板引擎会利用上下文字典中的表单对象form替换模板中的变量form。渲染出的HTML页面代码如下：

```
<form action="/your-name/" method="post">
   {% csrf_token %}
   <label for="your_name">Your name: </label>
   <input id="your_name" type="text" name=" 名字 " value="{{ name }}">
   <input type="submit" value=" 提交 " />
</form>
```

至此，一个基于Django Form类的表单完成。

7.1.5 表单实例的形式

表单实例有绑定和未绑定两种形式，绑定的表单实例绑定了一组表单数据，未绑定的表单实例没有绑定数据，是一个空表单。视图中对空表单和非空表单的处理方式有所不同，所以在处理表单之前可以先判断表单是否绑定了数据。通过表单实例的is_bound属性可以判断表单实例是否绑定了数据，在Django Shell中进行演示，示例如下：

```
>>> f1 = GoodForm()                              # 实例化空表单
>>> f1.is_bound                                  # 判断f1是否绑定数据
False
>>> data = {'name': ' Apple MacBook Pro 13.3英寸笔记本 银色 ',
...         'price': '6399.00',
...         'stock': 3,
...         'sales': 5}
>>> f2 = GoodForm(data)                          # 利用数据data实例化非空表单
>>> f2.is_bound                                  # 判断f2是否绑定数据
True
```

表单实例中的数据无法被更改，若想更改已绑定表单实例中的数据，或将未绑定的表单实例与某些数据绑定，应创建一个新的表单实例。

7.1.6 表单验证

表单验证即对表单中的数据进行验证，检验表单各个字段的数据是否符合该字段的约束条件。调用表单实例的clean()方法可以对表单绑定的数据进行验证，既根据定义表单类字段时为字段设置的约束条件，如required、unique验证表单字段是否存在空值或重复，也可以根据字段类型验证传入的数据类型是否匹配。

若表单验证成功,验证后的数据会被存储到表单实例的cleaned_data属性(cleaned_data属性为dict类型,该属性以表单字段名为键,以字段值为元素的值)中;若验证失败则抛出ValidationError异常。

在对表单进行处理之前先对表单数据进行验证,在程序中生成并使用验证后的数据有助于提高程序的健壮性。需要注意,表单验证完毕后,程序仍能从request.POST中访问到用户提交对的未验证的数据,但程序中最好使用存储在cleaned_data中已验证的数据。

除了直接调用clean()方法对触发表单验证外,还可以调用表单实例的is_valid()方法,或访问表单实例的errors属性间接触发表单验证。is_valid()方法的返回值为True或False,若is_valid()返回True,说明表单数据通过验证,并被存储到表单的cleaned_data属性中;若is_valid()返回False,说明表单数据未能通过验证。表单实例的errors属性在第一次被访问时可以触发表单验证。

7.2 在模板中渲染表单

开发者只需要将视图上下文变量中传递的表单实例以模板变量的形式放在模板中便可使用表单,例如:

```
{{ form }}
```

开发者也可以更加灵活的方式在模板中使用表单,例如借助表单渲染选项快速将表单字段渲染在某种标签中、手动处理表单字段、手动渲染错误信息、遍历表单字段以及复用表单模板,下面分别对这些在模板中使用表单的灵活方式进行介绍。

1. 利用表单渲染选项渲染表单

Django在将表单字段渲染为HTML代码时不会为其添加标签,开发人员需要主动在模板中的表单外添加标签。若表单中的每个字段都需要添加标签,开发人员需遍历表单,逐个获取表单字段并添加标签,此项操作非常烦琐。Django提供了3个可选的表单渲染选项:as_table、as_p、a_ul,开发人员可利用它们简捷地实现上述功能。对表单渲染选项的用法和说明具体如下:

① as_table:用法为 {{ form.as_table }},渲染时表单的每个字段都会被放在<tr>标签中。

② as_p:用法为{{ form.as_p }},渲染时表单的每个字段都会被放在<p>标签中。

③ as_ul:用法为{{ form.as_ul }},渲染时表单的每个字段都会被放在<ul>标签中。需要注意,{{form.as_table}}和{{form.as_ul}}不会为表单生成外层的<table>标签和<ul>标签,使用时应主动设置这两种外层标签。

2. 手动处理表单字段

Django支持自动解析表单字段,也支持开发者手动处理表单字段。手动处理表单字段时可将每个表单字段视为表单属性,通过{{form.name_of_field}}的形式访问。相比Django对表单字段的自动解析,手动处理更加灵活,开发者可以有选择地处理字段,也可以调整字段顺序。假设表单实例form有subject、message、sender和cc_myself这4个字段,分别对表单实例form的这4个字段进行处理,示例如下:

```
{{ form.non_field_errors }}
<div class="fieldWrapper">
    {{ form.subject.errors }}
    <label for="{{ form.subject.id_for_label }}">Email subject:</label>
    {{ form.subject }}
```

```
    </div>
    <div class="fieldWrapper">
        {{ form.message.errors }}
        <label for="{{ form.message.id_for_label }}">Your message:</label>
        {{ form.message }}
    </div>
    <div class="fieldWrapper">
        {{ form.sender.errors }}
        <label for="{{ form.sender.id_for_label }}">Your email address:</label>
        {{ form.sender }}
    </div>
    <div class="fieldWrapper">
        {{ form.cc_myself.errors }}
        <label for="{{ form.cc_myself.id_for_label }}">CC yourself?</label>
        {{ form.cc_myself }}
    </div>
```

以上示例手动渲染了表单实例form的字段。

3．渲染表单错误信息

手动渲染让表单的使用更加灵活，这也意味着开发者需要做更多的工作，但这些工作不包含如何显示表单的错误信息，因为Django提供了表单错误信息的处理功能——以上手动处理表单字段的示例中的{{form.non_field_errors}}和{{ form.name_of_field.errors }}便是利用Django内置的用于显示表单错误以及表单字段错误信息的标签，其中{{form.name_of_field.errors}}会以无序列表的形式展示相应表单字段的错误信息，它对应的HTML代码如下：

```
<ul class="errorlist">
    <li>Sender is required.</li>
</ul>
```

{{form.name_of_field.errors}}被渲染时使用样式errorlist，开发者可以自定义这个样式，以便实现个性化的错误信息显示。

4．遍历表单字段

若每个表单字段使用相同的HTML，可以借助{% for %}标签依次遍历每个字段，以减少冗余代码，示例如下：

```
{% for field in form %}
    <div class="fieldWrapper">
        {{ field.errors }}
        {{ field.label_tag }} {{ field }}
        {% if field.help_text %}
        <p class="help">{{ field.help_text|safe }}</p>
        {% endif %}
    </div>
{% endfor %}
```

5．复用表单模板

如果需要在网站的多个位置使用相同的逻辑渲染表单，可以先将其保存在独立的模板中，然后在其他模板中使用include标签引入独立模板中的表单，以降低代码冗余。

（1）独立模板form_snippet.html

```
{% for field in form %}
    <div class="fieldWrapper">
```

```
            {{ field.errors }}
            {{ field.label_tag }} {{ field }}
    </div>
{% endfor %}
```

（2）其他模板

```
{% include "form_snippet.html" %}
```

若传入模板的表单对象在上下文中有不同的名称，可以使用include标签的with属性为其设置别名，示例如下：

```
{% include "form_snippet.html" with form=comment_form %}
```

7.3 表 单 集

表单集（Formset）是多个表单的集合，利用表单集，用户可以同时提交一组表单，在数据库中添加多条记录。本节将介绍如何创建、管理、验证和使用表单集。

7.3.1 创建表单集

利用Django提供的formset_factory()函数和已定义的表单，可以快速创建一个表单集。以创建商品表单集为例，假设已定义了如下商品表单（后续内容将继续使用此表单）：

```
from django import forms
class GoodForm(forms.Form):
    good_name = forms.CharField(label='商品')
    good_price = forms.DecimalField(label='价格')
    good_stock = forms.IntegerField(label='库存')
    good_sales = forms.IntegerField(label='销量')
```

使用formset_factory()创建表单集，具体代码如下：

```
from django.forms import formset_factory
GoodFormSet = formset_factory(GoodForm)
```

以上代码创建了表单集GoodFormSet，我们可以利于循环遍历其中的表单，并将其像基础表单一样呈现，示例代码如下：

```
formset = GoodFormSet()
for form in formset:
    print(form.as_table())
```

表单集中的表单分为空表单和非空表单。表单集中空表单的数量默认为1。因为以上代码并未实例化表单集中的表单，所以表单集formset中只有一个空表单，输出结果如下（为方便观察，结果格式有调整）：

```
<tr>
    <th><label for="id_form-0-good_name">商品:</label></th>
    <td><input type="text" name="form-0-good_name"
                                        id="id_form-0-good_name"></td>
</tr>
<tr>
    <th><label for="id_form-0-good_price">价格:</label></th>
    <td><input type="number" name="form-0-good_price" step="any"
                                        id="id_form-0-good_price"></td>
</tr>
```

```
<tr>
    <th><label for="id_form-0-good_stock">库存:</label></th>
    <td><input type="number" name="form-0-good_stock"
                                   id="id_form-0-good_stock"></td>
</tr>
<tr>
    <th><label for="id_form-0-good_sales">销量:</label></th>
    <td><input type="number" name="form-0-good_sales"
                                   id="id_form-0-good_sales"></td>
</tr>
```

以上输出结果中只有一个空表表单，这是因为表单集默认只显示一个表单，另外表单集中的表单尚未绑定数据。输出结果中的每个<tr>标签对应GoodFormSet类的一个字段。

7.3.2 管理表单集

表单集默认只包含一个空表单，在实例化表单集时为formset_factory()传递参数，可对生成的表单集进行管理。下面介绍表单集的常用管理操作。

1．控制空表单的数量

使用参数extra可以控制表单集中空表单的数量，例如创建包含两个空表单的表单集，示例代码如下：

```
GoodFormSet = formset_factory(GoodForm, extra=2)
```

2．设置表单集的初始数据

在views.py中可以像使用表单一样使用表单集，例如为表单集设置初始数据，示例代码如下：

```
formset = GoodFormSet(initial=[{'good_name':'iphone 11','good_price':5999,'good_stock':5,'good_sales':3,}])
```

像表单一样，以上代码使用initial参数为表单集设置了初始值。由于initial参数接收的字典中只有一个元素，所以表单集中包含一个绑定了初始值的表单和两个空表单。遍历表单集并输出其中的表单，输出结果如下（结果有省略）：

```
>>> for form in formset:
...     print(form.as_table())
<tr><th><label for="id_form-0-good_name">商品:</label></th><td><input type="text" name="form-0-good_name" value="iphone 11" id="id_form-0-good_name"></td></tr>
...
<tr><th><label for="id_form-1-good_name">商品:</label></th><td><input type="text" name="form-1-good_name" id="id_form-1-good_name"></td></tr>
...
<tr><th><label for="id_form-2-good_name">商品:</label></th><td><input type="text" name="form-2-good_name" id="id_form-2-good_name"></td></tr>
...
```

观察以上输出结果，第一个表单的商品字段绑定了值"value="iphone 11""，其余两个表单的商品字段未绑定值，可知表单集中包含一个非空表单和两个空表单。

3．限制表单的最大数量

利用参数max_num可以控制表单集中的表单数量，示例如下：

```
GoodFormSet = formset_factory(GoodForm, extra=2,max_num=1)
formset = GoodFormSet()
```

以上代码使用参数extra设置表单集中包含两个空表单,同时设置最多显示一个表单,因此表单集中最终只包含一个表单。遍历表单集,输出结果如下:

```
>>> for form in formset:
...     print(form.as_table())
<tr><th><label for="id_form-0-good_name">商品:</label></th><td><input
type="text" name="form-0-good_name" id="id_form-0-good_name"></td></tr>
...
```

值得说明的是,表单集包含的表单数量与initial、extra和max_num的取值有关,具体有以下几种情况:

① 若max_num的值大于initial设置的初始数据量,空表单的数量取决于extra。例如,extra=2,max_num=2,且initial初始化的数据量为1,那么表单集包含一张非空表单和一张空表单。

② 若初始数据量超过max_num,max_num被忽略,所有初始化数据都会显示,即表单集中表单的数据由初始数据量决定,同时表单集不包含空表单。例如,extra=2,max_num=1,initial初始化的数据量为2,那么会显示两张非空表单。

③ 若max_num设置为None,那么表单集最多包含1000张表单。

7.3.3 验证表单集

类似于基础表单的验证,Django为表单集提供了验证表单集中的所有表单的is_valid()方法。以GoodFormSet为例,验证表单集的示例代码如下:

```
from django.forms import formset_factory
GoodFormSet = formset_factory(GoodForm)
data = {'form-TOTAL_FORMS':'1','form-INITIAL_FORMS':'0','form-MAX_NUM_
FORMS':'',}
formset = GoodFormSet(data)
formset.is_valid()                                          # 值为True
```

以上代码传递了空数据给formset,表单集的验证结果为True。

注意到以上代码传递给formset的数据data中不包含表单数据,但包含form-TOTAL_FORMS、form-INITIAL_FORMS 以及 form-MAX_NUM_FORMS这三个数据。这三个数据是ManagementForm(ManagementForm被用来管理formset中所有的表单)必需的数据,若不提供这些管理数据,程序将会抛出如下异常:

```
Traceback (most recent call last):
...
django.forms.utils.ValidationError: ['ManagementForm data is missing or has
been tampered with']
```

7.3.4 使用表单集

表单集的使用和表单的使用一样简单,它也通过上下文字典传递给模板。假设有一个视图manage_articles,具体如下:

```
from django.forms import formset_factory
from django.shortcuts import render
from myapp.forms import GoodForm
def manage_articles(request):
    GoodFormSet = formset_factory(GoodForm)
```

```
    if request.method == 'POST':
        formset = GoodFormSet(request.POST, request.FILES)
        if formset.is_valid():
            # 处理formset.cleaned_data中的数据
            pass
    else:
        formset = GoodFormSet()
    return render(request, 'manage_goods.html', {'formset': formset})
```

以上视图使用的模板文件manage_goods.html中的代码示例如下:

```
<form method="post">
    {{ formset.management_form }}
    <table>
        {% for form in formset %}
        {{ form }}
        {% endfor %}
    </table>
</form>
```

以上代码手动在for循环中逐个获取了表单。需要注意模板的第2行代码{{ formset.management_form }},Django规定在手动处理表单集时必须添加这行代码,否则表单在发送POST请求时程序会报错。

Django为表单集本身提供了处理管理表单的功能,因此以上代码可简化为如下形式:

```
<form method="post">
    <table>
        {{ formset }}
    </table>
</form>
```

7.4 根据模型创建表单

如果需要构建一个由数据库驱动的应用程序,那么很可能会用到与Django模型密切相关的表单。例如,我们在前面的章节中定义了商品模型类Goods,并实现了基于表单类的商品管理,但为表单定义字段类型是多余的,因为表单可以直接使用已在模型中定义的字段。Django支持自定义模型表单类、利用内置的工厂函数生成模型表单类,也支持利用工厂函数生成表单集,本节将对这些知识分别进行介绍。

7.4.1 自定义模型表单类

自定义的模型表单类时需要继承ModelForm类,ModelForm定义在django.forms模块中。下面基于5.4节的模型类Goods定义一个模型表单类GoodForm,示例代码如下:

```
from django.forms import ModelForm
from goods.models import Goods
class GoodForm(ModelForm):
    class Meta:
        model = Goods
        fields = ['name','price','stock','sales']
```

若在表单类中重新定义了模型中的字段,表单字段将会覆盖模型字段。

在定义基于模型的表单时可以选择模型中的部分字段作为表单字段,或排除部分不需要在表单中出现的模型字段。下面分别介绍这两种设置表单字段的方式。

1. 选择模型中的部分字段作为表单字段

通过表单类的fields属性可以显式设置表单中的字段，上文定义的表单类GoodForm便使用此种方式选择了模型类中的字段。

此种设置表单字段的方式可有效避免用户设置字段或添加新字段时导致的安全问题，Django强烈建议使用此种方式为表单设置字段。

fields属性也可被设置为特殊值"__all__"，表明需要使用模型类中的所有字段，例如：

```
from django.forms import ModelForm
from goods.models import Goods
class GoodForm(ModelForm):
    class Meta:
        model = Goods
        fields = '__all__'
```

2. 排除不需要在表单中出现的模型字段

此种方式通过表单内部类Meta的exclude属性排除模型类的一些字段，并使表单类自动包含其他所有字段，示例如下：

```
from django.forms import ModelForm
from goods.models import Goods
class GoodForm(ModelForm):
    class Meta:
        model = Goods
        exclude = ['stock', 'sales']
```

无论使用哪一种方式选择字段，字段都会按照模型中定义的顺序在表单中出现，ManyToManyField会排在最后。另外，Django规定若模型字段中的editable=False，那么任何使用ModelForm给模型创建的表单都不会包含这个字段。

7.4.2 模型表单类的字段

基于模型生成表单类时，Django会按照表单中内部类Meta中的fields属性指定的顺序为每个指定的模型字段定义一个表单字段。虽然Django可以根据模型为表单生成字段，但表单字段和模型字段并不完全相同，它与常用模型字段的对应关系如表7-2所示。

表7-2 模型字段与表单字段的对应关系

模 型 字 段	表 单 字 段
AutoField	不呈现在表单中
BooleanField	若该字段的参数 null=True，则该字段对应 NullBooleanField，否则对应 BooleanField
CharField	CharField 将 max_length 设置为模型字段的 max_length，如果模型中设置了 null=True，那么会将 empty_value 设置为 None
DateField	DateField
DateTimeField	DateTimeField
DecimalField	DecimalField
EmailField	EmailField
FileField	FileField
ForeignKey	ModelChoiceField

续表

模 型 字 段	表 单 字 段
ImageField	ImageField
IntegerField	IntegerField
ManyToManyField	ModelMultipleChoiceField
SmallIntegerField	IntegerField
TextField	CharField，且设置 widget=forms.Textarea

在利用模型定义表单类时，表单字段参数的取值会受到模型字段参数取值的影响，具体说明如下：

① 如果模型字段的参数blank=True，那么表单字段的参数required=False；否则required=True。

② 模型字段的verbose_name会被设置为表单字段的label，若verbose_name的值为英文字符串，在映射给label时，字符串的首字母变为大写。

③ 若模型字段设置了choices，那么表单字段的控件会被设置为Select，且控件选项来自模型字段属性choices的值，这些选项通常包含一个默认选中的空选项；若字段设置了必填，则会强制用户进行选择；若模型字段设置了blank=False以及default的值（非False），则表单字段不会包含空选项（默认会选中default值）。

7.4.3 使用模型表单类

模型表单类的使用与表单类基本相同，下面介绍如何利用模型表单类创建表单实例、如何验证模型表单以及模型表单类的save()方法。

1．利用模型表单类创建表单实例

创建表单模型类GoodForm的实例，示例如下：

```
form = GoodForm()                              # 创建空表单
```

以上代码创建的实例form是一个空表单，我们可以在实例化时为GoodForm传入模型实例，获得一个填充了数据的表单。示例如下：

```
good = Goods.objects.get(id=1)                 # 获取一条记录
form = GoodForm(instance=good)                 # 创建使用 good 对象填充的表单
```

以上代码渲染出的绑定表单的HTML代码如下：

```
<tr>
    <th><label for="id_name">名称:</label></th>
    <td><input type="text" name="name"
            value="Apple MacBook Pro 13.3英寸笔记本 银色" maxlength="50"
            required id="id_name"></td>
</tr>
<tr>
    <th><label for="id_price">单价:</label></th>
    <td><input type="number" name="price" value="11388.00"
            step="0.01" required id="id_price"></td>
</tr>
<tr>
    <th><label for="id_stock">库存:</label></th>
    <td><input type="number" name="stock" value="5"
                                        required id="id_stock"></td>
</tr>
```

```
<tr>
    <th><label for="id_sales">销量:</label></th>
    <td><input type="number" name="sales" value="5"
                                    required id="id_sales"></td>
</tr>
```

2. 验证模型表单

验证ModelForm主要涉及两个步骤：

① 验证表单。与验证基础表单相同，模型表单验证在调用is_valid()或errors属性时隐式触发，在调用full_clean()时显式触发。

② 验证模型实例（Model.full_clean()）。full_clean()在表单的clean()方法执行之后被调用。

full_clean()方法的调用应紧跟在表单的clean()方法之后。验证过程中，ModelForm会调用模型上与表单字段对应的每个字段的clean()方法，若表单类仅包含模型类的部分字段，则不会对其他字段进行验证。

Django支持开发者重写ModelForm的clean()方法以实现额外的验证，但考虑到Clean过程会以各种方式修改传递给ModelForm构造方法的模型实例，验证失败可能导致底层模型实例状态产生差异，因此不推荐重写clean()。

需要注意，验证模型表单时表单字段、表单元属性以及模型字段都可能产生错误，它们的错误信息有不同的优先级，表单字段、表单元属性级别错误信息的优先级总是高于模型字段级别错误信息的优先级。只有验证模型引发了ValidationError异常，且没有在表单级别定义错误信息时才会用到模型字段上定义的错误信息。

为类ModelForm内部类Meta的error_messages属性添加键NON_FIELD_ERRORS，可以覆盖模型验证引发的NON_FIELD_ERRORS错误信息，示例代码如下：

```
from django.core.exceptions import NON_FIELD_ERRORS
from django.forms import ModelForm
class GoodForm(ModelForm):
    class Meta:
        error_messages = {
            NON_FIELD_ERRORS: {
                'unique_together': "%(model_name)s's %
                                    (field_labels)s are not unique.",
            }
        }
```

3. ModelForm的save()方法

ModelForm类定义了一个save()方法，这个方法根据绑定到表单的数据创建并保存数据库对象。ModelForm的子类可以接收一个表示现有模型实例的关键字参数instance，若提供该参数，save()方法会更新这个模型实例，否则创建一个对应模型的新实例并保存到数据库中。示例如下：

```
>>> from goods.models import Goods
>>> from django.forms import ModelForm
>>> class GoodForm(ModelForm):
...     class Meta:
...         model = Goods
...         fields = ['name','price','stock','sales']
...
>>> f = GoodForm({'name':'IPAD 2018','price':5999,'stock':5,'sales':4})
>>> new_good = f.save()
```

```
>>> good = Goods.objects.get(pk=1)
>>> f = GoodForm({'name':'IPAD 2018','price':5999,'stock':5,'sales':4},instance=good)
>>> f.save()
<Goods: 1: IPAD 2018>
```

需要注意，若调用save()时表单尚未验证，程序会检查表单实例的errors属性来验证表单。

7.4.4 利用工厂函数定义模型表单类

Django提供了一个工厂函数modelform_factory()，该函数定义在django.forms模块中，它接收一个模型类和参数，生成给定模型的ModelForm类。与自定义模型表单类相比，利用工厂函数创建模型表单类更加便捷。

以模型类Good为例，利用工厂函数modelform_factory()定义模型表单类的代码如下：

```
from django.forms import modelform_factory
GoodForm = modelform_factory(Goods, fields=('name','price'))
```

若表单类的自定义设置较少，使用modelform_factory()函数会很方便。modelform_factory()函数也可以用来对已有表单进行简单的修改，例如指定某个字段使用的控件，示例如下：

```
from django.forms import Textarea
Form = modelform_factory(Goods,form=GoodForm, widgets={'name':Textarea()})
```

7.4.5 利用工厂函数定义表单集

利用Django提供的modelformset_factory()函数可以简单地定义给定模型类的FormSet类，进而实现模型表单的批量操作。modelformset_factory()定义在django.forms模块中，以Goods模型类为例，示例代码如下：

```
from django.forms import modelformset_factory
from goods.models import Goods
GoodFormSet = modelformset_factory(Goods, fields=('name','price'))
```

以上代码在生成表单集的同时利用参数fields选择了表单使用的字段。下面以GoodFormSet为例，介绍模型表单集的常用操作。

1. 字段选择

通过modelformset_factory()函数的参数fields和exclude选择模型类中的字段作为表单字段。使用exclude参数排除表单不需要的字段，示例代码如下：

```
GoodFormSet = modelformset_factory(Goods, exclude=('stock',))
```

2. 更改查询集

默认情况下表单集接收模型类的全部数据作为查询集，通过modelformset_factory()函数的参数queryset可以更改查询集，示例代码如下：

```
formset = GoodFormSet(queryset=Goods.objects.filter(name__startswith='H'))
```

3. 在表单集中保存对象

类似ModelForm，模型表单集中的数据也可以通过save()方法保存为模型对象，示例代码如下：

```
f = GoodFormSet({'name':'IPAD 2018','price':5999,'stock':5,'sales':4})
instances = f.save()
```

模型表单集的save()方法返回已经保存到数据库的实例。如果表单集中的数据不会覆盖给定实例的数据，那么这个实例不会被保存到数据库，也不会包含在返回值中。

7.5 实例：基于表单类的商品管理

本实例要求实现基于表单类的商品管理，包括展示、添加、修改和删除商品。效果页面如图7-1所示。

图7-1 商品管理页面

本实例与第5章的实例2的功能相同，区别在于本实例利用表单类实现商品管理。这里不再重复分析实例，只对第5章实例2进行一定修改，使其符合本实例的要求。下面给出具体实现。

首先在goods应用中创建forms.py，在其中定义表单类，代码如下：

```python
# forms.py
from django.forms import ModelForm
from .models import Goods
class GoodForm(ModelForm):
    class Meta:
        model = Goods
        fields = ['name', 'price', 'sales', 'stock']
```

然后修改视图文件，在视图文件views.py中创建表单类实例，将其作为上下文传递给模板。修改后的代码如下：

```python
# views.py
from django.shortcuts import render, redirect, reverse
from django.views import View
from django import http
from .models import Goods
from .forms import GoodForm
# Create your views here.
class GoodView(View):
    """ 商品视图类 """
    def get(self, request):
        """ 展示商品 """
        goods = Goods.objects.all()
        form = GoodForm()
```

```python
            context = {
                'goods': goods,
                'form': form,
            }
            return render(request, 'goods.html', context)
    def post(self, request):
        """ 添加商品 """
        good = Goods()
        # 使用已提交的数据实例化NameForm
        form = GoodForm(request.POST)
        # 判断表单是否已验证, 获取已验证的数据
        if form.is_valid():
            good_data = form.cleaned_data
            good.name = good_data['name']
            good.price = good_data['price']
            good.stock = good_data['stock']
            good.sales = good_data['sales']
            try:
                good.save()
            except:
                return http.HttpResponseForbidden('数据错误')
        return redirect(reverse('goods:info'))
class UpdateDestoryGood(View):
    """ 编辑或删除商品 """
    def get(self, request, gid):
        """ 删除商品数据 """
        try:
            good = Goods.objects.get(id=gid)
            good.delete()
        except Exception as e:
            return http.HttpResponseForbidden('删除失败')
        return redirect(reverse('goods:info'))
    def post(self, request, gid=0):
        """ 编辑商品 """
        goods = Goods.objects.all()
        count = goods.count()
        form = GoodForm(request.POST)
        good_num = request.POST.get('good_num')
        if form.is_valid():
            good_data = form.cleaned_data
            for i in range(1, count+1):
                if i == int(good_num):
                    good = goods[i-1]
                    good.name = good_data['name']
                    good.price = good_data['price']
                    good.stock = good_data['stock']
                    good.sales = good_data['sales']
                    try:
                        good.save()
                        break
                    except Exception as e:
                        return http.HttpResponseForbidden('编辑失败')
        return redirect(reverse('goods:info'))
```

最后修改模板文件goods.html,使其应用视图中创建的表单实例,修改后的代码如下:

```html
<!DOCTYPE html>
<html lang="en">
<head>
    <meta charset="UTF-8">
    <title>商品列表</title>
</head>
<body>
<div>
    <table cellpadding="1" cellspacing="0" border="1"
                style="width:100%;max-width: 100%;margin-bottom: 20px ">
        <caption align="top" style="font-size: 26px">商品列表</caption>
        <thead>
        <tr>
            <th>序号</th>
            <th>名字</th>
            <th>价格</th>
            <th>库存</th>
            <th>销量</th>
            <th>管理</th>
        </tr>
        </thead>
        <tbody>
        {% for row in goods %}
        <tr align="center">
            <td>{{ forloop.counter }}</td>
            <td>{{ row.name }}</td>
            <td>{{ row.price }}</td>
            <td>{{ row.stock }}</td>
            <td>{{ row.sales }}</td>
            <td>
                <a href="goods2/{{row.id}}">删除</a>
            </td>
        </tr>
        {% endfor %}
        </tbody>
    </table>
</div>
<div>
    <form method="post" action="/">
        {% csrf_token %}
        <input type="submit" value=" 添加 ">
        {{ form }}
    </form>
</div>
<div>
    <form method="post" action="goods2/" cellpadding="1" cellspacing="0"
                                                                border="1">
        {% csrf_token %}
        <input type="submit" value=" 修改 ">
        序号:<input type="text" name="good_num">
        {{ form }}
    </form>
</div>
</body>
</html>
```

至此，代码调整完毕，基于表单类的商品管理完成。

小　　结

本章介绍了如何在后端定义表单，以及如何利用Django模型类定义表单和表单集。通过本章的学习，读者能够了解如何通过代码定义表单类，以及如何在视图中实例化表单类、在模板中使用表单实例。

习　　题

一、填空题

1. Django支持在模板文件中使用_____标签定义表单，也支持在Python文件中利用Django提供的_____类定义表单。
2. 表单类的_____属性用于为字段指定标签，以便呈现更友好的表单。
3. 若想将表单字段设置为非必需字段，需在定义字段时将参数_____设置为False。
4. 表单类中用于判断邮箱的字段是_____。
5. 通过表单实例的属性_____可以判断表单实例是否已绑定。

二、判断题

1. 表单类的字段会映射为数据库中的表字段。　　　　　　　　　　　　　　（　　）
2. 表单类中并非每个字段默认都是必需字段。　　　　　　　　　　　　　　（　　）
3. 当表单字段的disabled属性为False时，字段使用默认值，且不可编辑。　　（　　）
4. DecimalField字段会验证表单中传入的值的进制是否为十进制。　　　　　（　　）
5. 处理表单时只会涉及GET和POST两种HTTP请求方式。　　　　　　　　（　　）
6. 表单实例中的数据可以被更改。　　　　　　　　　　　　　　　　　　　（　　）

三、选择题

1. 表单在实例化时可以使用数据预先填充，下列（　　）可以在实例化时使用。
   A. 已保存的模型实例的数据
   B. 代码中直接定义的数据
   C. 用户通过HTML表单提交的数据
   D. 以上全部
2. 下列说法中错误的是（　　）。
   A. 直接调用表单实例的clean()方法方可验证表单
   B. 调用表单实例的is_valid()方法或访问表单实例的errors属性，都会执行表单验证
   C. 表单实例的errors属性在第一次被访问时会先执行验证
   D. 表单验证完毕后，request.POST中的表单数据会被清空
3. 下列关于表单与模板的说法中错误的是（　　）。
   A. 将表单实例放到模板的上下文中便可使用表单
   B. 调用表单渲染选项as_table，模板会使用<tr>标签渲染表单字段
   C. 表单渲染选项使用方便，直接调用字段的选项，模板会自动生成选项对应的外层标签

D. 通过{{form.name_of_field}}的形式可以访问表单的属性
4. 下列关于表单集的说法中错误的是（　　）。
   A. 利用Django提供的formset_factory()函数可以快速创建一个表单集
   B. 表单集是一个可迭代对象
   C. 表单集默认只包含一个空表单
   D. 若formset_factory()的参数extra=2，max_num=2，且initial初始化的数据量为1，那么渲染好的页面中会显示一张初始化表单和一张空白表单

四、简答题

1. 简述表单类和模型类的异同。
2. 简述渲染表单实例和模型实例时的差异。
3. 在定义基于模型的表单时可以有选择地使用模型中的部分字段，请简述选择字段的方式。
4. 简述验证模型表单的步骤。

第 8 章 身份验证系统

学习目标：
- 掌握User对象的使用。
- 掌握login()/logout()函数的使用。
- 熟悉限制用户访问页面的方法。
- 了解如何在模板内验证数据。
- 掌握如何自定义用户模型类。
- 掌握如何在Django中实现状态保持。

Django内置了一套身份验证系统，此系统提供了处理用户登录验证、权限验证、请求验证等一系列与身份验证相关的功能，且支持定制与扩展。开发人员在使用Django框架网站时，可以借助Django内置的身份验证系统便捷地实现用网站通用的、与用户相关的验证功能。本章将对Django身份验证系统相关的知识进行介绍。

8.1 User对象

User对象是身份验证系统的核心，它代表了与网站交互的人员。Django中的User对象通过User模型类创建，该类中内置了很多与用户信息相关字段，如用户名、密码、邮件，其中常用字段如下：

① username：必选，表示用户名，长度在150字符以内，可以由字母、数字和"_@+.-"字符组成。
② password：必选，表示用户密码，长度无限制，可以由任意字符组成。
③ email：可选，表示用户的邮箱地址。
④ first_name：可选，表示用户的名。
⑤ last_name：可选，表示用户的姓。
⑥ email：可选，表示用户的电子邮件。
⑦ is_superuser：可选，布尔值，如果值为True表示超级用户。
⑧ is_active：可选，布尔值，如果值为True表示用户已激活。

⑨ is_staff：可选，布尔值，如果值为True表示该用户可以访问管理站点。
⑩ date_joined：可选，用户的创建日期时间，默认设置为当前日期时间。
⑪ last_login：可选，用户上次登录的日期时间。

User类提供了创建普通用户的方法create_user()和创建超级用户的方法create_superuser()，下面在Django Shell中分别演示如何使用这两个方法创建普通用户和超级用户。

1. create_user()方法——创建普通用户

```
from django.contrib.auth.models import User   # 导入User类
# 创建普通用户
ordinary_user= User.objects.create_user('baron','baron@xx.com','baron123')
ordinary_user.save()
```

2. create_superuser()方法——创建超级用户

```
from django.contrib.auth.models import User   # 导入User类
# 创建超级用户
super_user = User.objects.create_superuser('john','john@xx.com','john123')
super_user.save()
```

以上代码分别使用create_user()和create_superuser()方法创建了用户baron和john，并使用save()方法将用户信息保存到了数据库中。默认情况下，通过User类创建的用户默认保存在数据表auth_user中。以上代码保存在auth_user表中的数据如图8-1所示。

id	password	is_superuser	username	first_name	last_name	email	is_staff	is_active	last_login	date_joined
1	pbkdf2_sha256$	1	john			john@xx.com	1	1	(Null)	2019-12-02 01:4
2	pbkdf2_sha256$	0	baron			baron@xx.com	0	1	(Null)	2019-12-02 01:4

图8-1　auth_user表

观察图8-1可知，超级用户的is_superuser与is_staff字段为1，普通用户的is_superuser与is_staff字段为0，这正因create_user()和create_superuser()的区别所致：create_user()方法创建的用户其is_staff字段与is_superuser字段设置为False；create_superuser()方法创建的用户其is_staff字段与is_superuser字段为True。

使用User对象的set_password()方法可以修改用户的密码，示例如下：

```
from django.contrib.auth.models import User
u = User.objects.get(username='john')
u.set_password('john4321')                    # 设置新密码
u.save()                                       # 保存新密码
```

以上示例首先通过User对象的get()方法获取用户名为john的用户对象，然后使用User对象的set_password()方法修改了用户密码。

Django可以使用authenticate()函数来验证用户，该函数通过参数username和password分别接收用户名和密码。如果用户名和密码正确，则验证成功，返回一个User对象；否则后端引发PermissionDenied错误，并返回None。示例代码如下：

```
from django.http import HttpResponse
from django.contrib.auth import authenticate
from django.views import View
class LoginView(View):
    def post(self, request):
        username = request.POST.get("username")
        password = request.POST.get('passwrod')
```

```
user = authenticate(username=username, password=password)
if user is not None:
    return HttpResponse("登录成功")
return HttpResponse("登录失败")
```

以上代码的post()方法中首先获取用户输入的用户名与密码,然后通过authenticate()函数进行验证,如果验证通过则响应"登录成功",如果验证失败则响应"登录失败"。

8.2 权限与权限管理

身份验证系统提供了管理用户和用户组权限的方法,后台管理人员可以在后台管理系统的可视化界面中管理用户和用户组的权限,开发人员可以通过身份验证系统提供的方法和命令管理用户和用户组权限。本节对Django框架中用户和用户组的默认权限、权限管理、自定义权限进行介绍。

8.2.1 默认权限

Django内置了一个简单的权限系统,若INSTALLED_APPS中安装了django.contrib.auth应用后,定义新的模型执行"python manage.py migrate"命令后,该系统会为每个已安装Django模型创建增(add)、删(delete)、改(change)、查(view)这4种权限。

假设自定义的模型为Address(verbose_name设置为"用户地址"),则新增的记录如图8-2所示。

id	name	content_type_id	codename
25	Can add 用户地址	7	add_address
26	Can change 用户地址	7	change_address
27	Can delete 用户地址	7	delete_address
28	Can view 用户地址	7	view_address

图8-2 auth_permission表示例

图8-2所示的auth_permission表中除id外的其他字段的说明如下:

① name:权限描述说明。

② content_type_id:数据表content_type的外键,content_type表用于记录表和应用的对应关系,它有app_label和model两个字段,分别表示表名和模型名。

③ codename:权限,形式为"权限_模型类名小写"。

通过用户对象的has_perm()方法和get_all_permissions()方法可以检测当前用户具有哪些权限。下面分别介绍这两个方法。

1. has_perm()方法

has_perm()方法用于检测用户是否具有某种权限,其语法格式如下:

```
has_perm('应用名.权限名_模型名')
```

当返回值为True时,表明该用户具有某种权限。假设当前有一个名为foo的应用程序和一个名为Bar的模型,那么检测模型相关权限的示例代码如下:

```
from django.contrib.auth.models import User
```

```python
user = User.objects.get(username='baron')
user.has_perm('foo.add_bar')        # 检测用户baron是否有添加权限
user.has_perm('foo.change_bar')     # 检测用户baron是否有修改权限
user.has_perm('foo.delete_bar')     # 检测用户baron是否有删除权限
user.has_perm('foo.view_bar')       # 检测用户baron是否有查看权限
```

2. get_all_permissions()方法

get_all_permissions()方法用于查看用户的所有权限，其返回值是当前用户权限的集合。查看创建的超级用户john所包含的权限，示例如下：

```python
from django.contrib.auth.models import User
user = User.objects.get(username='john')
user.get_all_permissions()
```

8.2.2 权限管理

第6章介绍了如何在Django后台管理系统Admin中为用户和组分配权限，本节将介绍如何以代码形式管理权限。

1. 用户权限管理

Django内置的权限模型类为Permission，利用该类可以创建与管理权限；Django内置的用户模型类User继承了抽象类AbstractUser，AbstractUser同时继承AbstractBaseUser类和PermissionsMixin类，其中PermissionsMixin类通过user_permissions字段与权限类Permission模型建立多对多关系。

综上所述，User类与Permission类存在多对多关系，通过该关系字段user_permission属性可对用户的权限进行管理。

用户权限管理包括添加权限、移除权限和清空权限，User对象的user_permissions包含set()、add()、remove()和clear()4个权限管理方法，这4个方法的语法格式及功能分别如下：

```python
user.user_permissions.set([permission_list])    # 添加权限列表
user.user_permissions.add(permission,...)       # 添加权限
user.user_permissions.remove(permission,...)    # 移除权限
user.user_permissions.clear()                   # 清空权限
```

权限模型Permission中共包含3个字段，分别为name、content_type和codename，其含义具体见图8-2示例说明。通过Permission模型管理器的get()方法和codename字段可获取具体的权限对象。例如，获取当前管理员"lisa"删除用户权限和添加用户权限，示例如下：

```python
from django.contrib.auth.models import Permission
del_perm = Permission.objects.get(codename="delete_user")   # 删除用户权限
add_perm = Permission.objects.get(codename="add_user")      # 添加用户权限
```

下面通过add()、remove()和clear()方法对管理员用户"lisa"的权限进行管理，示例如下：

```python
from django.contrib.auth.models import User
user = User.objecte.get(username="lisa")
user.user_userpermissions.add(del_perm)        # 添加del_perm权限
user.user_userpermissions.remove(add_perm)     # 移除add_perm权限
user.user_userpermissions.clear()              # 清空权限
```

以上示例首先导入User类与Permission类，然后通过Permission类的get()方法分别获取"delete_user"和"add_user"权限，之后获取用户对象user，最后使用add()、remove()、clear()方法对权限

2. 组权限管理

组权限管理包括添加权限、移除权限和清空权限，通过Group类permissions属性的set()、add()、remove()、clear()方法可对组权限进行管理，语法格式如下：

```
group.permissions.set([permission_list])        # 添加组权限列表
group.permissions.add(permission,...)           # 添加组权限
group.permissions.remove(permission,...)        # 移除组权限
group.permissions.clear()                       # 清空组权限
```

使用create()方法创建组，示例如下：

```
from django.contrib.auth.models import Group
group = Group.objects.create(name="Python")     # 创建Python组
group.save()
```

下面为Python组分配权限，示例如下：

```
from django.contrib.auth.models import Permission
add_perm = Permission.objects.get(codename="add_user")
remove_perm = Permission.objects.get(codename"view_user")
group.permissions.add(add_perm)                 # 添加add_user权限
group.permissions.remove(remove_perm)           # 移除view_user权限
group.permissions.clear()                       # 清空组权限
```

3. 用户加入组

如果一些用户拥有相同的权限，可以将这些用户分配到同一个组中，通过设置组权限来管理用户权限。若将用户加入到某个已存在的组中，该用户会被赋予该组的所有权限；从组中移除用户，可同时回收用户从该组获取的权限。在代码中管理组内用户，语法格式如下：

```
user.groups.set([group_list])                   # 将用户添加到列表中所有的组
user.groups.add(group,group,...)                # 将用户添加到多个组
user.groups.remove(group, group,...)            # 将用户从指定的组中删除
user.groups.clear()                             # 用户退出所有组
```

将管理员用户lisa添加到Python组中、从Python组中移除、让用户lisa退出所有组，示例代码如下：

```
from django.contrib.auth.models import User,Group
user = User.objects.get(username="lisa")
group = Group.objects.get(name="Python")
user.groups.add(group)                          # 将用户添加到Python组
user.groups.remove("Python")                    # 从Python组移除用户
user.groups.clear()                             # 用户lisa退出所有组
```

8.2.3 自定义权限

Django支持开发人员自定义权限，以便为用户提供更丰富的管理功能。自定义权限的方式有两种：一是使用定义模型类中Meta类的permissions属性定义权限；二是使用ContentType类定义权限。下面针对这两种自定义权限的方式进行讲解。

1. 使用模型中Meta类的permissions属性自定义权限

permissions属性的值可以是一个二维元组或列表，每个元素代表一个权限，语法格式如下：

```
permissions = (
    (codename1, name1),
```

```
        (codename2, name2),
)
```

以上示例代码codename1和codename2均为字符串类型，表示权限名，在代码逻辑中使用；name1和name2均为字符串类型，表示对权限名的描述。

例如，自定义模型Author并为其添加发表文章权限publish_article和评论文章权限comment_article，示例代码如下：

```
class Author(models.Model):
    ...
    class Meta:
        permissions = (
            ('publish_article', 'Can Publish Article'),    # 发表文章权限
            ('comment_article', 'Can Comment Article'),    # 评论文章权限
)
```

以上示例代码为模型Author添加publish_article权限和comment_article权限，执行"python manage.py migrate"命令后，权限会被添加到auth_permission数据表中。

2. 使用ContentType类自定义权限

ContentType类为Django中的模型类，在数据库中对应的数据表为django_content_type，该数据表包括id字段、表示应用名的app_label字段和表示模型名的model字段，用于记录当前Django项目中所有模型与应用的对应关系。

可通过ContentType类提供的get_for_model()方法获取模型类或模型实例，通过Permission类中的create()方法为获取的模型或模型实例添加权限。示例如下：

```
from myapp.models import Author
from django.contrib.auth.models import Permission
from django.contrib.contenttypes.models import ContentType
content_type = ContentType.objects.get_for_model(Author)
permission = Permission.objects.create(
    codename='publish_article',
    name='Can Publish Posts',
    content_type=content_type,
)
```

上述示例通过ContentType类的get_for_model()方法获取模型类Author的实例content_type，通过Permission类中的create()方法为模型Author添加"publish_article"权限。

8.3 Web请求认证

Django使用会话和中间件将身份验证系统挂接到请求对象中，其中会话存储特定用户会话所需的属性及配置信息；中间件是插在Django的请求和响应过程之中的框架，用于全局调整Django的输入或输出。通过请求对象request的user属性可以获取当前用户，如果用户已登录，属性将会被设置为User实例，否则将会被设置为AnonymousUser（匿名用户）。本节将对Web请求认证环节的用户登录与退出、限制用户访问进行讲解。

8.3.1 用户登录与退出

用户登录与退出是网站中最基本的功能之一，用户登录后可使用网站的设置个人信息、购买

商品等功能；用户退出后用户无法使用网站的部分功能，也无法查看与用户相关的信息。下面对Django的用户登录与退出进行介绍。

1．用户登录

用户登录实质上是将一个已验证的用户附加到当前会话中，在Django中可以使用login()函数实现用户登录。login()函数使用中间件SessionMiddleware将用户信息存入Session会话中，它接收两个参数：第一个是请求对象request，第二个是User对象。具体示例如下：

```python
from django.contrib.auth import User
class LoginView(View):
    """用户名登录"""
    def post(self, request):
        username = request.POST['username']
        password = request.POST['password']
        user = authenticate(request,username=username,password=password)
        if user is not None:
            login(request,user)                              # 用户登录
            return render(request, 'index.html', {"username": username})
        else:
            return render(request, 'login.html', {'account_errmsg':
                                                  '用户名或密码错误'})
```

以上代码在post()方法中提取请求参数中的用户信息后，通过authenticate()函数进行验证用户信息，验证通过后通过login()函数实现用户登录。

2．用户退出

Django提供了logout()函数实现用户退出功能，该函数接收HttpRequest对象，没有返回值。调用logout()函数退出登录后，当前会话session中存储的登录数据会被清除。使用logout()函数退出登录，示例如下：

```python
from django.contrib.auth import logout
class LogoutView(View):
    """退出登录"""
    def get(self, request):
        logout(request)
        # 重定向到登录页面
        return redirect(reverse('users:login'))
```

8.3.2 限制用户访问

通常情况下，网站都会对用户限制访问，例如，未登录的用户不可访问用户中心页面。Django框架中使用request.user.is_authenticated属性、装饰器login_required和LoginRequiredMixin类三种方式限制用户访问。接下来，对这三种限制用户访问的方式进行介绍。

1．request.user.is_authenticated属性

request.user.is_authenticated属性用来判断用户是否通过验证，它是限制未登录用户访问的原始方式，如果用户未通过验证则跳转到登录页面。示例代码如下：

```python
from django.conf import settings
from django.shortcuts import redirect
class UserInfoView(View):
    def get(self, request):
```

```
        if not request.user.is_authenticated:
            return redirect('%s?next=%s' % (settings.LOGIN_URL,
                                                    request.path))
```

2. 装饰器login_required

装饰器login_required用于在视图层面限制用户访问，它有两个参数：login_url和redirect_field_name，其中参数login_url表示重定向地址，默认为None；参数redirect_field_name表示重定向字段名称，默认值为"next"，该值保存了用户成功验证时浏览器跳转的重定向地址。

例如，若用户未登录，访问用户中心页面（userinfo.html）时使网站跳转到登录页，代码如下：

```
@login_required(login_url='/login/',redirect_field_name='my_redirect')
def user_center(request):
    return render(request, 'userinfo.html')
```

装饰器中通过login_url参数设置的重定向地址也可以在配置文件中通过LOGIN_URL项设置，示例如下：

```
LOGIN_URL = '/login/'
```

需要注意，参数login_url会优先在装饰器中查找设置的重定向地址，若未找到则使用在配置文件中设置的重定向地址。

3. LoginRequiredMixin类

使用LoginRequiredMixin类同样可在视图层面限制用户访问，该类的具体用法为：从django.contrib.auth.mixins模块中引入LoginRequiredMixin，定义继承LoginRequiredMixin类的类视图，在其中设置重定向地址login_url，示例代码如下：

```
from django.contrib.auth.mixins import LoginRequiredMixin
class UserInfoView(LoginRequiredMixin, View):
    login_url = '/login/'    # 设置重定向地址
    def get(self, request):
        return render('userinfo.html')
```

需要注意，LoginRequiredMixin类必须位于类视图基类列表的最左侧。此外，参数login_url与装饰器login_required中参数login_url使用方式一致。

8.4 模板与身份验证

一般情况下Django使用上下文字典向模板传递数据，但当多个模板需要传递相同的数据时，可使用RequestContext构造上下文数据，如此当前用户实例（User实例或AnonymousUser实例）及其权限会被保存在模板变量user和perms中，此时可在模板中利用这两个变量验证用户和用户权限。本节将简单介绍如何在模板中验证用户与用户权限。

8.4.1 验证用户

例如，在模板中对user变量进行验证，若验证通过则在页面中显示用户名，否则跳转到注册页面，示例如下：

```
<div class="index">
```

```
        {% if user.is_authenticated %}
            欢迎您：<em>{{ user.username }}</em>
            <span>|</span>
        {% else %}
            <a href="{% url 'users:register' %}">注册</a>
        {% endif %}
</div>
```

模板中通过user对象的is_authenticated属性判断user是否通过验证，如果通过验证则获取user变量的username属性；如果未通过验证则跳转到注册页面。

8.4.2 验证权限

当前登录用户的权限保存在模板变量perms中，它是django.contrib.auth.context_processors.PermWrapper类的一个实例，也是一个模板的权限代理。通过perms变量检测当前登录用户是否具有某个应用的权限，并返回一个布尔类型的值。

例如，检测当前登录用户是否具有管理应用area的所有权限，示例如下：

```
{% if perms.area %}
```

若以上示例中的判断条件perms.area为True，表示当前登录用户拥有管理area应用的权限，否则当前登录用户没有管理area应用的权限。

perms变量还可以检测当前登录用户是否拥有某个应用的具体权限。例如，检测当前登录用户是否拥有属于area应用的添加地址的权限"add_address"，示例如下：

```
{% if perms.area.add_address %}
```

若以上示例中的判断条件为True，表示当前登录用户拥有area应用中的add_address权限，否则当前登录用户没有area应用中的add_address权限。

多学一招：RequestContext类

RequestContext类可以将视图中的数据以上下文形式传递到模板中，它位于django.template模块中，其构造函数的语法格式如下：

```
class RequestContext(Context):
    def __init__(self, request, dict_=None, processors=None, use_l10n=None,
                                                use_tz=None, autoescape=True):
```

上述构造函数中，参数request指代的是HttpRequest对象；参数processors表示上下文处理器的列表集合。

使用RequestContext类向模板传递数据，示例如下：

```
from django.http import HttpResponse
from django.template import RequestContext, Template
def ip_address_processor(request):
    return {'ip_address': request.META['REMOTE_ADDR']}
def client_ip_view(request):
    template = Template('{{ title }}: {{ ip_address }}')
    context = RequestContext(request, {
        'title': 'Your IP Address',
    }, [ip_address_processor])
    return HttpResponse(template.render(context))
```

8.5 自定义用户模型

尽管Django内置的用户模型类中包含许多通用字段,但在实际开发项目时可能需要使用额外的用户字段,此时可以自定义用户字段,对内置用户模型类进行拓展。

自定义用户模型类需要继承django.contrib.auth.models模块中的抽象类AbstractUser,并在用户模型类中自定义额外的字段。

下面通过继承AbstractUser自定义用户模型User,示例代码如下:

```python
class User(AbstractUser):
    """ 自定义用户模型类 """
    name = models.CharField(max_length=20, verbose_name='姓名')
    # 手机号码
    mobile = models.CharField(max_length=11, verbose_name='手机号码')
    # 收货地址
    recv_address = models.TextField(blank=False, verbose_name='收货地址')
    class Meta:
        db_table = 'tb_users'          # 数据表名
        verbose_name = '用户'
        verbose_name_plural = verbose_name
    def __str__(self):
        return self.username
```

以上定义的用户模型在包含AbstractUser类成员之外,为用户模型自定义了收货人(name)、手机号(mobile)与收货地址(recv_address)字段。

User模型定义完成之后,修改settings.py中的AUTH_USER_MODEL选项,使其指向自定义用户模型类以启用自定义User模型,语法格式如下:

```
AUTH_USER_MODEL='应用名.模型名'
```

假设以上定义的模型类位于users/models.py中,在配置文件settings.py中添加的具体设置如下:

```
AUTH_USER_MODEL = 'users.User'
```

配置完成后使用"python manage.py makemigrations"命令生成迁移文件,使用"python manage.py migrate"命令执行迁移文件以生成(或更新)用户表。此时在数据库中查看数据表tb_users,可观察到其中包含了AbstractUser类中的所有字段以及自定义模型中的字段。

8.6 状态保持

Web应用的很多场景要求保持用户状态,其中最常见的场景就是购物车:用户登录网站,通过网站购买商品,将商品加入购物车,然后继续去浏览、挑选商品。但Web应用使用HTTP协议,HTTP协议是无状态协议,浏览器每次发起的HTTP请求对于服务器而言都是全新的请求,服务器无法将同一用户的多次HTTP请求进行关联。换言之,登录请求完成后用户状态未被记录,那么服务器无法识别之后发起请求的是哪位用户,无法将购物车与用户产生关联,功能自然也就无法实现。

为解决这一问题,状态保持技术应运而生。状态保持可以理解为在客户端或服务器中保存每次会话产生的数据。实现状态保持主要有两种方式:一是在客户端使用Cookie存储信息;二是在服务器端使用Session存储信息。本节将对Cookie和Session进行介绍。

8.6.1 Cookie

Cookie是网站为了辨别用户身份，在用户本地终端存储的一组由服务器产生的、不超过4 KB的、key-value类型的数据。

Django通过HttpResponse对象可以对Cookie中的数据进行设置、读取和删除，下面分别进行介绍。

1．设置Cookie

set_cookie()方法用于设置cookie，其声明如下：

```
HttpResponse.set_cookie(key, value='', max_age=None, expires=None,
path='/',domain=None, secure=False, httponly=False, samesite=None)
```

set_cookie()方法中常用参数的含义具体如下：

① key：表示Cookie的名称。

② value：表示Cookie的值。

③ max_age：表示Cookie的过期时间，以秒为单位。

④ expires：表示Cookie的过期时间，是一个"Wdy,DD-Mon-YY HH:MM:SS GMT"格式的表示世界标准时间的字符串，或者一个 datetime.datetime 对象。

⑤ domain：表示Cookie生效的域名。

下面以应用cookie_demo为例演示如何在Django中操作Cookie。

首先创建cookie_demo应用，并分别在根urls.py和cookie_demo/urls.py文件中配置URL，具体如下：

```
# 根urls.py
urlpatterns = [
    path('', include('cookie_demo.urls')),
]
# cookie_demo/urls.py
urlpatterns = [
    path('set-cookie/', views.set_cookie),          # 设置Cookie
]
```

然后在cookie_demo应用的views.py中定义set_cookie()视图函数，在其中设置Cookie的值。示例如下：

```
from django.http import HttpResponse
def set_cookie(request):
    response = HttpResponse('设置Cookie')
    response.set_cookie('Python','Django', max_age=3600)   # 有效期一小时
    return response
```

在浏览器地址栏中输入"http://127.0.0.1:8000/set-cookie/"，此时Cookie已经设置完成，单击浏览器中的"查看网站信息"图标可以打开正在使用的Cookie信息，查看已设置的Cookie，具体如图8-3所示。

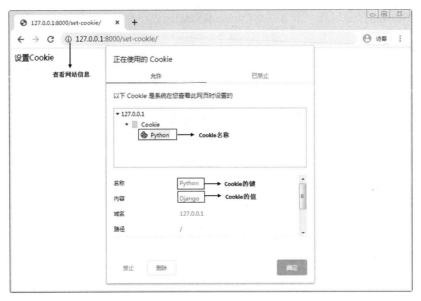

图8-3 设置Cookie

观察图8-3可知，代码成功设置了键为Python、值为Django的Cookie数据。

2．读取Cookie

当浏览器向服务器发起请求时，会将Cookie数据存储在请求头中。Django可通过获取指定key或get()方法获取请求信息中的Cookie数据，分别如下：

```
HttpRequest.COOKIES[key]
HttpRequest.COOKIES.get(key)
```

下面在视图中读取Cookie中的数据。

首先在cookie_demo应用的urls.py添加如下URL：

```
path('show-cookie/', views.show_cookie)
```

然后在views.py中定义show_cookie()视图，具体代码如下：

```
def show_cookie(request):
    cookie = request.COOKIES.get('Python')
    return HttpResponse(f'Cookie 的值为：{cookie}')
```

在浏览器地址栏中输入"http://127.0.0.1:8000/show-cookie/"，此时页面响应Cookie的值。具体如图8-4所示。

图8-4 读取Cookie

通过观察图8-4可知，当前Cookie的值为"Django"。

3．删除Cookie

delete_cookie()方法接收要删除的Cookie的键并删除存储在Cookie中的该键对应的数据。例如，删除Cookie中键为"Python"的数据，示例如下：

```
HttpResponse.delete_cookie('Python')
```

在cookie_demo应用的urls.py添加如下URL模型：

```
path('delete-cookie/', views.delete_cookie),
```

在views.py中定义delete_cookie()视图，具体代码如下：

```
def delete_cookie(request):
    response = HttpResponse('删除Cookie')
    response.delete_cookie('Python')    # 删除key为Python的Cookie值
    return response
```

在浏览器地址栏中输入"http://127.0.0.1:8000/delete-cookie/"，此时通过查看网站信息查看Cookie是否删除。具体如图8-5所示。

图8-5　删除Cookie

观察图8-5可知，Cookie中的内容已删除。

8.6.2　Session

Session存储特定用户会话所需要的属性及配置信息，当用户在各个网页之间跳转时，存储在Session对象中的变量会一直保存在当前会话中。

Session数据存储在服务器端，它的使用依赖于Cookie，服务器启用Session时会在浏览器的Cookie中存储一个键为sessionid的Cookie数据，浏览器每次发起请求时都会将这个数据发给服务器，服务器在接收到请求后，会根据其中的sessionid找出请求者的Session数据。

接下来，分Session介绍和Session操作两部分对Django中Session的使用进行说明。

1. Session介绍

Django框架默认安装并启用了Session中间件，查看项目配置文件settings.py的MIDDLEWARE项，可观察到Session中间件的配置信息，如图8-6所示。

```
MIDDLEWARE = [
    'django.middleware.security.SecurityMiddleware',
    'django.contrib.sessions.middleware.SessionMiddleware',
    'django.middleware.common.CommonMiddleware',
    'django.middleware.csrf.CsrfViewMiddleware',
    'django.contrib.auth.middleware.AuthenticationMiddleware',
    'django.contrib.messages.middleware.MessageMiddleware',
    'django.middleware.clickjacking.XFrameOptionsMiddleware',
]
```

图8-6　Django中间件

Django项目中的Session数据默认存储在项目配置的数据库，除此之外，Session数据也可以存储在cache，或在数据库和cache中混合存储。Session数据的存储位置通过项目配置文件settings.py的SESSION_ENGINE项指定，不同存储位置的配置信息分别如下：

（1）存储在数据库中

在settings.py中显示设置存储在数据库中，设置如下：

```
SESSION_ENGINE='django.contrib.sessions.backends.db'
```

如果存储在数据库中，需检查INSTALLED_APPS应用中是否安装session应用。

（2）存储在本机内存

在settings.py中设置Session数据存储到本机内存，设置如下：

```
SESSION_ENGINE='django.contrib.sessions.backends.cache'
```

（3）混合存储

在settings.py中设置Session数据混合存储，设置如下：

```
SESSION_ENGINE='django.contrib.sessions.backends.cached_db'
```

2. Session操作

Django通过HttpRequest的session属性管理会话信息，具体如下：

```
request.session['键']=值                  # 以键值对的格式写session
request.session.get('键','默认值')         # 读取session
request.session.set_expiry(value)         # 设置session过期时间
request.session.clear()                   # 清除所有session，在存储中删除值部分
request.session.flush()                   # 清除session，删除存储中的整条session数据
```

需要注意的是，在设置session过期时间时，如果set_expiry()方法接收的参数value是一个整数，会话将在指定的时间内过期（单位：s）。例如，request.session.set_expiry(300)表示会话将在300 s后过期；如果value为0，会话将在用户浏览器关闭时过期；如果value为None，那么当前会话会使用全局的会话过期策略。

（1）写入Session数据

下面，以应用session_demo为例演示在Django中操作Session，具体步骤如下：

① 创建session_demo应用，并配置URL，具体如下：

```
# 根urls.py
urlpatterns = [
    path('', include('session_demo.urls')),
]
```

② 在session_demo应用中创建子urls.py文件，并定义用于访问写入Session数据的路由，具体如下：

```
session_demo/urls.py
urlpatterns = [
    path('set-session/', views.set_session),    # 写入Session数据
]
```

③ 在cookie_demo应用的views.py中定义set_session()视图函数，并在视图set_session()中设置Session的值。示例如下：

```
from django.http import HttpResponse
def set_session(request):
    request.session['Python']='Django'
    return HttpResponse('写入 session')
```

④ 在浏览器地址栏中输入http://127.0.0.1:8000/set-session/并按Enter键，此时Session已写入完成。使用Redis Desktop Manager查看Redis中存储的数据，如图8-7所示。

图8-7　写入Session数据

观察图8-7可知，Session数据写入成功。

（2）读取Session数据

接下来，我们在视图中读取写入的Session数据。

① 在session_demo应用的urls.py添加如下URL：

```
path('get-session/', views.get_session),
```

② 在session_demo应用的views.py中定义get_session()视图，具体如下：

```
def get_session(request):
    value = request.session.get('Python')
    return HttpResponse(f"Python 对应的 value 值为：{value}")
```

此时，在浏览器地址中输入"http://127.0.0.1:8000/get-session/"，可看到Session中key值为"Python所对应的value值"，如图8-8所示。

图8-8 读取Session数据

观察图8-8可知,页面显示读取的Session数据。

(3)设置Session数据过期时间

若对Session数据设置了过期时间,那么在指定的时间后该Session数据会被删除。例如,对上述Session数据设置2 s过期时间。

① 在session_demo应用的urls.py添加如下URL:

```
path('set-time/',views.set_time),
```

② 在session_demo应用的views.py文件中定义set_time()视图,具体如下:

```
def set_time(request):
    request.session.set_expiry(2)
    value = request.session.get('Python')
    return HttpResponse(f"Python对应的value值为:{value}")
```

此时,在浏览器地址中输入"http://127.0.0.1:8000/set-time/",若页面显示为"Python对应的value值为:Django",那么在2 s后再次刷新页面会对Session数据进行删除,如图8-9所示。

图8-9 设置过期时间

观察图8-9可知,在指定的过期时间后Session数据被删除。

clear()方法和flush()方法与写入或读取Session的使用方式相同,此处不再演示。

小　　结

本章介绍了身份验证系统的相关知识,包括User对象、权限管理、Web请求认证、模板与身份验证、自定义用户模型,以及状态保持。通过本章的学习,读者能够掌握Django身份验证系统的基本使用,为后续项目开发作铺垫。

习 题

一、填空题

1. User类中包含多个关于用户信息的字段，在创建用户时必选的字段有_____和_____。
2. 使用User类中的_____方法可以创建超级用户。
3. Django中authenticate()函数的功能是_____。
4. Django中的权限通过_____模型类创建。
5. 组添加权限的语法格式为_____。

二、判断题

1. logout()函数必须有返回值。（　　）
2. login()函数第一个参数必须是request。（　　）
3. Django在视图或模板中均可以对用户身份进行验证。（　　）
4. 若在模板中验证用户，必须使用RequestContext构造上下文。（　　）
5. Session数据可以存储在本地或数据库中。（　　）

三、选择题

1. 下列方法中用于检测用户权限的是（　　）。
   A. has_perm()　　B. has_perms()　　C. get_perms()　　D. get_perm()
2. 装饰器@login_required包含login_url和redirect_field_name参数，下列关于这两个参数说法错误的是（　　）。
   A. 参数login_url用于设置重定向地址
   B. 参数redirect_field_name用于设置重定向地址
   C. 参数login_url可以在settings.py中设置
   D. 参数redirect_field_name默认使用"next"
3. 下列选项中，关于Cookie的说法正确的是（　　）。
   A. Cookie存储在服务器端
   B. Cookie大小没有限制
   C. Cookie是以key-value形式存储数据
   D. Cookie是以列表形式存储数据
4. 在Django中，下列方法用于设置Cookie数据的是（　　）。
   A. set_cookie()　　B. delete_cookie()　　C. get_cookie()　　D. write_cookie()
5. 下列关于Session的说法错误的是（　　）。
   A. Session数据存储在服务器端
   B. 在会话过程存储在Session对象中的变量会一直保存
   C. Session大小为4 KB
   D. Session存储特定用户会话所需的属性及配置信息

四、简答题

1. 简述自定义权限的方法。
2. 简述限制访问的三种方式，并说明其应用场景。
3. 简述自定义用户模型类的步骤。

第 9 章 电商项目——前期准备

学习目标：
◎ 了解电商平台需求，熟悉项目主要模块。
◎ 熟悉项目架构。
◎ 熟练配置项目环境。

本章将新建一个Django项目，以构建一个电商平台——小鱼商城。考虑到电商平台模块较多、功能复杂，本章仅简单介绍电商平台项目主要界面、归纳项目重点模块、搭建开发环境，项目各个模块的具体实现将在后续章节中分别讲解。

9.1 项目需求

需求驱动开发，它是开发的基石，也是开发人员的工作目标。在着手开发项目之前，明确项目的业务流程和主要的业务需求非常必要。实际开发中需求由产品经理提供，开发人员通过产品经理提供的示例网站、产品原型图或需求分档明确项目需求，确定项目业务。

本节我们借助示例网站明确项目需求，确定小鱼商城的业务。下面从电商平台通常所具备的首页、用户、商品、购物车、结算和支付这些模块入手，结合示例网站分析项目需求，明确项目各模块的业务。

1. 首页

首页是网站的入口，该页面一般呈现广告信息和其他页面的入口。示例网站的首页如图9-1所示。

图9-1所示的首页主要分为两部分：第一部分是各种功能的入口，包括首页的导航栏、搜索栏、搜索栏右侧的简单购物车和logo下方的分类导航菜单；第二部分是广告，包括分类导航下的轮播图、快讯以及页面底部的分层广告。下面分这两部分对首页进行分析。

（1）功能入口

功能入口部分除分类导航菜单外，其他是多个页面共有的功能，这些功能与用户、商品等耦合度较高，稍后再做分析，这里先来分析分类导航菜单。

分类导航菜单是首页的核心之一，这个菜单分为三级，其中一级菜单包含11个频道，每个频道显示3~4个分类（如频道1包含手机、相机、数码三个分类）；二级菜单是各个频道中各个分类的详细类别（如手机分类包含手机通讯、手机配件等7个二级类别）；三级菜单是每个二级类别的详细类别（如手机通讯包含手机、游戏手机等4个三级类别），具体如图9-2所示。

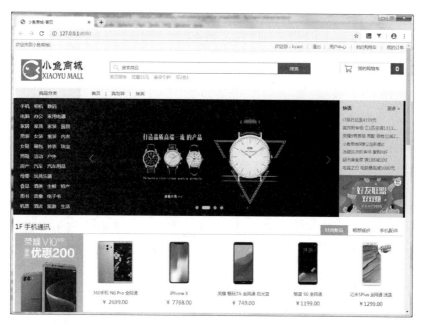

图9-1 首页

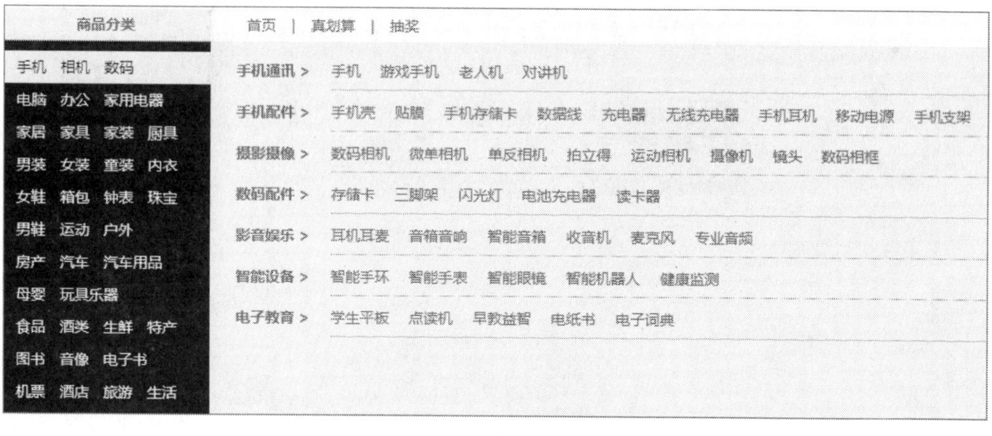

图9-2 分类导航菜单

（2）首页广告

分类导航菜单右侧的轮播图、快讯和页面下方的楼层是首页的第二项核心，虽然这些部分包含一些商品信息，但它们不是商品列表，而是小鱼商城的广告。当下流行的电商网站都在首页放置广告、展示商品新鲜资讯以吸引用户。

综合以上介绍对首页功能进行分析，小鱼商城的首页主要具备以下业务：

① 查询商品分类并展示。

② 查询商城广告并展示。

2. 用户

若想要通过该平台购买商品，那么网站的访问者应先在该平台进行注册，成为该平台的用户。

图9-1展示的首页已经登录了用户itcast，单击图9-1右上角的"退出"按钮，退出登录，此时页面导航栏的"用户名"和"退出"分别变为"登录"和"注册"，如图9-3所示。

图9-3 页面导航

注册和登录是与用户相关的两个重要功能，单击"注册"按钮，可进入注册页面注册用户；单击"登录"按钮，可进入登录页面，使用注册的账户信息进行登录。用户注册和用户登录页面分别如图9-4（a）和图9-4（b）所示。

由图9-4（a）可知，注册用户时需要输入用户名、密码、手机号、图形验证码、短信验证码，并勾选同意协议。注册页面比较简单，但实现注册功能时又需要遵循一定的业务逻辑，实现一些子功能，例如校验用户名、手机号是否已存在和发送短信的功能等。这些业务逻辑由产品经理提供，开发产品时按照产品的需求文档实现即可。

若已注册账号，可通过图9-4（b）展示的登录页面进行登录。若成功登录，浏览器将跳转到首页。

（a）注册页面

图9-4 用户注册和登录

(b) 登录页面

图9-4　用户注册和登录（续）

已登录的用户可对账号信息进行管理，小鱼商城将此项功能放在导航栏的"用户中心"中实现。单击导航栏的用户中心进入相应页面，如图9-5所示。

图9-5　用户中心

图9-5显示的用户中心共包含4个选项，分别是个人信息、收货地址、全部订单和修改密码，选择不同的选项可以访问不同的页面。

图9-5显示的是个人信息页面。个人信息包含用户的基本信息和最近浏览两部分内容，其中基

本信息提供绑定邮箱功能。

单击收货地址选项，进入收货地址页面，如图9-6所示。

图9-6　收货地址

收货地址页面默认展示用户的收货地址，用户可在该页面增加、删除、编辑地址。

单击全部订单选项，进入全部订单页面，如图9-7所示。

图9-7　全部订单

单击修改密码选项，进入修改密码页面，如图9-8所示。

图9-8　修改密码

综上所述，小鱼商城与用户相关的业务如下：
① 注册：涉及用户信息的校验和图形验证、短信验证码校验。
② 登录/退出。
③ 用户中心：包括基本信息、最近浏览、收货地址、全部订单以及修改密码。

3．商品

首页是用户选购商品时的入口，用户可以选择首页轮播图、快讯、楼层中的商品，或者通过分类列表进入商品列表页或商品详情页。图9-2中选择了频道1中的"手机"→"手机通讯"→"手机"，单击三级分类，网站将跳转到商品列表页面，如图9-9所示。

图9-9　商品列表

商品列表页主要包含商品列表和热销排行，此外热销排行上方呈现当前商品的类别，此处亦需实现分类导航菜单，方便用户查看其他类别的商品。

商品列表页面只能看到商品的简略信息，单击列表或热销排行中的商品，可进入商品详情页面，如图9-10所示。

图9-10　商品详情

商品详情页面主要展示包括商品图片、名称、价格等商品基本信息，此外图片上方展示了当前分类，实现了分类导航菜单。商品基本信息下方展示了热销排行和商品的详细信息（包括商品详情、规格与包装、售后服务以及商品评价）。

小鱼商城的多个页面都提供了搜索框与搜索按钮，商品列表实现后，可着手实现搜索功能。通过搜索功能用户可根据关键字搜索商品。以搜索关键字"HUAWEI"为例，搜索结果页面如图9-11所示。

图9-11　搜索结果页面

根据以上业务分析，小鱼商城与商品相关的功能如下：
① 商品列表。
② 商品详情。
③ 商品搜索。

4．购物车

用户可在详情页面选择商品数量与规格，单击"加入购物车"按钮，将选中的商品放入购物车。若商品成功加入购物车，当前页面的顶部会弹出提示弹框，如图9-12所示。

图9-12　添加购物车成功提示

小鱼商城有两个购物车入口，分别为导航栏的"我的购物车"（见图9-1）和部分页面搜索框右侧的"我的购物车"（见图9-10）。搜索框右侧的"我的购物车"是一个简单购物车，鼠标移动到该位置，页面会呈现一个包含加购商品缩略信息的悬浮购物车，如图9-13所示。

图9-13　简单购物车

单击上述两个位置的"我的购物车"，都可进入购物车页面，该页面如图9-14所示。

图9-14　购物车

购物车页面展示用户已加购的商品，用户可修改购物车中的商品数量或者删除商品。

根据以上业务分析，小鱼商城与购物车相关的功能如下：

① 购物车管理。

② 购物车缩略信息展示。

5. 结算

单击图9-14中的"去结算"按钮进入结算页面，如图9-15所示。

图9-15　结算页面

用户可在结算页面选择收件地址和支付方式（货到付款或支付宝），并确认选购的商品信息。单击"提交订单"按钮提交订单，之后跳转到提交结果页面。成功提交订单后跳转的页面如图9-16所示。

图9-16　订单提交成功

根据以上业务分析,小鱼商城与结算相关的功能如下:
① 确认订单。
② 提交订单。

6. 支付

若用户选择的付款方式为货到付款,订单提交后即可等待送货;若选择了支付宝支付,订单提交后需要进行支付。

单击图9-16所示页面右下角的"去支付"按钮可进入支付页面。小鱼商城支持使用支付宝在线支付,实现此项功能需要对接支付宝提供的支付平台。示例网站已对接了支付宝提供的支付平台,单击"去支付"按钮后将跳转到支付宝的支付页面,如图9-17所示。

图9-17　支付宝支付页面

在开发过程中对接的支付宝接口是测试平台,单击页面右侧的"登录账户付款"按钮,进入登录页面,输入测试平台提供的测试账号登录,登录成功方可进行支付。支付完成后支付宝平台会先跳转到支付结果页面,再跳回小鱼商城,此时小鱼商城应展示支付结果,如图9-18所示。

图9-18　支付结果

单击页面中的链接(可以在"用户中心"→"全部订单"查看该订单),可进入订单页面查看该订单。此时刚刚提交的订单处于待评价状态(如图9-7中的第二个订单),单击"待评价"按钮可进入评价页面,如图9-19所示。

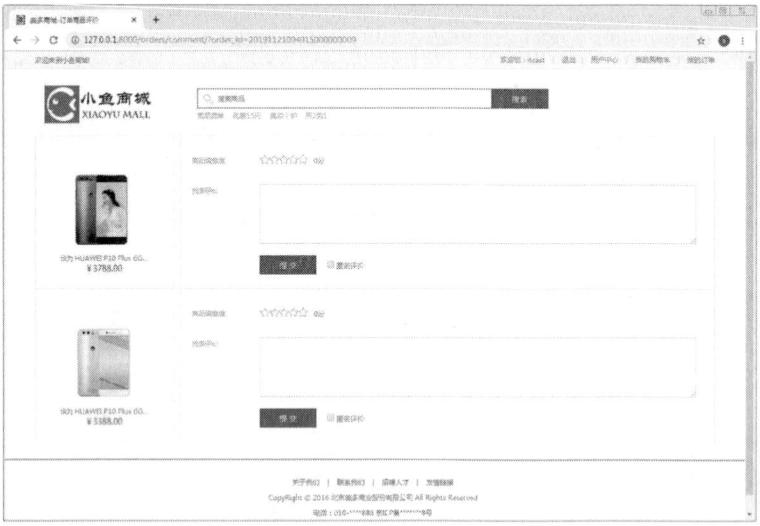

图9-19 订单商品评价页面

用户可在评价页面选择商品满意度、填写评价,并通过单击"提交"按钮提交评价信息。评价信息提交后将被添加到商品的评价信息中,用户可在相应商品的详情页查看新增的商品评价。

根据以上业务分析,小鱼商城与支付相关的功能如下:

① 支付宝支付。

② 订单商品评价。

至此,小鱼商城的需求分析完毕。

9.2 模块归纳

实际开发中,一个项目一般由多名开发人员协作完成。为了方便管理项目以及协同开发,人们会根据需求和功能将项目划分为不同的模块。利用Django框架开发网站时,可以按模块创建应用,这么做不仅可以降低项目的耦合度,也利于项目管理以及协同开发。

根据9.1节对小鱼商城业务逻辑与功能的分析,我们归纳出的模块如表9-1所示。

表 9-1 小鱼商城模块归纳

模 块	功 能
用户	注册、登录、用户中心
验证	图形验证、短信验证
首页	分类、广告
商品	商品列表、商品搜索、商品详情
购物车	购物车管理、简单购物车
订单	确认订单、提交订单
支付	支付宝支付、订单商品评价

9.3 项目开发模式与运行机制

小鱼商城是一个涉及前端开发和后端开发的电商项目，在开发之前需要先确定项目的开发模式；项目会用到一些第三方服务和接口，确定使用哪些服务和接口，明确项目的运行机制，也是开发前的准备工作之一。下面分别介绍小鱼商城的开发模式和运行机制。

1. 开发模式

小鱼商城项目使用Django开发，采用前后端不分离的开发模式以提高搜索引擎排名，同时后端模板引擎选用Jinja2，相比Django自带的模板引擎，Jinja2的性能更加优异；前端框架采用Vue.js。若页面需要整体刷新，使用Jinja2模板引擎进行渲染并返回页面，响应速度快，没有延迟；若页面需要局部刷新，可使用Vue.js，虽然在网络状况不佳时会有延迟，但简洁方便，流量小。

2. 运行机制

用户发送的请求被Web服务器接收，Web服务器根据URL判断用户请求的是静态数据还是动态数据。小鱼商城将静态数据存储在本地，若用户请求的是静态数据，服务器根据URL到本地找到数据并返回给浏览器，浏览器再将数据呈现给用户，这个过程非常迅速。若用户请求了动态数据，Django项目实现的动态业务逻辑接收请求、生成动态页面并返回。

小鱼商城项目的静态文件包括CSS文件、JS文件、图片文件；动态数据由Jinja2模板渲染，该服务由Django程序提供。Django程序的后端提供了登录、状态缓存、短信、商品列表、搜索、购物车、订单、验证等业务，实现这些业务会涉及数据存储服务、缓存服务、异步服务、全文检索服务。

Django后端在提供服务时会用到一些外部接口，如提供短信验证功能的容联云、提供支付和订单查询功能的支付宝等。

综上所述，小鱼商城的项目运行机制如图9-20所示。

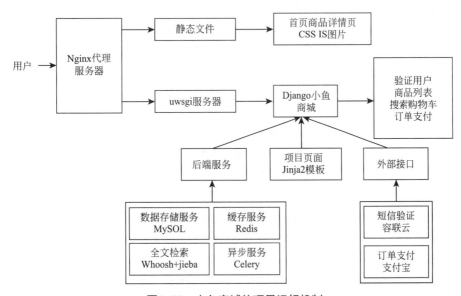

图9-20 小鱼商城的项目运行机制

9.4 项目创建和配置

9.4.1 创建项目

① 进入项目存储路径（本书将项目存储在E:\目录下），创建小鱼商城虚拟环境：

```
E:\> mkvirtualenv xiaoyu_mall
```

② 安装Django框架，查看已安装的软件包，若软件包列表中包含Django，说明Django框架安装成功，具体如下所示：

```
(xiaoyu_mall) E:\> workon xiaoyu_mall
(xiaoyu_mall) E:\> pip install django==2.2.3
(xiaoyu_mall) E:\> pip list
Package       Version
----------    -------
Django        2.2.3
pip           19.3
pytz          2019.3
setuptools    41.4.0
sqlparse      0.3.0
wheel         0.33.6
```

③ 创建小鱼商城Django项目，具体命令如下：

```
(xiaoyu_mall) E:\> django-admin startproject xiaoyu_mall
```

④ 启动小鱼商城项目，具体命令如下：

```
(xiaoyu_mall) E:\> python ./xiaoyu_mall/manage.py runserver
```

若命令行中打印如下信息，说明项目成功启动。

```
System check identified no issues (0 silenced).
January 12, 2020 - 17:23:54
Django version 2.2.3, using settings 'xiaoyu_mall.settings'
Starting development server at http://127.0.0.1:8000/
Quit the server with CTRL-BREAK.
```

9.4.2 配置开发环境

项目环境分为开发环境和生产环境，开发环境是编写和调试项目代码的环境，生产环境是部署项目上线运行时使用的环境。不同的环境使用的配置信息不同，为了避免开发环境和生产环境的配置相互干扰，这里将它们的配置信息分别存储在两个配置文件中。下面分新建配置文件和指定开发环境配置文件两部分来配置开发环境。

1. 新建配置文件

① 准备配置文件目录：在xiaoyu_mall/xiaoyu_mall中新建包settings，作为配置文件目录。

② 准备开发和生产环境配置文件：在配置包settings中新建开发环境配置文件dev.py和生产环境配置文件prod.py。

③ 准备开发环境配置内容：将默认的配置文件settings.py中的内容拷贝到dev.py和prod.py中，删除原配置文件settings.py。

此时项目的目录结构如图9-21所示。

图9-21 项目结构

2. 指定开发环境配置文件

若要让项目使用新建的配置文件dev.py，需将其指定为项目当前使用的配置文件。打开manage.py文件，修改配置文件加载路径，修改后的代码如下：

```
os.environ.setdefault('DJANGO_SETTINGS_MODULE','xiaoyu_mall.settings.dev')
```

以上代码的功能是调用os.environ.setdefault()函数指定当前项目使用的配置文件。

9.4.3 配置Jinja2模板

小鱼商城使用Jinja2作为模板引擎，下面分步骤介绍如何为xiaoyu_mall项目配置Jinja2模板。

1. 安装Jinja2扩展包

```
(xiaoyu_mall) E:\xiaoyu_mall>pip install jinja2
```

2. 配置Jinja2模板引擎

打开配置文件dev.py，在配置选项TEMPLATES中添加Jinja2的配置信息，如下所示：

```
TEMPLATES = [
    {
        'BACKEND': 'django.template.backends.django.DjangoTemplates',
        'DIRS': [],
        ...                                    #省略的默认模板配置信息
    },
    # Jinja2 模板引擎配置信息
    {
        'BACKEND': 'django.template.backends.jinja2.Jinja2',
        'DIRS': [os.path.join(BASE_DIR, 'templates')],   # 模板文件加载路径
        'APP_DIRS': True,
        'OPTIONS': {
            'context_processors': [
                'django.template.context_processors.debug',
                'django.template.context_processors.request',
                'django.contrib.auth.context_processors.auth',
                'django.contrib.messages.context_processors.messages',
            ],
        },
    },
]
```

以上配置信息指定了项目从templates目录中加载模板文件，这里在xiaoyu_mall/xiaoyu_mall目录下创建该目录。

3. 配置Jinja2模板引擎

Jinja2模板引擎读取静态文件和做重定向是比较复杂的，我们可以自定义Jinja2语法，简化这两种操作。这里，我们考虑使用{{static(")}}、{{url(")}}这两种自定义语法实现以上两种操作。

为了使Jinja2使用和识别这两种语法，需要创建Jinja2模板引擎配置文件，编写Jinja2模板引擎环境配置代码，在其中自定义语法，并在配置文件中添加Jinja2模板引擎环境。具体操作如下：

（1）创建Jinja2模板引擎环境配置文件

考虑到后续开发中还需要配置其他全局文件，为保证项目结构清晰，这里先在xiaoyu_mall/xiaoyu_mall目录下创建用于存放全局文件的包utils，之后创建模板引擎环境配置文件jinja2_env.py，此时项目结构如图9-22所示。

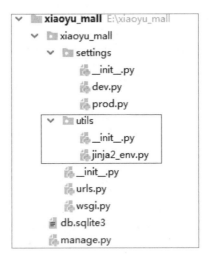

图9-22 项目结构

（2）编写Jinja2模板引擎环境配置代码

在步骤（1）创建的jinja2_env.py文件中编写Jinja2模板引擎环境的配置代码，具体如下：

```python
from jinja2 import Environment
from django.urls import reverse
from django.contrib.staticfiles.storage import staticfiles_storage
def jinja2_environment(**options):
    """jinja2 环境"""
    # 创建环境对象
    env = Environment(**options)
    # 自定义语法：{{ static('静态文件相对路径') }} {{ url('路由的命名空间') }}
    env.globals.update({
        'static': staticfiles_storage.url,    # 获取静态文件的前缀
        'url': reverse,                        # 反向解析
    })
    # 返回环境对象
    return env
```

（3）添加Jinja2模板引擎环境

在配置文件TEMPLATES选项的Jinja2配置信息中添加Jinja2模板引擎环境，代码如下所示：

```
TEMPLATES = [
    {
        ...                                          # 省略的默认模板配置信息
    },
    # Jinja2 模板引擎配置信息
    {
        'BACKEND': 'django.template.backends.jinja2.Jinja2',
        ...
            # 补充Jinja2 模板引擎环境
            'environment': 'xiaoyu_mall.utils.jinja2_env.jinja2_environment',
        },
    },]
```

配置完毕后重启项目，若项目成功启动，则说明Jinja2模板配置成功。

9.4.4 配置MySQL数据库

项目拟采用MySQL存储商品数据、用户账户数据和订单等数据量较大、需持久化存储的数据，Django默认使用的数据库是sqlite3，下面分步骤介绍如何为Django项目配置MySQL数据库。

1. 新建MySQL数据库

为项目配置MySQL数据库前需先创建小鱼商城的数据库和授权用户，在本地主机新建MySQL数据库xiaoyu（编码方式为utf8），创建MySQL用户itheima（密码为123456）并授权该用户访问xiaoyu。

2. 配置MySQL数据库

打开配置文件dev.py，修改DATABASES的配置信息，修改后的代码如下：

```
DATABASES = {
    'default': {
        # 'ENGINE': 'django.db.backends.sqlite3',
        # 'NAME': os.path.join(BASE_DIR, 'db.sqlite3'),
        'ENGINE': 'django.db.backends.mysql',     # 数据库引擎
        'HOST': '127.0.0.1',                      # 数据库主机
        'PORT': 3306,                             # 数据库端口
        'USER': 'itheima',                        # 数据库用户名
        'PASSWORD': '123456',                     # 数据库用户密码
        'NAME': 'xiaoyu',                         # 数据库名字
    }
}
```

3. 安装PyMySQL扩展包

数据库配置完成后可能出现以下错误：

```
Error loading MySQLdb module: No module named 'pymysql'.
```

出现以上错误是因为Django中操作MySQL数据库需要驱动程序PyMySQL，而目前虚拟环境中没有驱动程序PyMySQL。安装PyMySQL可以解决以上错误：

```
(xiaoyu_mall) E:\xiaoyu_mall>pip install PyMySQL
```

但后期创建应用时又会出现以下异常：

```
django.core.exceptions.ImproperlyConfigured: mysqlclient 1.3.13 or newer
is required; you have 0.9.3.
```

这是因为目前Python 3使用的MySQL数据库驱动程序为mysqlclient。mysqlclient和PyMySQL实质上是由同一作者研发的不同版本的MySQL数据库驱动程序，PyMySQL相对陈旧，这里需要卸载PyMySQL，安装mysqlclient以解决异常，具体操作如下：

```
(xiaoyu_mall) E:\xiaoyu_mall\xiaoyu_mall\apps>pip uninstall pymysql
(xiaoyu_mall) E:\xiaoyu_mall\xiaoyu_mall\apps>pip install mysqlclient
```

9.4.5 配置Redis数据库

项目采用Redis数据库提供缓存服务。下面介绍如何配置Redis数据库。

1. 安装django-redis扩展包

```
(xiaoyu_mall) E:\xiaoyu_mall>pip install django-redis
```

2. 配置Redis数据库

在配置文件dev.py中添加如下配置信息：

```python
CACHES = {
    "default": {                                  # 默认
        "BACKEND": "django_redis.cache.RedisCache",
        "LOCATION": "redis://127.0.0.1:6379/0",
        "OPTIONS": {
            "CLIENT_CLASS": "django_redis.client.DefaultClient",
        }
    },
    "session": {                                  # session
        "BACKEND": "django_redis.cache.RedisCache",
        "LOCATION": "redis://127.0.0.1:6379/1",
        "OPTIONS": {
            "CLIENT_CLASS": "django_redis.client.DefaultClient",
        }
    },
}
SESSION_ENGINE = "django.contrib.sessions.backends.cache"
SESSION_CACHE_ALIAS = "session"
```

以上配置信息通过SESSION_ENGINE选项指定使用Redis存储session数据；通过SESSION_CACHE_ALIAS选项指定使用名为session的Redis配置项存储session数据；session配置项中设置Redis默认使用0号库，使用1号库存储session数据。

9.4.6 配置项目日志

小鱼商城利用logging模块记录日志，下面分准备日志文件目录、配置工程日志和测试日志记录器这3部分介绍如何为项目配置日志。

1. 准备日志文件目录

在xiaoyu_mall目录下创建logs目录，项目目录结构如图9-23所示。

图9-23 项目目录结构

2. 配置工程日志

在配置文件dev.py中添加如下配置信息：

```python
# 配置工程日志
LOGGING = {
    'version': 1,
    'disable_existing_loggers': False,      # 是否禁用已经存在的日志器
    'formatters': {                          # 日志信息显示的格式
        'verbose': {
            'format': '%(levelname)s %(asctime)s %(module)s %(lineno)d %(message)s'
        },
        'simple': {
            'format': '%(levelname)s %(module)s %(lineno)d %(message)s'
        },
    },
    'filters': {                             # 对日志进行过滤
        'require_debug_true': {              # django 在 debug 模式下才输出日志
            '()': 'django.utils.log.RequireDebugTrue',
        },
    },
    'handlers': {                            # 日志处理方法
        'console': {                         # 向终端输出日志
            'level': 'INFO',
            'filters': ['require_debug_true'],
            'class': 'logging.StreamHandler',
            'formatter': 'simple'
        },
        'file': {                            # 向文件输出日志
            'level': 'INFO',
            'class': 'logging.handlers.RotatingFileHandler',
            'filename': os.path.join(os.path.dirname(BASE_DIR), 'logs/xiaoyu.log'),      # 日志文件的位置
            'maxBytes': 300 * 1024 * 1024,
            'backupCount': 10,
            'formatter': 'verbose'
        },
    },
    'loggers': {                             # 日志器
        'django': {                          # 定义了一个名为django的日志器
            'handlers': ['console', 'file'], # 可以同时向终端与文件中输出日志
            'propagate': True,               # 是否继续传递日志信息
            'level': 'INFO',                 # 日志器接收的最低日志级别
        },
    }
}
```

3. 测试日志记录器

进入项目的Python命令行测试日志记录器，具体如下：

```
python ./xiaoyu_mall/manage.py shell
>>> import logging
>>> logger = logging.getLogger('django')
>>> logger.debug('测试logging模块debug')
>>> logger.info('测试logging模块info')
```

```
>>> logger.error('测试 logging 模块 error')
测试 logging 模块 error
```

项目日志信息将被存储在logs/xiaoyu.log文件中。

9.4.7 配置前端静态文件

本项目需要用到一些静态文件，如css、images、js等。后续项目实现中侧重后端代码，这里分准备静态文件和指定静态文件加载路径两部分预先为项目配置静态文件，具体操作如下：

1．准备静态文件

本书配套资源提供的静态文件存储在static文件夹中，将该文件夹直接复制到xiaoyu_mall/xiaoyu_mall目录下。此时项目结构如图9-24所示。

2．指定静态文件加载路径

在配置文件dev.py中指定静态文件的加载路径，代码如下：

```
STATIC_URL = '/static/'
# 配置静态 件加载路径
STATICFILES_DIRS = [os.path.join(BASE_DIR,'static')]
```

图9-24　项目结构

以上配置指定了静态文件的请求路径。Django项目接收到请求后根据路由前缀（/static/）判断请求的是否为静态文件，若是则直接在静态文件路径下找文件。

配置完成后重启项目，在浏览器中访问http://127.0.0.1:8000/static/images/adv01.jpg，浏览器呈现的内容如图9-25所示。

图9-25　访问静态文件

呈现图9-25所示页面，方可判定静态文件配置成功。

9.4.8 配置应用目录

考虑到项目涉及多个应用，为保证项目结构清晰，这里在xiaoyu_mall/xiaoyu_mall目录下创建一个包apps，来存放项目的所有应用。此时项目结构如图9-26所示。

在配置文件中导入包sys，使用print()函数打印搜索模块的路径集：

```
import sys
print(sys.path)
```

根据输出结果，可知当前项目的导包路径为"'E:\\xiaoyu_mall'"，那么若要将apps下的应用（假设应用名为users）安装到项目中，需要在dev.py配置项INSTALLED_APPS中添加如下的应用信息：

```
'xiaoyu_mall.apps.users',
```

为了简化应用的安装信息，我们可以将目录apps追加到项目的导包路径中，具体操作为：在配置文件dev.py中定义BASE_DIR变量之后添加追加路径的代码。追加代码后dev.py文件内容如下：

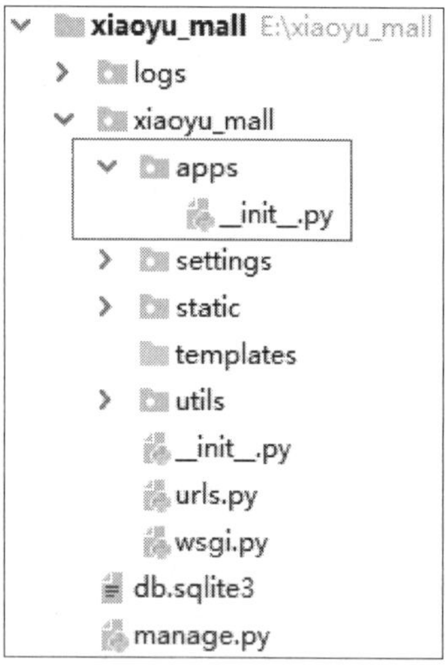

```
import os,sys
# Build paths inside the project like this:
                    os.path.join(BASE_DIR, ...)
BASE_DIR = os.path.dirname(os.path.dirname(os.
                    path.abspath(__file__)))
# 追加导包路径，简化添加子应用名
sys.path.insert(0, os.path.join(BASE_DIR, 'apps'))
...
```

图9-26 项目结构

下面根据9.2节划分的模块在apps中创建应用，以用户模块的应用users为例，创建应用的命令如下：

```
(xiaoyu_mall) E:\xiaoyu_mall\xiaoyu_mall\apps>python ../../manage.py startapp users
```

按照以上命令为下面6个模块分别创建应用：

① 验证模块：verifications。
② 首页广告：contents。
③ 商品模块：goods。
④ 购物车模块：carts。
⑤ 订单模块：orders。
⑥ 支付模块：payment。

应用创建完成后，在INSTALLED_APPS中安装应用，具体如下：

```
INSTALLED_APPS = [
    ...                            # 框架默认的包
    'users',                       # 用户
    'contents',                    # 首页广告
    'verifications',               # 验证码
    'goods',                       # 商品
    'carts',                       # 购物车
    'orders',                      # 订单
    'payment',                     # 支付
]
```

至此，前期准备完成。

小　　结

本章通过示例网站分析了电商平台小鱼商城的需求，归纳了其核心模块，介绍了其项目架构，并准备了开发项目所需的环境。通过本章的学习，读者能够明确小鱼商城项目的需求和模块，了解项目架构，能够熟练准备项目环境。

习　　题

简答题

1. 简单阐述需求分析的重要性。
2. 为什么在开发项目时通常将项目划分为多个模块？
3. 什么是开发环境？什么是生产环境？该如何安排这两种环境？

第 10 章 电商项目
——用户管理与验证

学习目标：

◎ 了解用户注册模块的主要功能。

◎ 熟悉captcha扩展包的使用方式，掌握如何实现图形验证码。

◎ 熟悉容联云通讯平台对接流程，可熟练实现短信验证码。

◎ 掌握多账号登录的实现方法。

◎ 掌握基于Celery的邮箱异步验证。

◎ 掌握收货地址数据的管理逻辑。

小鱼商城是一个B2C（Business to Customer）类型的网站，它向用户展示商品并出售商品。为了保证更好地为每位用户提供服务，小鱼商城提供用户注册功能，用户可使用此功能注册个人的小鱼商城账号，用户注册成功后登录小鱼商城，可在用户中心查看个人信息。本章将先定义用户模型类，再分用户注册、用户登录和用户中心三部分实现小鱼商城的用户模块。

10.1 定义用户模型类

用户在注册页面中按提示输入用户名、密码、确认密码、手机号、图形验证码、短信验证码信息，若输入的数据能通过校验，便可完成注册。用户注册页面如图10-1所示。

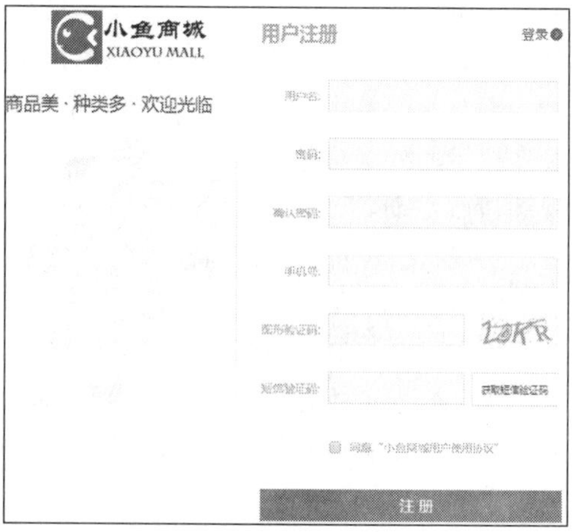

虽然Django提供了用户模型类User，但内置User类不包含手机号字段，因此为了满足存储小鱼商城用户信息的需求，需要自定义用户模型类。

自定义用户模型类可以继承Django内置的抽象用户模型类AbstractUser。AbstractUser模型类中已定义了注册页面中除手机号外需要存储的其他字段，Django内置的用户模型类User也继承了该模型类。

在users应用的models.py文件中自定义用户模型类

图10-1 用户注册页面

User，具体如下：

```python
from django.contrib.auth.models import AbstractUser
class User(AbstractUser):
    """自定义用户模型类"""
    # 手机号
    mobile = models.CharField(max_length=11, unique=True,
                              verbose_name="手机号")
    class Meta:
        db_table = 'tb_users'                      # 数据表名称
        verbose_name = '用户'                       # 详细名称
        verbose_name_plural = verbose_name
    def __str__(self):
        return self.username
```

以上代码自定义的用户模型类User继承了AbstractUser类，新定义了手机号字段mobile，并通过Meta类设置了数据表名称、后台管理系统中该表对应的详细名称及其复数形式。

Django项目默认使用的User类是Django内置的User类，若想使用以上自定义的User类，还需修改全局配置项AUTH_USER_MODEL，使其指向自定义的User类。在dev.py文件配置AUTH_USER_MODEL，具体如下：

```python
# 指定本项目用户模型类
AUTH_USER_MODEL = 'users.User'
```

全局配置项设置完成后，生成迁移文件并执行迁移命令，此时，数据库xiaoyu中会生成User模型对应的表tb_users。

10.2 用户注册

本节将分用户注册逻辑分析、用户注册后端基础需求的实现、用户名与手机号唯一性校验、验证码这几个部分分析和实现用户模块的用户注册功能，下面逐一讲解这些内容。

10.2.1 用户注册逻辑分析

用户在注册页面填写注册信息时，前端会校验用户填写的每一条注册信息，若注册信息为空或不符合规则，相应信息文本框下会呈现错误信息，如图10-2所示。

用户填写完整的注册信息后，单击注册页面中的"注册"按钮，浏览器会向后端发送注册请求，小鱼商城的注册视图接收注册请求，对注册信息进行简单校验，若校验通过，实现状态保持并将注册数据存入数据库；若校验失败，响应错误信息。具体如图10-3所示。

本书配套资源提供的前端文件中已经实现注册功能的前端逻辑，但为了让大家对注册功能的逻辑有全面的认识，下面介绍用户注册部分前端已经实现的需求与后端需要实现的需求。

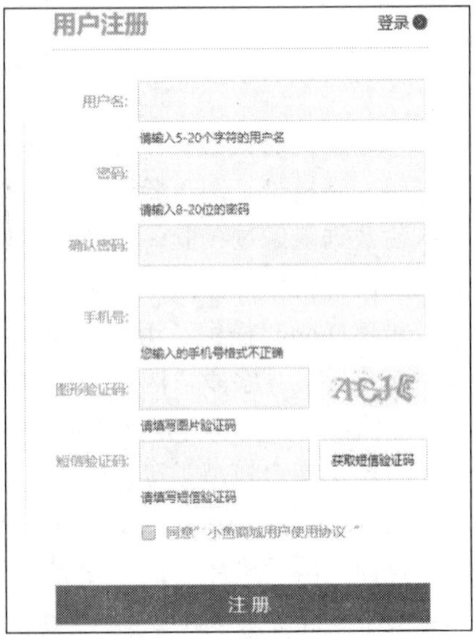

图10-2 用户注册前端逻辑

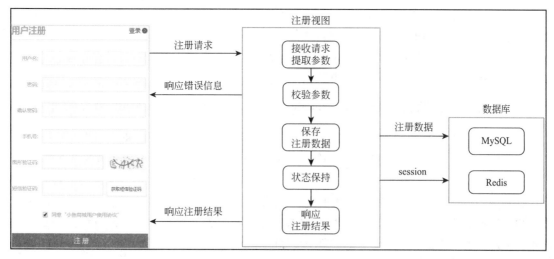

图10-3 用户注册后端逻辑

1. 前端已经实现的需求

小鱼商城前端已实现的用户注册的需求如下：

① 校验用户名：校验用户名是否为由数字、大小写英文字母或下画线组成的5~20个字符；向后端发送校验用户名唯一性的请求。

② 校验密码：校验用户输入的密码是否为由数字、大小写英文字母组成的8~20个字符。

③ 检查确认密码：检查用户两次输入的密码是否一致。

④ 校验手机号：校验用户输入的手机号码；向后端发送校验手机号码唯一性的请求。

⑤ 生成图形验证码：用于生成注册页面的4位图形验证码。

⑥ 检查图形验证码：检查用户输入的图形验证码是否为4位。

⑦ 检查短信验证码：检查用户输入的短信验证码是否为6位。

⑧ 检查是否勾选协议：检查用户是否勾选小鱼商城用户注册协议。

⑨ 发送短信验证码：借助第三方的容联云通讯短信平台实现发送验证码功能。

⑩ 提交表单：向后端提交用户填写的注册数据。

2. 后端需要实现的需求

虽然前端已对小鱼商城的注册数据进行了校验，但为了防止恶意用户绕过前端校验进行非法注册，后端仍需要对注册数据进行简单校验，具体包括：

① 数据完整性校验。

② 用户名、密码、手机号的格式校验。

③ 是否勾选用户协议。

此外后端还需实现以下需求：

① 用户名与手机号唯一性校验：前端发送用户名与手机号重复校验的请求，后端需要接收请求，校验用户名与手机号是否唯一，并返回校验结果。

② 校验短信验证码：前端只验证了用户输入的短信验证码长度，因此后端需对短信验证码的正确性进行校验。

③ 保存注册数据：将注册数据存储到数据库。

④ 生成验证码：小鱼商城的验证码分为图形验证码和短信验证码，本书配套资源提供的前端文件已定义了生成验证码的接口，后端需实现生成验证码的功能。

由于用户名与手机号唯一性校验和生成验证码这两项功能较为复杂，后面的内容先实现用户注册后端的基础需求，再单独实现这两项功能。

10.2.2 用户注册后端基础需求的实现

用户发起注册请求后，小鱼商城调用后端定义的接口呈现注册页面，提供用户注册功能。下面分设计接口、定义接口、配置URL、渲染模板4个部分来实现用户注册的后端需求。

1. 设计接口

在设计用户注册接口时需明确请求方法、请求地址、请求参数以及响应结果。其中请求地址指用户在浏览器输入的URL；请求方法指浏览器在向小鱼商城服务器发送请求或提交资源时使用的不同方法，如用户访问注册页面，浏览器发送GET请求，小鱼商城后端使用get()方法处理该请求；请求参数指发送请求过程携带的参数；响应结果指服务器接收请求后返回的处理结果。小鱼商城设计接口具体如下：

（1）请求方式

用户使用浏览器发送GET请求获取注册页面，发送POST请求提交注册数据。

（2）请求地址

设计注册页面的请求地址为/register/，该地址用于请求register.html页面。

（3）请求参数

后端需要对用户填写的用户名、密码、确认密码、验证码数据进行校验，因此需要将这些表单数据作为请求参数传递到后端。

需要注意的是，用户只有输入正确的图形验证码才可以获取短信验证码，图形验证码的校验应在发送短信之前完成，而发送短信功能由前端实现，因此后端不需要校验图形验证码。注册表单中的参数如表10-1所示。

表10-1 注册表单中的参数

参 数 名	类 型	是否必传	说 明
username	str	是	用户名
password	str	是	密码
password2	str	是	确认密码
mobile	str	是	手机号
sms_code	str	是	短信验证码
allow	str	是	是否同意用户协议

（4）响应结果

若注册失败则返回错误提示，若注册成功则重定向到首页。

2. 定义接口

在users应用的views.py文件中定义处理用户注册请求的视图类RegisterView，在该视图中处理用户在使用注册功能时发起的GET请求与POST请求。

（1）处理GET请求

小鱼商城后端接收到用户通过浏览器发送来的GET请求后，调用RegisterView类的get()方法处

理GET请求。代码如下:

```python
from django.views import View
import logging
logger = logging.getLogger('django')
from django.shortcuts import render
class RegisterView(View):
    def get(self, request):
        """ 提供用户注册页面 """
        return render(request, 'register.html')
```

当用户向后端发送GET请求时,类视图RegisterView调用get()方法处理GET请求,并返回register.html页面。

(2) 处理POST请求

注册数据通过前端校验后,用户单击"注册"按钮,浏览器会向后端发送POST请求,Django接收到注册页面发送来的POST请求,调用RegisterView类中的post()方法处理该请求。具体代码如下:

```python
class RegisterView(View):
    def post(self, request):
        ...
```

前端已经实现了对数据的校验,但是为了防止恶意用户绕过前端注册页面直接向注册视图发送注册请求,保护服务器安全,post()方法中仍需对数据进行校验;由于对验证码的校验相对复杂,所以当前只接收除验证码之外的参数(验证码相关部分将在10.2.4节详细讲解)。

post()方法中对POST请求的处理可以分为4步:接收请求参数、校验请求参数、保存注册数据、返回注册结果。在代码中处理POST请求,具体如下:

```python
import re
from django.db import DatabaseError
from .models import User
from django.shortcuts import redirect
from django.urls import reverse
from django.http import HttpResponseForbidden
class RegisterView(View):
    def post(self, request):
        # 1.接收请求参数
        username = request.POST.get('username')
        password = request.POST.get('password')
        password2 = request.POST.get('password2')
        mobile = request.POST.get('mobile')
        allow = request.POST.get('allow')
        # 2.校验请求参数
        # 判断参数是否齐全
        if not all([username, password, password2, mobile, allow]):
            return HttpResponseForbidden('缺少必传参数')
        # 判断用户名是否是5-20个字符
        if not re.match(r'^[a-zA-Z0-9_-]{5,20}$', username):
            return HttpResponseForbidden('请输入5-20个字符的用户名')
        # 判断密码是否是8-20个数字
        if not re.match(r'^[0-9A-Za-z]{8,20}$', password):
            return HttpResponseForbidden('请输入8-20位的密码')
        # 判断两次密码是否一致
        if password != password2:
```

```
            return HttpResponseForbidden('两次输入的密码不一致')
    # 判断手机号是否合法
    if not re.match(r'^1[3-9]\d{9}$', mobile):
        return HttpResponseForbidden('请输入正确的手机号码')
    # 判断是否勾选用户协议
    if allow != 'on':
        return HttpResponseForbidden('请勾选用户协议')
    # 3.保存注册数据
    try:
        User.objects.create_user(username=username,
                                 password=password, mobile=mobile)
    except DatabaseError:
    # 4.返回注册结果
        return render(request, 'register.html',
                      {'register_errmsg': '注册失败'})
    return redirect(reverse('contents:index'))
```

3. 配置URL

在小鱼商城项目的urls.py文件中配置users应用的路由，具体如下：

```
from django.contrib import admin
from django.urls import path, include
urlpatterns = [
    path('', include('users.urls', namespace='users')),
]
```

在users应用中新建urls.py文件，配置子路由并定义命名空间，具体如下：

```
from django.urls import path, re_path
from . import views
# 设置应用程序命名空间
app_name = 'users'
urlpatterns = [
    # 用户注册
    path('register/', views.RegisterView.as_view(), name='register'),
]
```

注册功能的入口在首页的工具栏，我们在contents应用的views.py文件中定义呈现首页的视图类IndexView，代码如下：

```
from django.shortcuts import render
from django.views import View
class IndexView(View):
    """首页广告"""
    def get(self, request):
        """提供首页广告页面"""
        return render(request, 'index.html')
```

在根urls.py中配置contents的总路由并指定命名空间，代码如下：

```
...
    path('', include('contents.urls', namespace='contents')),
...
```

在contents应用中新建urls.py文件，在其中配置子路由并定义命名空间，代码如下：

```
from django.urls import path
from . import views
# 设置应用程序命名空间
```

```
app_name = 'contents'
urlpatterns = [
    path("", views.IndexView.as_view(), name='index')
]
```

4. 渲染模板

如果用户注册失败，需要在register.html页面上渲染出注册失败的提示信息，具体代码如下：

```
<span class="error_tip" v-show="error_allow">请勾选用户协议</span>
{% if  register_errmsg %}
    <span class="error_tip"> {{ register_errmsg }}</span>
{% endif %}
```

在index.html代码中设置注册页面的入口链接，代码如下：

```
<div v-else class="login_btn fl">
    ...
    <a href="{{ url('users:register') }}">注册</a>
</div>
```

至此，小鱼商城的注册功能完成。启动项目，访问小鱼商城首页，单击首页右上角的"注册"按钮，便可进入注册页面注册用户。

10.2.3 用户名与手机号唯一性校验

小鱼商城使用用户名或手机号作为用户的唯一标识，因此需要对用户名与手机号进行校验，判断它们是否唯一。接下来分别分析和实现用户名和手机号的唯一性校验。

1. 用户名唯一性校验

用户输入的用户名通过前端的正则校验后，前端会向后端发送查询请求，后端在数据库中查询当前用户名并统计其在数据库中的数量。若数据库中当前用户名的数量为0，说明用户名不存在；若数量为1，说明用户名已存在，此时在前端渲染提示信息。以上校验流程如图10-4所示。

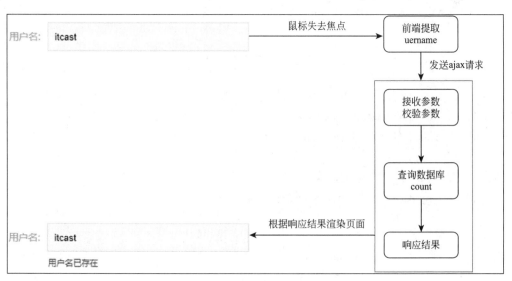

图10-4　用户名唯一性校验流程

下面分定义接口、定义响应结果、后端逻辑实现、配置URL、前端逻辑实现这5部分实现用户名唯一性校验功能。

（1）定义接口

重复注册接口是对输入的用户名数量进行查询，请求方式为GET请求。查询用户名数量时需要将被查询的用户名作为路由参数传递到后端视图。重复注册接口设计如表10-2所示。

表10-2 重复注册接口设计

选 项	方 案
请求方式	GET
请求地址	/usernames/(?P<username>[a-zA-Z0-9_-]{5,20})/count/

（2）定义响应结果

后端需要向前端返回代表查询结果的状态码、错误信息、用户名个数，因为前端规定使用JSON格式响应数据，所以后端需要返回JSON格式的响应结果。定义响应结果JSON数据的键，如表10-3所示。

表10-3 JSON 格式的响应结果

响 应 结 果	响 应 内 容
code	状态码
errmsg	错误信息
count	记录该用户名的个数

（3）后端逻辑实现

检测用户是否重复注册的逻辑为：提取路由中的用户名，在数据库中查询该用户名对应的记录条数，响应查询结果。具体代码如下：

```python
from django.http import JsonResponse
from xiaoyu_mall.utils.response_code import RETCODE
class UsernameCountView(View):
    """ 判断用户名是否重复注册 """
    def get(self, request, username):
        count = User.objects.filter(username=username).count()
        return JsonResponse({'code': RETCODE.OK, 'errmsg': 'OK', 'count': count})
```

为了方便确认程序出错的原因，小鱼商城项目中自定义了状态码与错误提示，这些状态存储在本书配套资源提供的response_code.py文件中，由于整个项目都使用这个文件中的错误提示与状态码，我们需要将该文件复制到xiaoyu_mall/xiaoyu_mall/utils下。

（4）配置URL

在users应用的urls.py文件中定义检测用户名是否重复注册的路由，具体如下：

```python
re_path('usernames/(?P<username>[a-zA-Z0-9_-]{5,20})/count/',
                            views.UsernameCountView.as_view()),
```

（5）前端逻辑实现

在register.js的check_username()方法中通过axios发送检测用户名是否重复注册的AJAX请求，具体代码如下：

```javascript
check_username(){
    let re = /^[a-zA-Z0-9_-]{5,20}$/;
```

```
        if(re.test(this.username)) {
           this.error_name = false;
        } else {
           this.error_name_message = '请输入5-20个字符的用户名';
           this.error_name = true;
        }
        // 检查用户名是否重名注册
        if(this.error_name == false) {
           let url = '/usernames/' + this.username + '/count/';
           axios.get(url,{
               responseType: 'json'   // 响应类型为JSON
           })
               .then(response => {
                   if(response.data.count == 1) {
                       this.error_name_message = '用户名已存在';
                       this.error_name = true;
                   } else {
                       this.error_name = false;
                   }
               })
               .catch(error => {
                   console.log(error.response);
               })
        }
    },
```

以上代码首先判断用户名是否与正则表达式匹配，若匹配则拼接携带当前用户名的请求地址，使用axios的get()方法向该地址发起请求；然后通过回调函数then()与catch()接收后端响应的数据，若响应的数据中count值为1表示用户已存在。

2．手机号唯一性校验

小鱼商城校验手机号唯一性的业务逻辑和实现步骤与检测重复用户名的完全相同，此处不再赘述，下面设计手机号唯一性校验的接口、响应结果，并实现后端逻辑和前端逻辑。

（1）设计接口

定义检测手机号重复注册的接口，具体如表10-4所示。

表10-4 手机号重复注册接口设计

选　项	方　案
请求方式	GET
请求地址	/mobiles/(?P<mobile>1[3-9]\d{9})/count/

（2）响应结果

定义响应结果内容，具体如表10-5所示。

表10-5 JSON格式响应结果

响应结果	响应内容
code	状态码
errmsg	错误信息
count	记录该手机号的个数

(3) 后端逻辑实现

在users应用的views.py文件中定义用于处理手机号重复注册的MobileCountView视图，具体代码如下：

```python
class MobileCountView(View):
    def get(self, request, mobile):
        count = User.objects.filter(mobile=mobile).count()
        return JsonResponse({'code': RETCODE.OK, 'errmsg': 'OK',
                             "count": count})
```

MobileCountView视图的get()方法实现了手机号重复的检测，为了调用该功能，我们还需要在users应用的urls.py文件中配置检测手机号重复的路由。

```python
re_path(r'mobiles/(?P<mobile>1[3-9]\d{9})/count/',
                                views.MobileCountView.as_view()),
```

(4) 前端逻辑实现

在register.js文件中的check_mobile()方法中通过axios发送检测手机号是否重复注册的AJAX请求，具体代码如下：

```javascript
check_mobile(){
    let re = /^1[3-9]\d{9}$/;
    if(re.test(this.mobile)) {
        this.error_mobile = false;
    } else {
        this.error_mobile_message = '您输入的手机号格式不正确';
        this.error_mobile = true;
    }
    // 检查手机号是否重复注册
    if(this.error_mobile == false) {
        let url = '/mobiles/'+ this.mobile + '/count/';
        axios.get(url, {
            responseType: 'json'
        })
            .then(response => {
                if(response.data.count == 1) {
                    this.error_mobile_message = '手机号已存在';
                    this.error_mobile = true;
                } else {
                    this.error_mobile = false;
                }
            })
            .catch(error => {
                console.log(error.response);
            })
    }
},
```

10.2.4 验证码

验证码可以防止用户恶意注册，小鱼商城用户注册功能中包含图形验证码与短信验证码获取。本节分别介绍和实现如何生成图形验证码和短信验证码。

1. 图形验证码

小鱼商城借助拓展包captcha生成图形验证码，下面首先导入captcha包，然后分析图形验证码的实现逻辑，之后在逻辑分析的基础上依次设计接口、配置扩展包captcha、说明前端逻辑、实现后端逻辑和配置URL。

（1）导入图形验证码扩展包captcha

captcha扩展包是使用Python编写的用于生成图形验证码的扩展包，完全兼容Django框架。在小鱼商城中使用captcha包前需先将其导入项目；在verifications应用中创建用于生成验证码的库文件夹libs，然后将本书配套资源提供的captcha扩展包复制到libs目录下。captcha扩展包包含生成图形验证码的具体实现方法和图形验证码所使用的字体，注意该扩展包使用了Python的PIL模块，Django环境中需要安装相应的图片处理库Pillow。

（2）逻辑分析

注册页面加载完毕或用户单击图形验证码时会生成新的图形验证码，其本质为前端向后端发送获取图形验证码的请求，后端接收到前端发送的请求后生成图形验证码，将生成的图形验证码响应到注册页面。图形验证码的实现逻辑具体如图10-5所示。

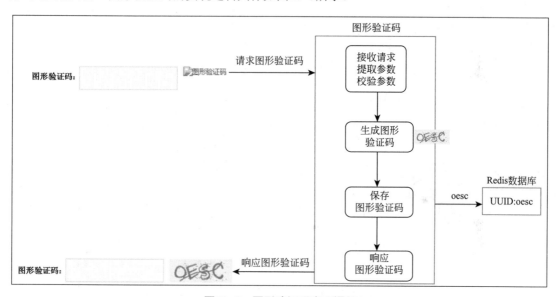

图10-5　图形验证码实现逻辑

（3）设计接口

注册页面需要向后端请求图形验证码，请求方式为GET请求；为了验证用户输入的图形验证码的正确性，需要将生成的图形验证码存储到数据库中，考虑到图形验证码数据量较小，短信发送后便可将其丢弃，因此可将图形验证码的文字信息保存到Redis数据库；为方便取出图形验证码的文字信息，存储该信息时需要为其设置唯一标识，小鱼商城选用UUID作为唯一标识，因此请求地址中需要携带UUID。图形验证码的接口设计如表10-6所示。

表10-6　图形验证码的接口设计

选　　项	方　　案
请求方式	GET
请求地址	/image_codes/(?P<uuid>[\w-]+)/

在xiaoyu_mall/dev.py中配置使用Redis的2号库存储图形验证码，具体如下：

```
"verify_code": {    # 保存验证码
        "BACKEND": "django_redis.cache.RedisCache",
        "LOCATION": "redis://127.0.0.1:6379/2",    # 选择redis2号库
        "OPTIONS": {
            "CLIENT_CLASS": "django_redis.client.DefaultClient",
        }
},
```

（4）配置文件

为了便于后期对图形验证码有效期进行修改，我们在verifications应用中创建constants.py文件，在该文件中定义用于设置图形验证码有效期、短信验证码有效期的变量，具体如下：

```
# 图形验证码有效期，单位：秒
IMAGE_CODE_REDIS_EXPIRES = 300
# 短信验证码有效期，单位：秒
SMS_CODE_REDIS_EXPIRES = 300
# 短信模板
SEND_SMS_TEMPLATE_ID = 1
# 60s 内是否重复发送的标记
SEND_SMS_CODE_INTERVAL = 60
```

（5）前端逻辑说明

前端的register.js文件中需要定义生成图形验证码的generate_image_code()方法，该方法中需生成请求地址和UUID，其中UUID的生成方法已封装在common.js文件中，generate_image_code()方法可直接调用生成UUID的方法获取UUID；请求地址需在代码中通过拼接获取，具体如下：

```
methods: {
    // 生成图形验证码
    generate_image_code(){
        // 生成 UUID。generateUUID() ：封装在 common.js 文件中，需要提前引入
        this.uuid = generateUUID();
        // 拼接图形验证码请求地址
        this.image_code_url = "/image_codes/" + this.uuid + "/";
    },
```

图形验证码应在注册页面渲染完成后显示，因此需要在Vue中的mounted()（该方法中的代码会在页面渲染完毕时执行）中调用generate_image_code()方法，具体如下：

```
mounted(){
    // 界面获取图形验证码
    this.generate_image_code();
},
```

注册页面会在鼠标失去焦点后对用户输入的信息进行校验，如果校验成功，没有任何提示，如果校验失败，注册页面中图形验证码的输入框下会显示"请填写图片验证码"。register.html页面中图形验证码的input标签中绑定了鼠标失去焦点事件与消息提示变量，具体如下：

```
<li>
    <label>图形验证码:</label>
    <input type="text" v-model="image_code" @blur="check_image_code"
        name="image_code" id="pic_code" class="msg_input">
    <img :src="image_code_url" @click="generate_image_code" alt="图形验证码"
        class="pic_code">
    <span class="error_tip"
    v-show="error_image_code">[[ error_image_code_message ]]</span>
```

```
</li>
```

register.js文件的methods下定义了校验图形验证码的check_image_code()方法，具体如下：

```
check_image_code(){
        if(this.image_code.length != 4) {
            this.error_image_code_message = '请填写图片验证码';
            this.error_image_code = true;
        } else {
            this.error_image_code = false;
        }
},
```

（6）后端逻辑实现

图形验证码包含文本信息和图片信息两部分，文本信息指验证码的文本内容；图片信息指用于展示验证码文本内容的图片。

后端需要实现生成图形验证码的功能，在verifications应用的views.py文件中创建用于处理图形验证码的类视图ImageCodeView，在类视图ImageCodeView的get()方法中调用captcha扩展包中的generate_captcha()函数生成图形验证码的文本信息和图片，再利用前端生成的UUID作为图形验证码文本信息的键值，在Redis中存储图形验证码。将生成的图形验证码响应给前端，具体代码如下：

```
from django.views import View
from .libs.captcha.captcha import captcha
from django_redis import get_redis_connection
from . import constants
from django.http import HttpResponse
import logging
# 日志记录器
logger = logging.getLogger('django')
class ImageCodeView(View):
    def get(self, request, uuid):
        text, image = captcha.generate_captcha()         # 生成图形验证码
        redis_conn = get_redis_connection('verify_code') # 保存图形验证码
        # setex用于将图形验证码保存到redis数据中，并设置图形验证码的有效期
        redis_conn.setex('img_%s' % uuid,
                        constants.IMAGE_CODE_REDIS_EXPIRES, text)
        # 响应图形验证码
        return HttpResponse(image, content_type='image/jpg')
```

图形验证码包含文本信息和图片信息两部分，以上代码调用captcha的generate_captcha()函数生成了图形验证码，并将图形验证码的文本信息存储到了Redis中，以便后续验证；将图形验证码的图片信息放在响应信息中返回，以便后续在注册页面中渲染图形验证码。

（7）配置URL

为了能够接收前端发送的请求，需要添加图形验证码的请求路由。首先在xiaoyu_mall的urls.py文件中追加访问验证码模块的路由，具体如下：

```
path('', include('verifications.urls')),
```

然后在verifications应用中新建urls.py文件，并在该文件添加生成图形验证码的路由，具体如下：

```
from django.urls import path,re_path
from . import views
```

```
urlpatterns = [
    # 图形验证码
    path('image_codes/<uuid:uuid>/', views.ImageCodeView.as_view()),
]
```

至此，图形验证码功能完成。

2．短信验证码

用户输入的手机号码、图形验证码均通过校验后，单击"获取短信验证码"按钮，该按钮会以倒计时形式展示，具体如图10-6所示。

图10-6　获取短信验证码

Django框架未提供发送短信验证码的功能，小鱼商城借助第三方通信平台——容联云通讯来实现这一功能。下面先分析短信验证码的逻辑，介绍如何借助容联云通讯发送短信，再分封装发送短信单例类、短信验证码接口设计与定义、避免频繁发送短信验证码、配置URL这些部分介绍如何使用容联云通讯对接小鱼商城项目。

（1）短信验证码逻辑

在发送短信之前，首先需要从Redis数据库中提取当前注册用户存储的图形验证码到内存中，然后删除Redis数据中存储的图形验证码。这一操作的目的是防止恶意用户频繁验证图形验证码。若提取的图形验证码与注册用户输入的图形验证码相同，则生成短信验证码并将生成的短信验证码保存到Redis数据库中，再发送短信验证码。

短信验证码逻辑如图10-7所示。

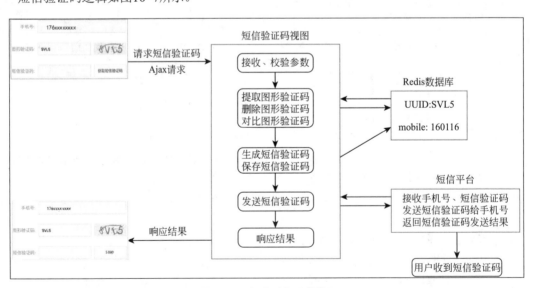

图10-7　短信验证码逻辑

（2）容联云通讯平台用法介绍

注册并登录容联云通讯短信平台（https://www.yuntongxun.com/），在"管理-应用管理"中创建应用,在应用名称中填写"xiaoyu_mall",在"使用功能"中勾选"短信验证码"复选框,如图10-8所示。

图10-8 创建应用

在应用管理页中的应用列表中,创建"xiaoyu_mall"应用并申请上线,如图10-9(a)所示。在申请上线过程中若未完成资质认证,会提示资质认证,如图10-9(b)所示。

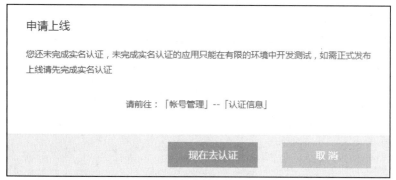

(a)应用列表

(b)申请上线

图10-9 申请上线

单击图10-9(b)中的"现在去认证"按钮,页面跳转到"账号-认证信息"页面中,在该页面如实填写认证信息完成认证,如图10-10所示。

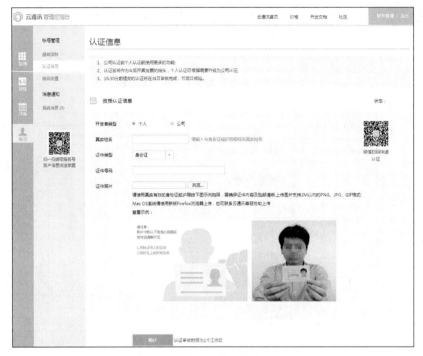

图10-10　认证信息

认证完成后，在应用列表中再次申请应用上线，应用上线成功，如图10-11所示。

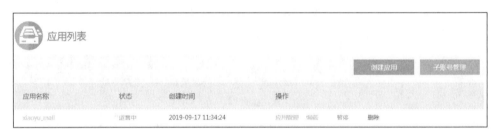

图10-11　应用上线

此时可在控制台首页查看开发者主账号信息，如图10-12所示。

图10-12　开发者主账号信息

图10-12中的ACCOUNT SID表示账号的唯一标识；AUTH TOKEN表示授权口令在申请开发者

账号时默认分配；Rest URL表示对接容联云通讯平台的请求地址；AppID表示应用对应的ID。

容联云通讯平台支持短信验证码模板样式的选择，当充值金额达到300元时，可以选择短信模板样式；默认情况下使用测试环境中的短信模板，这两种短信模板如图10-13所示。

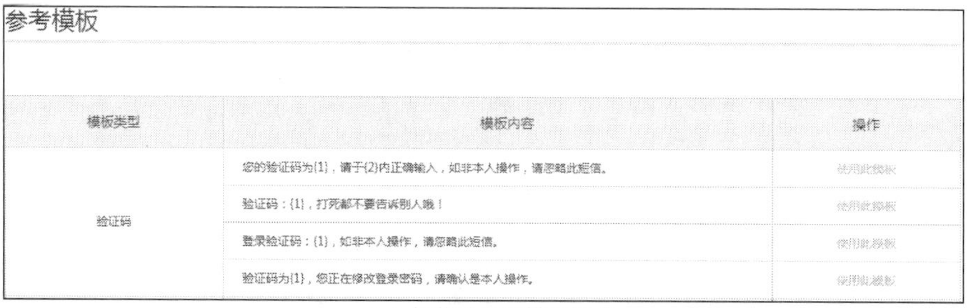

（a）短信验证码模板样式

（b）测试环境模板样式

图10-13　短信模板

小鱼商城开发过程中使用容联云通讯沙盒环境，因此需要在容联云通讯中绑定用于接收项目测试过程中发送的短信验证码的测试号码，如图10-14所示。

图10-14　绑定测试号码

（3）配置容联云通讯

容联云通讯提供了SDK工具包，本书配套资源提供了从SDK中抽取的项目所需的文件保存在包"yuntongxun"中，并将包中的"SendTemplateSMS.py"重命名为了"ccp_sms.py"。

将包"yuntongxun"复制到verifications应用的libs文件夹下，此时verifications应用的目录结构如图10-15所示。

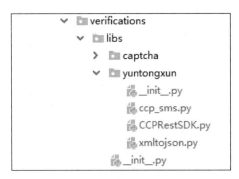

图10-15　verification应用目录结构

图10-15中的CCPRestSDK.py是由容联云通讯开发者编写的官方SDK文件，其中定义了发送模板短信的方法；ccp_sms.py文件是具体功能实现文件，其中定义了调用发送模板短信的方法；xmltojson.py是格式转换文件，用于将XML格式转换为JSON格式。

在ccp_sms.py中根据自己容联云通讯的开发者主账号信息（见图10-12）配置ACCOUNT SID、AUTH TOKEN和APPID，示例如下：

```
_accountSid = '8aaf07086006f38b01600d366a15021f'
_accountToken = 'eea34885b55c4b3d9f923582f33ba992'
_appId = '8a216da86d05dc0b016d3d491bec1e1b'
```

（4）封装发送短信单例类

在原有的SDK中，每次发送短信验证码都会调用ccp_sms.py中的sendTemplateSMS()函数并创建一个rest对象，若同一时间发送多个短信验证码，sendTemplateSMS()函数就需要创建多个rest对象。创建多个rest对象意味着需要在内存中开辟多个空间存储相同的rest对象，为了节省内存空间，我们可以使用单例模式创建rest对象。

在ccp_sms.py文件中封装send_template_sms()函数，实现基于单例模式的短信发送功能，具体如下：

```python
class CCP(object):
    """ 发送短信的单例类 """
    def __new__(cls, *args, **kwargs):
        # 判断是否存在类属性_instance, _instance是类CCP的唯一对象，即单例
        if not hasattr(CCP, "_instance"):
            cls._instance = super(CCP, cls).__new__(cls, *args, **kwargs)
            cls._instance.rest = REST(_serverIP, _serverPort, _softVersion)
            cls._instance.rest.setAccount(_accountSid, _accountToken)
            cls._instance.rest.setAppId(_appId)
        return cls._instance
    def send_template_sms(self, to, datas, temp_id):
        """
        发送模板短信单例方法
        :param to: 注册手机号
        :param datas: 模板短信内容数据，格式为列表，例如：['123456', 5]。
                    如不需替换请填 ''
        :param temp_id: 模板编号，默认免费提供id为1的模板
        :return: 发短信结果
```

```
        """
        result = self.rest.sendTemplateSMS(to, datas, temp_id)
        if result.get("statusCode") == "000000":
            return 0   # 返回0,表示发送短信成功
        else:
            return -1  # 返回-1,表示发送失败
```

以上代码创建了发送短信的单例类CCP,保证只在内存空间中创建一个rest对象;在单例类CPP中定义了单例方法send_template_sms(),该方法中通过调用rest对象的sendTemplateSMS()方法实现发送短信验证码的功能。

(5) 短信验证码接口设计

用户只是向后端索取短信验证码,请求方式为GET,在请求地址中还需包含路径参数mobile,用于标明接收短信验证码的手机号码。短信接口设计具体如表10-7所示。

表 10-7 短信接口设计

选 项	方 案
请求方式	GET
请求地址	/sms_codes/(?P<mobile>1[3-9]\d{9})/

发送短信验证码请求时除了需要传递手机号码外,还需要传递图形验证码、UUID等参数,短信验证码请求参数类型及说明如表10-8所示。

表 10-8 短信验证码请求参数

参 数 名	类 型	是否必传	说 明
mobile	str	是	手机号
image_code	str	是	图形验证码
uuid	str	是	唯一编号

因为在前端中规定响应格式为JSON,所以需要将响应结果以JSON格式返回,短信验证码需要返回的字段如表10-9所示。

表 10-9 短信验证码需要返回的字段

字 段	说 明
code	状态码
errmsg	响应信息

(6) 短信验证码接口定义

在verifications应用的views.py文件定义SMSCodeView类视图,该视图的get()方法首先需接收前端发送的短信验证码请求参数并进行校验,然后需校验图形验证码,若校验失败返回错误信息;若校验成功则将生成的短信验证码保存在Redis数据库中,同时删除存储在Redis中的图形验证码,最后调用发送短信验证码功能,将响应结果返回到前端。views.py文件中实现短信验证码代码如下:

```
# SMSCodeView 类需要导入的模块
from verifications.libs.yuntongxun.ccp_sms import CCP
from django.http import JsonResponse
from xiaoyu_mall.utils.response_code import RETCODE
import random
```

```python
class SMSCodeView(View):
    """短信验证码"""
    def get(self, reqeust, mobile):
        # 接收参数
        image_code_client = reqeust.GET.get('image_code')
        uuid = reqeust.GET.get('uuid')
        # 校验参数
        if not all([image_code_client, uuid]):
            return JsonResponse({'code': RETCODE.NECESSARYPARAMERR, 'errmsg':
                                 '缺少必传参数'})
        # 创建连接到redis的对象
        redis_conn = get_redis_connection('verify_code')
        # 提取图形验证码
        image_code_server = redis_conn.get('img_%s' % uuid)
        if image_code_server is None:
            # 图形验证码过期或者不存在
            return JsonResponse({'code': RETCODE.IMAGECODEERR, 'errmsg':
                                 '图形验证码失效'})
        # 删除图形验证码,避免恶意测试图形验证码
        redis_conn.delete('img_%s' % uuid)
        # 对比图形验证码
        image_code_server = image_code_server.decode()  # bytes转字符串
        if image_code_client.lower() != image_code_server.lower():
            return JsonResponse({'code': RETCODE.IMAGECODEERR, 'errmsg':
                                 '输入图形验证码有误'})
        # 生成短信验证码:生成6位数验证码
        sms_code = '%06d' % random.randint(0, 999999)
        logger.info(sms_code)
        # 保存短信验证码
        redis_conn.setex('sms_%s' % mobile,
                         constants.SMS_CODE_REDIS_EXPIRES, sms_code)
        # 发送短信验证码
        CCP().send_template_sms(mobile,[sms_code,
            constants.SMS_CODE_REDIS_EXPIRES // 60],
            constants.SEND_SMS_TEMPLATE_ID)
        # 响应结果
        return JsonResponse({'code': RETCODE.OK, 'errmsg': '发送短信成功'})
```

以上代码需存取Redis中的数据。发送短信验证码功能中发送两次请求得到两次响应,如果Redis服务端需要同时处理多个请求,那么可能会因网络延迟,导致服务端效率降低,为提高Redis使用效率,可使用pipeline异步发送短信,以降低延迟时间。在verifications应用views.py文件的SMSCodeView视图中使用pipeline保存与发送短信验证码,修改后的代码如下:

```python
class SMSCodeView(View):
    """短信验证码"""
    def get(self, request, mobile):
        ...
        logger.info(sms_code)
        pl = redis_conn.pipeline() # 创建redis管道
        # 保存短信验证码
        pl.setex('sms_%s' % mobile,
                 constants.SMS_CODE_REDIS_EXPIRES, sms_code)
        pl.execute() # 执行
        # 发送短信验证码
        CCP().send_template_sms(mobile,
```

```
                  [sms_code,constants.SMS_CODE_REDIS_EXPIRES // 60],
                  constants.SEND_SMS_TEMPLATE_ID)
        return JsonResponse({'code': RETCODE.OK, 'errmsg': '发送短信成功'})
```

（7）避免频繁发送短信验证码

前端页面中设置了60 s倒计时功能，注册功能60 s内只能获取一次短信验证码。为避免恶意用户绕过前端页面向后端频繁请求短信验证码，在后端也要限制用户请求短信验证码的频率。

Redis数据库可以为字符串设置有效时间，我们可以在Redis数据库中指定一个键为"send_flag_mobile"值为"1"的数据，记录短信验证码发送时间是否超过规定时间，若超过规定时间则删除该值。

在小鱼商城中我们需将键"send_flag_mobile"存储的有效时间设置为60 s，若用户在60 s内再次发送请求则向前端响应"发送短信过于频繁"，若Redis数据中键"send_flag_mobile"所对应的值不存在，表示请求短信频率正常，正常调用发送短息验证码功能，同时向Redis数据库中重新写入"send_flag_mobile"对应的值。限制频繁发送短信验证码逻辑如图10-16所示。

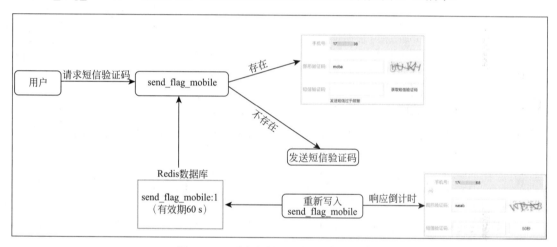

图10-16　避免频繁发送短信验证码逻辑

根据以上分析，在SMSCodeView视图中补充限制频繁发送短信验证码的代码，具体如下：

```
class SMSCodeView(View):
    def get(self, request, mobile):
        redis_conn = get_redis_connection('verify_code')
        # 60 s避免频繁请求短信验证码
        send_flag = redis_conn.get('send_flag_%s' % mobile)
        if send_flag:
            return JsonResponse({'code': RETCODE.THROTTLINGERR,
                                 'errmsg': '发送短信过于频繁'})
        image_code_client = request.GET.get('image_code')
        ...
```

在Redis数据库中重新写入标记，并设置时间，示例如下：

```
# 保存短信验证码
pl.setex('sms_%s' % mobile, constants.SMS_CODE_REDIS_EXPIRES, sms_code)
# 重新写入send_flag
pl.setex('send_flag_%s' % mobile, constants.SEND_SMS_CODE_INTERVAL, 1)
```

后端设置限制时间时使用constants.py文件中定义的变量SEND_SMS_CODE_INTERVAL的数

值,这里的"1"表示设置的标记,可设置任何值。

(8)配置URL

在verifications应用的urls.py文件中追加用于处理短信验证码的路由,具体如下:

```
re_path('sms_codes/(?P<mobile>1[3-9]\d{9})/',views.SMSCodeView.as_view())
```

发送短信验证码业务实现后,需要在users应用RegisterView视图的post()方法中补充短信验证码校验,具体如下:

```
if not all([username, password, password2, mobile, sms_code_client, allow]):
...
# 判断短信验证码是否输入正确
redis_conn = get_redis_connection("verify_code")
sms_code_server = redis_conn.get('sms_%s' % mobile)
if sms_code_server is None:
    return render(request, 'register.html',
                  {"sms_code_errmsg": "短信验证码已失效"})
if sms_code_client != sms_code_server.decode():
    return render(request, 'register.html',
                  {"sms_code_errmsg": "输入短信验证码有误"})
```

至此,用户注册模块包含的功能均已实现。此时启动服务器,就可在小鱼商城的注册页中注册用户。

多学一招:Vue.js的使用

Vue.js的核心是一个允许采用简洁的模板语法来声明式地将数据渲染进DOM的系统,其形式如下:

```
<div id="app">
  {{ message }}
</div>
```

Vue默认使用Mustache模板引擎,即使用双大括号绑定数据。数据绑定后在js文件的Vue实例中为被绑定的数据赋值。示例如下:

```
let app = new Vue({
    el: '#app',
    data: {
        message: 'Hello Vue!'
    }
})
```

以上示例通过new Vue()创建一个Vue实例;通过el指定一个页面上已存在的DOM元素作为Vue实例的挂载目标;通过data指定Vue实例使用的变量。

在注册页的HTML页面中接收用户填写的注册信息,通过Vue.js的双向绑定将用户填写的注册信息传递到js文件中,在js文件中定义相应的方法对注册数据使用正则表达式进行校验,如果校验未通过则在HTML页面显示错误提示,否则不显示任何提示信息。

使用Vue.js校验注册数据可分为5步:模板中引入Vue.js;通过id选择器定义Vue挂载目标;进行数据双向绑定;创建Vue实例;在js文件中定义校验注册数据的方法。具体如下:

1. 引入Vue.js

为了确保在HTML页面中能够使用Vue,在login.html页面中的head标签中使用script标签引入Vue.js,具体如下:

```
<head>
    <meta http-equiv="Content-Type" content="text/html;charset=UTF-8">
    <title>小鱼商城-登录</title>
...
    <script type="text/javascript" src="{{ static('js/vue-2.5.16.js') }}">
</script>
</head>
```

2. 挂载DOM元素

挂载DOM元素的目的是操作DOM元素中的属性,在login.html类名"login_form_bg"的div盒子使用id选择器定义挂载元素,示例如下:

```
<div class=" login_form_bg" id= "app">
    <div class="register_con">
...
</div>
</div>
```

3. 双向绑定

双向绑定的目的是使HTML页面中接收的数据能够传递到js文件中,使用Vue中v-model、v-show、@blur和@change对register.html页面中input标签的数据进行绑定、事件监听、消息展示,示例如下:

```
<form method="post" class="register_form" @submit="on_submit" v-cloak>
{{ csrf_input }}
    <ul>
        <li>
            <label>用户名:</label>
            <input type="text" v-model="username" @blur="check_username"
                                        name="username" id="user_name">
            <span class="error_tip"v-show="error_name">
                                        [[ error_name_message]]</span>
        </li>
```

4. 创建Vue实例

在register.js文件中使用el对Vue的实例元素节点进行挂载,当一个Vue实例被创建时,它会将data对象中的所有属性加入到Vue的响应系统中。在register.js文件中创建Vue实例,示例如下:

```
let vm = new Vue({
el: '#app',
// 修改Vue变量的读取语法,避免和Jinja2模板语法冲突
    delimiters: ['[[', ']]'],
data: {
    username: '',                   // 用户名属性
    password: '',
    error_name: false,              // 错误提示是否展示
    error_password: false,
    error_name_message: '',         // 错误提示信息
},
```

5. 在js文件中定义事件方法

在register.js文件中定义校验用户名的方法check_username(),示例如下(本书配套资源提供的register.js文件中包含完整的事件方法):

```
let vm = new Vue({
    el: '#app',
    delimiters: ['[[', ']]'],
    data:{...},
    methods:{
        // 检查用户名
        check_username(){
            let re = /^[a-zA-Z0-9_-]{5,20}$/;
            if (re.test(this.username)) {
                this.error_name = false;
            } else {
                this.error_name_message = '请输入5-20个字符的用户名';
                this.error_name = true;
            }
        }
    },
});
```

10.3 用户登录

小鱼商城支持用户使用用户名或手机号登录，用户在登录时可选择是否记住用户名，登录成功后首页应展示当前用户名，单击首页的"退出"按钮后，当前用户退出登录。本节将对用户名登录、多账号登录、状态保持、首页展示用户名、退出登录进行介绍。

10.3.1 使用用户名登录

用户在小鱼商城登录页输入用户名和密码后，单击"登录"按钮，浏览器会向小鱼商城服务器发送登录请求，小鱼商城后端接收到请求后处理登录请求。

处理登录请求时后端首先会接收前端发送的请求参数并校验参数的格式与唯一性，若校验通过，查询数据库中的数据，校验登录信息的正确性。用户通过认证后后端需实现状态保持，并将Session数据保存到Redis数据库中，最后返回登录结果。用户登录流程具体如图10-17所示。

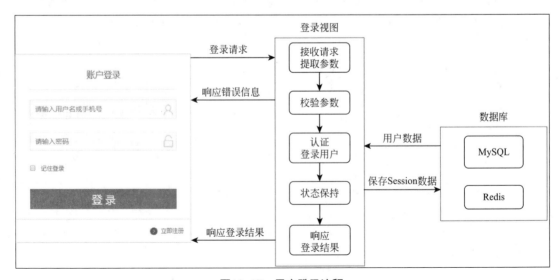

图10-17 用户登录流程

下面根据以上分析设计接口、请求参数、响应结果,并定义用户名登录的接口。

1. 设计接口

用户访问登录页面时浏览器向后端发送GET请求,用户提交登录表单中的用户名与密码时浏览器会向后端发送POST请求;用户登录请求地址可设计为/login/。

2. 请求参数

用户请求登录时,后端需要获取用户输入的用户名、密码和是否记住用户名等信息,其中是否记住用户名为非必传参数。用户登录功能涉及的请求参数的类型及说明如表10-10所示。

表10-10 用户名登录请求参数

字 段	类 型	是 否 必 传	说 明
username	str	是	用户名
password	str	是	密码
remembered	str	否	是否记住用户名

3. 响应结果

用户登录成功后会重定向到小鱼商城首页,用户登录失败后会在登录页面中显示错误提示。

4. 接口定义

在users应用的views.py文件中定义处理登录逻辑的类视图LoginView,在类视图LoginView中分别定义get()方法与post()方法处理用户名登录功能的GET请求与POST请求。

前端login.js文件中分别定义了校验用户名、校验密码和表单提交方法,表单提交方法会调用校验用户名与校验密码的方法,若这两个方法均返回True,表示用户名与密码通过校验规则,允许向后端发送POST请求。

get()方法用于接收GET请求,并向用户响应登录页面;post()方法接收到POST请求后首先会接收并校验前端发送的参数,若校验未通过,则向前端响应对应的错误提示,若校验通过则使用Django内置的认证系统进行用户认证,通过认证表示登录成功,页面跳转到小鱼商城首页,若认证失败则响应对应的错误提示。views.py文件中LoginView视图的代码具体如下:

```
from django.shortcuts import render, redirect, reverse
from django.contrib.auth import authenticate, logout
import logging
logger = logging.getLogger('django')
class LoginView(View):
    """ 用户名登录 """
    def get(self, request):
        return render(request, 'login.html')
    def post(self, request):
        # 接收参数
        username = request.POST.get('username')
        password = request.POST.get('password')
        remembered = request.POST.get('remembered')
        # 校验参数
        if not all([username, password]):
            return HttpResponseForbidden('缺少必传参数')
        # 判断用户名是否是5-20个字符
        if not re.match(r'^[a-zA-Z0-9_-]{5,20}$', username):
            return HttpResponseForbidden('请输入正确的用户名或手机号')
```

```python
# 判断密码是否是8-20个数字
if not re.match(r'^[0-9A-Za-z]{8,20}$', password):
    return HttpResponseForbidden('密码最少8位，最长20位')
# 认证登录用户
user = authenticate(username=username, password=password)
if user is None:
    return render(request, 'login.html',
                  {'account_errmsg': '账号或密码错误'})
return redirect(reverse('contents:index'))  # 响应登录结果
```

10.3.2 使用手机号登录

小鱼商城登录页面允许用户使用手机号进行登录，但是Django内置的用户认证系统只支持用户名认证，所以若想实现手机号登录，需要对Django内置的用户认证系统进行拓展，添加使用手机号认证的功能。

Django使用auth模块中的authenticate()函数认证用户，而authenticate()函数内部通过backend对象的authenticate()方法获取用户，进而对获取到的用户进行验证。authenticate()方法之所以仅支持用户名认证，是因为backend.authenticate()方法内部仅使用用户名获取用户对象。此时，若想扩展手机号认证功能，可以通过重写backend.authenticate()方法，在其中添加使用手机号获取用户对象的代码。

这里考虑将自定义用户名认证功能封装在users应用的utils.py文件中，以便后续重复利用；另外，为了使代码结构更加清晰，在拓展用户认证系统之前，我们可以先首先在utils.py文件中定义根据用户名或手机号查询用户对象的get_user_by_account()函数，具体代码如下：

```python
import re
from users.models import User
def get_user_by_account(account):
    try:
        if re.match(r'^1[3-9]\d{9}', account):
            user = User.objects.get(mobile=account)
        else:
            user = User.objects.get(username=account)
    except User.DoesNotExist:
        return None
    else:
        return user
```

get_user_by_account()函数定义完成后，在utils.py中定义继承了ModelBackend类的UsernameModelBackend类，并重写ModelBackend类的authenticate()方法，使用get_user_by_account()函数获取用户对象，具体代码如下：

```python
from django.contrib.auth.backends import ModelBackend
class UsernameModelBackend(ModelBackend):
    def authenticate(self, request, username=None, password=None, **kwargs):
        user = get_user_by_account(username)
        if user and user.check_password(password):
            return user
        else:
            return None
```

若想使小鱼商城启用以上自定义的UsernameModelBackend类，还需要在项目的设置文件中进行设置，打开dev.py文件，追加如下配置：

```
# 指定自定义用户认证后端
AUTHENTICATION_BACKENDS = ['users.utils.UsernameModelBackend']
```

最后在users应用的urls.py文件中追加用户登录的访问路由，具体如下：

```
path('login/', views.LoginView.as_view(), name='login'),
```

此时用户可使用手机号或用户名登录小鱼商城。

10.3.3 状态保持

用户登录后，如果希望登录状态保持一段时间，那么需要实现状态保持；用户完成注册后，应自动登录网站，所以小鱼商城的用户注册和用户登录功能都需要实现状态保持。

Django认证系统提供的login()函数封装了写入Session数据的操作，因此我们可以利用该函数快速登入一个用户，并实现状态保持。下面分别实现注册功能和用户登录时的状态保持。

1. 注册功能的状态保持

我们可以通过在RegisterView视图的post()方法中新增调用login()函数的代码，实现状态保持，具体代码如下：

```
from django.contrib.auth import login
class RegisterView(View):
def post(self, request):
    ...
    try:
        # 注册成功的用户对象
        user = User.objects.create_user(username=username,
                                        mobile=mobile,password=password,)
    except DatabaseError:
        return render(request, 'register.html',
                                        {'register_errmsg': '注册失败'})
    login(request, user)   # 登入用户，实现状态保持
    # 响应登录结果：重定向到首页
    response = redirect(reverse('contents:index'))
    return response
```

启动小鱼商城服务器，进入到index.html页面，单击Chrome浏览器地址栏中的"查看网站信息"可查看Cookie中存储的信息，如图10-18所示。

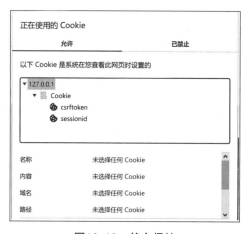

图10-18　状态保持

在Redis数据库（1号库）可查询到保存的sessionid，如图10-19所示。

```
127.0.0.1:6379[1]> keys *
1) ":1:django.contrib.sessions.cache0p4e5naanv4swkbvelbo2sz6p3fpkto8"
```

图10-19　sessionid数据

由Cookie和Redis中观察到的信息和数据可知，当前用户信息被成功存储，状态保持实现成功。

2．记住登录

用户登录时可选择是否"记住登录"，如果用户勾选"记住登录"，请求对象request会在Session中设置用户信息过期时间，只要在有效期内，用户再次访问网站时就无须重新登录，否则用户再次访问网站时需要重新登录。

记住登录的基本逻辑是根据"记住登录"的勾选状态进行判断，如果用户勾选，那么默认设置的过期时间为14天，如果未勾选，则浏览器会话结束后，用户登录信息就会过期。

下面在LoginView视图中实现记住登录功能，具体如下：

```
login(request, user)                          # 实现状态保持
if remembered != 'on':
    request.session.set_expiry(0)             # 没有记住用户：浏览器会话结束就过期
else:
    request.session.set_expiry(None)          # 记住用户：None 表示两周后过期
```

实现状态保持与用户登录后，当用户在登录页面勾选"记住登录"后，下次访问小鱼商城主页时就不需要再进行登录操作。

10.3.4　首页展示用户名

用户成功登录后，首页会展示登录用户的用户名，如图10-20所示。

图10-20　首页展示用户名

实现以上效果的原理是：用户成功登录后，用户名会被存储到Cookie中，每当页面发生跳转时，Vue将从Cookie中读取用户信息，渲染到页面之上。

为实现以上功能，需分别在前端和后端补充代码。下面分别给出代码实现。

1．补充前端代码

在index.html文件中找到类名为"fr"的div盒子，在其中补充如下代码：

```
<div v-if="username" class="login_btn fl">
    欢迎您：<em>[[ username ]]</em>
    <span>|</span>
    <a href="#"> 退出 </a>
</div>
<div v-else class="login_btn fl">
    <a href="{{ url('users:login') }}"> 登录 </a>
    <span>|</span>
    <a href="{{ url('users:register') }}"> 注册 </a>
```

```
</div>
```

以上代码使用Vue中的v-if语句判断username是否存在，如果存在，则调用common.js中的getCookie()方法将用户名信息赋值给变量username；如果不存在，则显示登录、注册链接。

2．补充后端代码

为了保证前端能从Cookie中读取用户信息，注册视图RegisterView与登录视图Loginview在返回响应之前，需要先将用户名保存到Cookie中。修改RegisterView视图和LoginView视图中的代码，修改后的代码具体如下：

```python
if remembered != 'on':  # 设置状态保持的周期
...
# 生成响应
response = redirect(reverse('contents:index'))
# 注册时用户名写入到cookie,有效期14天
response.set_cookie('username', user.username, max_age=3600 * 24 * 14)
return response
```

当用户再次登录或刷新当前页面后，在首页的右上角会显示当前登录用户的用户名。

10.3.5 退出登录

退出登录本质上是清除服务端的Session信息和客户端Cookie中的用户名。在users应用中的urls.py追加退出登录路由，具体如下：

```python
path('logout/', views.LogoutView.as_view(), name='logout'),  # 用户退出
```

在users应用中的views.py中定义实现退出登录功能的视图LogoutView，具体如下：

```python
from django.contrib.auth import logout
class LogoutView(View):
    """ 用户退出登录 """
    def get(self, request):
        # 清除状态保持信息
        logout(request)
        # 响应结果 重定向到首页
        response = redirect(reverse('contents:index'))
        # 删除Cookie中的用户名
        response.delete_cookie('username')
        return response
```

以上代码先使用Django用户认证系统提供的logout()函数清除状态保持，之后通过delete_cookie()方法删除用户Cookie信息，最后返回响应结果。

在index.html中配置退出登录的反向解析，以便小鱼商城用户退出后浏览器可会跳转到商城首页，具体如下：

```html
<a href="{{ url('users:logout') }}">退出 </a>
```

10.4 用 户 中 心

用户中心包含个人信息页面、收货地址页面、全部订单页面和修改密码页面，其中全部订单页面涉及的功能将在第13章中详细介绍，本节主要介绍个人信息页面、收货地址页面和修改密码页面所涉及的功能。

10.4.1 用户基本信息

在小鱼商城中，只有登录成功的用户才可以访问用户中心，因此在处理访问请求时需要先判断用户是否已经成功登录：如果用户登录成功，则可以正常跳转到用户中心页面；如果用户未登录则应先跳转到登录页面进行登录，登录成功后再跳转到用户中心页面。

Django内置了限制用户访问功能的LoginRequiredMixin类，该类继承AccessMixin类，通过类属性login_url和redirect_field_name可以设置未登录时的重定向地址和登录时的默认重定向地址，以实现上述功能。下面分别介绍如何设置未登录时的重定向地址和登录后重定向的地址。

1. 未登录重定向地址

类属性login_url默认值为None，其值可通过类方法get_login_url()中的变量login_url进行设置。在类方法get_login_url()中变量login_url通过类属性login_url或配置文件dev.py中LOGIN_URL进行赋值。我们可以在小鱼商城项目的dev.py文件中设置重定向地址。具体如下：

```python
# 判断用户是否登录后，指定未登录用户重定向地址
LOGIN_URL = '/login/'
```

2. 登录后重定向地址

类属性redirect_field_name默认值为"next"，该值保存了用户验证成功时跳转的访问地址，通过它可设置重定向登录后的访问地址。在LoginView视图中判断当前URL是否包含next，如果包含则重定向到next指定的页面，否则重定向到小鱼商城首页。具体如下：

```python
if remembered != 'on':    # 设置状态保持的周期
    ...
# 先取出 next
next = request.GET.get('next')
if next:
    # 重定向到 next
    response = redirect(next)
else:
    response = redirect(reverse('contents:index'))
# 登录时用户名写入到 Cookie，有效期 15 天
response.set_cookie('username', user.username, max_age=3600 * 24 * 15)
return response
```

用户限制访问实现之后，在users应用的urls.py文件中定义访问用户中心的路由，具体如下：

```python
path('info/', views.UserInfoView.as_view(), name='info'),
```

在users应用的views.py中定义用于处理用户中心的类视图UserInfoView，具体如下：

```python
from django.contrib.auth.mixins import LoginRequiredMixin
class UserInfoView(LoginRequiredMixin, View):
    """ 用户中心 """
    def get(self, request):
        """ 提供用户中心页面 """
        return render(request, 'user_center_info.html')
```

用户中心个人信息页面展示用户名、联系方式、用户邮箱、用户邮箱验证码状态等信息。

由于users应用的模型中未包含邮箱验证字段，我们需要在users应用的models.py文件的User模型类添加验证邮箱的字段。具体如下：

```python
class User(AbstractUser):
    ...
```

```python
    email_active = models.BooleanField(default=False,
                                       verbose_name="邮箱验证状态")
```

补充邮箱验证字段后，生成迁移文件并执行迁移命令，将补充的字段添加到数据库中。

用户中心页面中展示的用户名、联系方式可在UserInfoView视图的request对象获取并通过context上下文传递到模板中，具体如下：

```python
class UserInfoView(LoginRequiredMixin, View):
    """用户中心"""
    def get(self, request):
        """提供用户中心页面"""
        context = {
            'username': request.user.username,
            'mobile': request.user.mobile,
            'email': request.user.email,
            'email_active': request.user.email_active
        }
        return render(request, 'user_center_info.html', context=context)
```

为了保证数据能够在前端页面中正确渲染，需要对user_center_info.html页面中的用户名、联系方式、Email和验证状态进行双向绑定。具体如下：

```html
<ul class="user_info_list">
    <li><span>用户名：</span>[[ username ]]</li>
    <li><span>联系方式：</span>[[ mobile ]]</li>
    <li>
        <span>Email: </span>
        <div v-if="set_email">
            <input v-model="email" @blur="check_email" type="email"
                name="email" class="email">
            <input @click="save_email" type="button" name="" value="保 存">
            <input @click="cancel_email" type="reset" name="" value="取 消">
            <div v-show="error_email"class="error_email_tip">邮箱格式错</div>
        </div>
        <div v-else>
            <input v-model="email" type="email" name="email"
                class="email" readonly>
            <div v-if="email_active">已验证</div>
            <div v-else>待验证<input @click="save_email"
                :disabled="send_email_btn_disabled"
                    type="button" :value="send_email_tip"></div>
        </div>
    </li>
</ul>
{# 在页面底部的script标签中补充声明变量 #}
<script type="text/javascript">
    let username = "{{ username }}";
    let mobile = "{{ mobile }}";
    let email = "{{ email }}";
    let email_active = "{{ email_active }}";
</script>
<script type="text/javascript" src="{{ static('js/common.js') }}"></script>
...
```

以上代码渲染了user_center_info.html页面中的用户信息，同时使用Vue绑定了信息提示与保存邮箱的js方法，在script标签中将后端渲染的用户信息赋值给let声明的username、mobile、email和

email_active变量,以便在user_center_info.js中使用。

再次运行小鱼商城项目刷新user_center_info.html页面,此时页面会显示当前用户的基本信息,如图10-21所示。

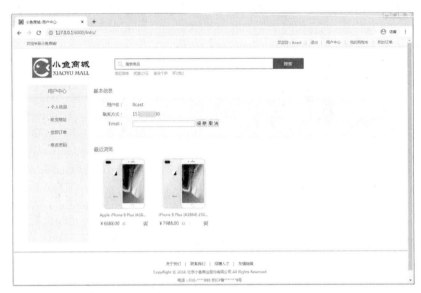

图10-21 用户基本信息

10.4.2 添加邮箱

用户在用户中心基本信息部分的Email文本框中输入Email地址后,单击"保存"按钮,Email地址应被保存到MySQL数据库中。如果用户未登录,用户邮箱信息无法被保存,所以在保存用户邮箱时需要先检测用户是否登录。下面分接口设计、后端实现、配置URL和添加访问限制4部分实现和完善添加邮箱功能。

1. 接口设计

用户表中默认含有email字段,保存邮箱信息是对已有字段进行更新,请求方式为PUT,由此设计接口以及请求地址,如表10-11所示。

表10-11 添加邮箱接口设计

选 项	方 案
请求方式	PUT
请求地址	/emails/

2. 后端实现

添加邮箱后端实现的业务逻辑为:首先后端接收请求体中的参数email,然后利用正则校验输入的邮箱是否符合格式规范,如果符合,则将邮箱信息保存到数据库中,否则返回错误提示,最后将结果以JSON格式响应给前端。

在users应用的views.py文件中定义用于处理保存邮箱信息的类视图EmailView,在该视图的put()方法中实现添加邮箱的功能,具体如下:

```
import json
```

```python
class EmailView(View):
    """添加邮箱"""
    def put(self, request):
        """实现添加邮箱逻辑"""
        # 接收参数 body, 类型是bytes类型
        json_str = request.body.decode()
        json_dict = json.loads(json_str)
        email = json_dict.get('email')
        if not email:  # 校验参数
            return HttpResponseForbidden('缺少email参数')
        if not re.match(r'^[a-z0-9][\w\\.\-]*@[a-z0-9\-]+(\.[a-z]{2,5}){1,2}$', email):
            return HttpResponseForbidden('参数email有误')
        # 赋值email字段
        try:
            request.user.email = email
            request.user.save()
        except Exception as e:
            logger.error(e)
            return JsonResponse({'code': RETCODE.DBERR,
                                 'errmsg': '添加邮箱失败'})
        # 响应添加邮箱结果
        return JsonResponse({'code': RETCODE.OK, 'errmsg': '添加邮箱成功'})
```

3．配置URL

添加邮箱后端逻辑实现后，在users应用的urls.py文件中追加添加邮箱路由，具体如下：

```python
path('emails/', views.EmailView.as_view()),
```

4．添加访问限制

小鱼商城中只有登录成功的用户才可以添加邮箱，因此添加邮箱之前需要验证是否登录，而此时前后端交互的数据类型为JSON，Django内置的用户验证类无法满足，所以需要自定义返回JSON格式的用户验证类。

为方便后期使用，在utils文件中创建views.py文件并定义限制用户访问类LoginRequiredJSONMixin，具体如下：

```python
from django.contrib.auth.mixins import LoginRequiredMixin
from xiaoyu_mall.utils.response_code import RETCODE
from django.http import JsonResponse
class LoginRequiredJSONMixin(LoginRequiredMixin):
    """自定义判断用户是否登录的扩展类：返回JSON"""
    def handle_no_permission(self):
        return JsonResponse({'code':RETCODE.SESSIONERR,'errmsg':'用户未登录'})
```

以上代码定义了LoginRequiredMixin类的派生类LoginRequiredJSONMixin类，LoginRequiredJSONMixin类重写了LoginRequiredMixin类中的handle_no_permission()方法，该方法返回JSON格式数据。

在users应用的views.py文件中导入LoginRequiredJSONMixin类，令EmailView视图继承封装的LoginRequiredJSONMixin类，即可实现对用户的访问限制，代码如下：

```python
from xiaoyu_mall.utils.views import LoginRequiredJSONMixin
class EmailView(LoginRequiredJSONMixin, View):
    def put(self, request):
        ...
```

重新启动小鱼商城项目刷新user_center_info.html页面，此时页面会显示当前用户的基本信息，如图10-22所示。

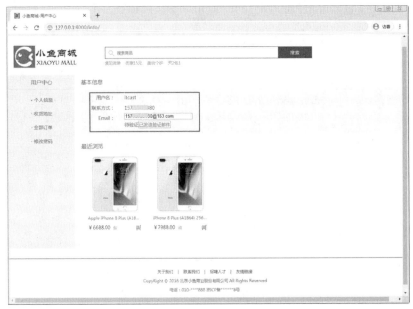

图10-22　添加邮箱

10.4.3　基于Celery的邮箱验证

如图10-22所示，填写邮箱并单击"保存"按钮后，页面显示"待验证"提示和"已发送验证邮件"按钮，其中"待验证"表示用户填写的邮箱还未通过小鱼商城的验证，而"已发送验证邮件"则表示小鱼商城会向用户填写的邮箱地址发送包含验证邮箱链接的邮件。

小鱼商城中邮箱验证通过Celery和SMTP服务器实现，其中Celery用于创建分布式任务，考虑到发送验证邮件属于耗时操作，为避免小鱼商城在用户邮箱认证过程中出现阻塞，这里利用Celery实现邮件的异步发送，提高小鱼商城的效率；Django框架中只提供用于发送邮件的send_mail()函数，不提供邮件传输协议，如果希望通过发送验证邮件的方式验证邮箱，需要借助SMTP服务器。

下面先向大家介绍Celery、SMTP服务器的使用，然后在此基础上实现基于Celery的邮箱验证。

1．Celery使用介绍

Celery是一个简单、灵活且可靠的分布式系统，专注于实时处理和任务调度的分布式任务队列，单个Celery进程每分钟可以处理数以百万计的任务（使用pip install –U Celery进行安装）。

Celery通过消息机制进行通信，通常使用消息队列（broker）在生产者和消费者之间进行协调。具体如图10-23所示。

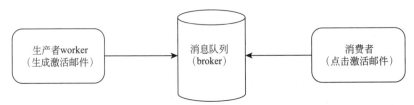

图10-23　Celery使用生产者消费者模式

小鱼商城中若要使用Celery发送验证邮件，首先需要在celery_tasks/main.py文件中创建Celery实例并加载配置文件，然后定义并注册发送验证邮件任务，之后启动Celery服务，最后在发送验证邮件的视图中调用发送验证邮件任务。

Celery的实例可通过celery模块中的Celery类实现，其形式如下：

```
from celery import Celery
# 创建celery实例
clery_app = Celery('xiaoyu')
```

加载配置文件指加载消息队列，小鱼商城中使用Redis存储消息队列，其形式如下：

```
# 消息队列
broker_url = 'redis://127.0.0.1/10'
```

celery模块中通过装饰器@celery_app.task()定义发送邮件任务，使用autodiscover()函数进行注册，其形式分别如下：

（1）定义发送邮件任务

```
@celery_app.task(bind=True, name='send_verify_email', retry_backoff=3)
```

以上代码中task()函数的参数bind表示保证task对象会作为第一个参数自动传入；参数name表示异步任务名称；参数retry_backoff表示异常自动重试的时间间隔（例如第n次使用(retry_backoff×2^(n-1))秒）。

（2）注册发送邮件任务

```
celery_app.autodiscover_tasks(['celery_tasks.email'])
```

小鱼商城Celery的版本为4.3.0，为成功启动Celery服务先需要安装eventlet模块（pip install eventlet==0.25.1），安装完成后启动Celery服务，具体命令如下：

```
celery -A celery_tasks.main worker -l info -P eventlet -c 1000
```

上述命令表示启动1000个并发Celery服务。

2．SMTP服务器使用介绍

SMTP是一种可靠有效的电子邮件传输协议，它主要用于系统之间的邮件信息传递，并提供有关来信的通知。

以小鱼商城为例，利用SMTP服务器实现验证邮箱功能的大致流程为：在小鱼商城后端配置邮件服务器，通过send_mail()函数向SMTP服务器发送邮件请求，SMTP服务器将邮件转发到用户邮箱，如图10-24所示。

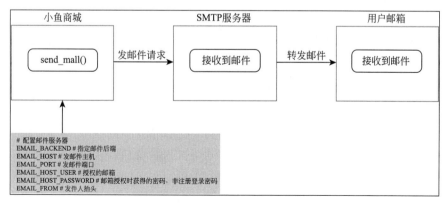

图10-24　Django发送邮件流程

以上流程中使用的send_mail()是Django的内置函数，它位于django.core.mail模块中，其语法格式如下：

```
send_mail(subject, message, from_email, recipient_list,
          fail_silently=False, auth_user=None, auth_password=None,
          connection=None, html_message=None
```

send_mail()函数常用参数的具体含义如下：

① subject：表示邮件标题，取str类型的值。

② message：表示邮件正文，取str类型的值。

③ from_email：表示发件人，取str类型的值。

④ recipient_list：表示邮箱地址，取list类型的值，其中元素的类型为str。

⑤ html_message：表示多媒体邮件正文，可以是内容为HTML代码的字符串。

使用第三方提供的SMTP服务器需要先申请第三方账号并开启客户端授权，下面以网易邮箱提供的SMTP服务器为例，介绍SMTP服务器的使用方法。

① 注册并登录网易163邮箱，在设置中单击"POP3/SMTP/IMAP"按钮，具体如图10-25所示。

图10-25　申请SMTP服务器

② 在设置页面左侧选择"客户端授权密码"，在客户端授权密码中开启设置客户端授权码，具体如图10-26所示。

图10-26　开启客户端授权密码

③ 开启客户端授权密码时需要使用绑定邮箱的手机号发送验证短信，如图10-27所示。

图10-27　发送验证短信

④ 短信发送完毕后，单击"我已发送"按钮，在弹出的设置客户端授权码对话框中设置授权码，如图10-28所示。

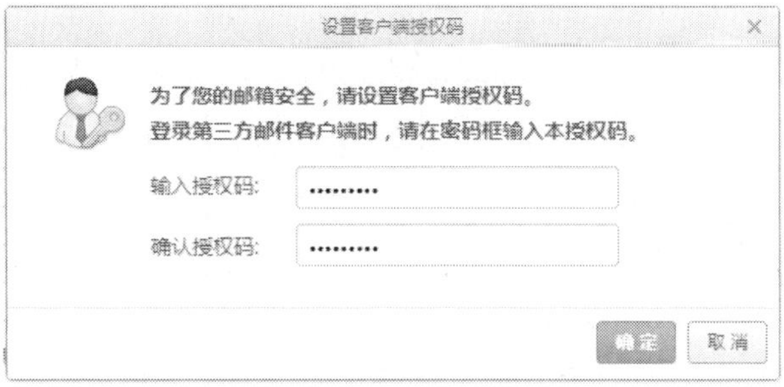

图10-28　设置授权码

⑤ 授权码设置完成后，单击"确定"按钮，在弹出的对话框中开启SMTP、POP3、IMAP服务，如图10-29所示。

图10-29　完成授权码设置

⑥ 授权码设置完成后，在小鱼商城项目dev.py设置邮件参数，具体如下：

```
EMAIL_BACKEND = 'django.core.mail.backends.smtp.EmailBackend'   # 指定邮件后端
EMAIL_HOST = 'smtp.163.com'              # 邮件主机
EMAIL_PORT = 25                          # 邮件端口
EMAIL_HOST_USER = 'xxxx'                 # 授权的邮箱（填写授权的邮箱）
EMAIL_HOST_PASSWORD = 'xxxx'             # 邮箱授权时获得的授权码，非注册登录密码
EMAIL_FROM = '小鱼商城<xiaoyu_mall@163.com>'   # 发件人抬头
```

上述的配置参数EMALI_HOST_USER和EMAIL_HOST_PASSWORD是需要开发者填写的163授权邮箱与密码；其余参数使用默认值。

3. 发送验证邮件实现

实现发送验证邮件的具体功能之前需要先配置Celery。在项目工程（xiaoyu_mall）下创建celery_tasks包，之后分别创建main.py、config.py与email包，其中main.py为 Celery的入口文件；config.py为Celery的配置文件；email包用于定义发送邮件的任务，其中需新建tasks.py文件。

小鱼商城中使用Redis作为消息队列，在config.py文件中配置连接Redis数据库10号库，具体如下：

```
# config.py
# 连接redis的10号库
broker_url = 'redis://127.0.0.1/10'
```

在入口文件celery_tasks/main.py中创建Celery实例，并配置指定使用的消息队列，具体如下：

```python
from celery import Celery
import os
if not os.getenv('DJANGO_SETTINGS_MODULE'):
    os.environ['DJANGO_SETTINGS_MODULE'] = 'xiaoyu_mall.settings.dev'
# 创建celery实例
celery_app = Celery('xiaoyu')
# 配置指定使用的消息队列，这里使用Redis
celery_app.config_from_object('celery_tasks.config')
```

在tasks.py文件定义发送邮件任务，该任务中定义了验证邮件中验证链接的形式。具体如下：

```python
# 定义任务
from celery_tasks.main import celery_app
from django.core.mail import send_mail
from django.conf import settings
import logging
# 日志记录器
logger = logging.getLogger('django')
@celery_app.task(bind=True, name='send_verify_email', retry_backoff=3)
def send_verify_email(self,to_email, verify_url):
    subject = "小鱼商城邮箱验证"
    html_message = '<p>尊敬的用户您好！</p>' \
                   '<p>感谢您使用小鱼商城。</p>' \
                   '<p>您的邮箱为：%s 。请单击此链接验证您的邮箱：</p>' \
                   '<p><a href="%s">%s<a></p>' % (to_email,
                                                  verify_url,verify_url)
    try:
        send_mail(subject, "", settings.EMAIL_FROM, [to_email],
                                                  html_message=html_message)
    except Exception as e:
        logger.error(e)
        # 有异常自动重试三次
        raise self.retry(exc=e, max_retries=3)
```

在celery_tasks包中的main.py文件中注册任务，具体如下：

```python
celery_app.autodiscover_tasks(['celery_tasks.email'])
```

发送验证邮件的任务定义完成之后，在添加邮箱视图EmailView中补充发送验证邮箱功能，具体如下：

```python
from celery_tasks.email.tesks import send_verify_email
class EmailView(LoginRequiredJSONMixin, View):
    """添加邮箱"""
    def put(self, request):
        ...
        # 赋值email字段
        try:
            request.user.email = email
            request.user.save()
        except Exception as e:
            logger.error(e)
            return JsonResponse({'code': RETCODE.DBERR,
                                 'errmsg': '添加邮箱失败'})
        # 异步发送验证邮件
        verify_url = '邮件验证链接'
```

```
        send_verify_email.delay(email, verify_url)
        # 响应添加邮箱结果
        return JsonResponse({'code': RETCODE.OK, 'errmsg': '添加邮箱成功'})
```

此时先启动小鱼商城服务器，然后再开启一个新的终端并输入"celery -A celery_tasks.main worker -l info -P eventlet -c 1000"命令以启动Celery，在用户中心-个人信息的邮箱验证中填写邮箱地址，单击"保存"按钮，SMTP服务器会向填写的邮箱地址发送邮件，如图10-30所示。

图10-30　验证邮件

图10-30所示邮件中的"邮件验证链接"只是在tasks.py文件中html_message定义的a标签，没有携带用户信息，服务器无法确定具体哪个用户在验证邮箱。

真正的邮箱验证链接是包含用户唯一标识信息的链接，为保证用户信息的安全性，需将用户唯一标识信息序列化后封装到邮箱验证链接中，用户单击邮箱验证链接时应会向小鱼商城发送携带用户唯一标识的验证邮箱请求。在dev.py文件中配置用于拼接邮箱验证链接的字符串，具体如下：

```
# 邮箱验证链接
EMAIL_VERIFY_URL = 'http://127.0.0.1:8000/emails/verification/'
```

在users应用的utils.py文件中初始化序列化对象（需安装itsdangerous模块，版本号是1.1.0），构建用于序列化的用户信息字典，之后将序列化后的用户信息赋值给变量token，最后拼接验证链接。邮箱验证链接具有有效期限，为便于后期更改邮箱验证链接的有效期可将有效期以常量的形式保存到配置文件中。定义生成验证邮箱链接的方法generate_verify_email_url()，具体如下：

```
from itsdangerous import TimedJSONWebSignatureSerializer as Serializer
from django.conf import settings
# 将提供的constants.py复制到users应用，该文件包含设置验证链接的有效期
from . import constants
def generate_verify_email_url(user):
    serializer = Serializer(settings.SECRET_KEY,
                            expires_in=constants.VERIFY_EMAIL_TOKEN_EXPIRES)
    data = {'user_id': user.id, 'email': user.email}
    token = serializer.dumps(data).decode()
    verify_url = settings.EMAIL_VERIFY_URL + '?token=' + token
    return verify_url
```

以上代码首先构建Serializer对象，然后序列化用户ID与用户邮箱，最后拼接邮箱验证链接。邮箱验证链接中的token包含了序列化的用户信息，小鱼商城为了确定token中的用户信息，需

要对token进行反序列以获取序列化之前的用户信息。在users/utils.py中定义反序列化token的check_verify_email_token()方法，具体如下：

```python
from itsdangerous import BadData
def check_verify_email_token(token):
    """
    反序列token, 获取user
    :param token: 序列化后的用户信息
    :return:user
    """
    serializer = Serializer(settings.SECRET_KEY,
                            expires_in=constants.VERIFY_EMAIL_TOKEN_EXPIRES)
    try:
        data = serializer.loads(token)
    except BadData:
        return None
    else:
        # 从data取出user_id和email
        user_id = data.get('user_id')
        email = data.get('email')
        try:
            user = User.objects.get(id=user_id,email=email)
        except User.DoesNotExist:
            return None
        else:
            return user
```

以上代码先通过serializer 对象中的loads()方法反序列化token，获取用户信息，然后在数据库中查询序列化后的数据是否存在，如果存在返回user对象，如果不存在返回None。

在users应用的views.py文件中导入generate_verify_email_url()方法，使EmailView视图能够发送带有序列化用户唯一标识信息的验证链接，具体如下：

```python
from users.utils import generate_verify_email_url
class EmailView(LoginRequiredJSONMixin, View):
    def put(self, request):
        ...
        verify_url = generate_verify_email_url(request.user)
        ...
```

在views.py文件中定义用于验证邮箱的视图VerifyEmailView，具体如下：

```python
from django.http import HttpResponseBadRequest, HttpResponseServerError
from users.utils import check_verify_email_token
class VerifyEmailView(View):
    """验证邮箱"""
    def get(self, request):
        token = request.GET.get('token')                    # 接收参数
        if not token:                                        # 校验参数
            return HttpResponseForbidden('缺少token')
        user = check_verify_email_token(token)              # 从token中提取用户信息
        if not user:
            return HttpResponseBadRequest('无效的token')
        try:
            user.email_active = True    # 将用户的email_active 设置为true
            user.save()
        except Exception as e:
```

```
            logger.error(e)
            return HttpResponseServerError('验证邮箱失败')
    # 响应结果：重定向到用户中心
    return redirect(reverse('users:info'))
```

以上代码首先获取token数据，然后通过check_verify_email_token()获取反序列化后的user对象，如果user对象通过验证则将数据库中邮箱验证字段设置为True，最后重定向到用户中心页面。

此时用户单击邮箱中的验证链接并不能正常访问，这是因为后端尚未在users/urls.py文件中配置用于处理邮箱验证的视图。接下来定义请求路由，在users应用的urls.py文件中追加用于验证邮箱的路由，具体如下：

```
path('emails/verification/', views.VerifyEmailView.as_view()),
```

重启小鱼商城服务器，在终端启动Celery，用户单击"保存"按钮后，待验证的邮箱就会收到小鱼商城发送的验证邮件。

10.4.4 省市区三级联动

单击用户中心页面（见图10-22）左侧的收货地址选项卡，可进入收货地址页面，在该页面中用户可以增加、删除、修改收货地址，也可以设置默认地址、为已存在的地址设置标题等。收货地址页面如图10-31所示。

图10-31 收货地址

用户地址信息中收货地址的"所在地区"是查询地区数据表得来的省、市、区数据，省市区数据相互关联，因此需要创建地区模型类。

1. 地区模型类

首先在xiaoyu_mall中新建子应用"areas"用于管理地区模型类，然后在areas应用的models.py中创建地区模型类Area并定义相关字段，具体如下：

```python
class Area(models.Model):
    """省市区"""
    name = models.CharField(max_length=20, verbose_name='名称')
    parent = models.ForeignKey('self', on_delete=models.SET_NULL,
        related_name='subs', null=True, blank=True,
                                            verbose_name='上级行政区划')
    class Meta:
        db_table = 'tb_areas'
        verbose_name = '省市区'
        verbose_name_plural = '省市区'
    def __str__(self):
        return self.name
```

以上代码定义了地区模型类Area,该类的name字段表示地区名称,parent字段为外键字段,该字段中第一个参数"self"表示数据表自关联。

在dev.py文件中注册areas应用,应用注册之后通过文件迁移命令生成对应的数据表。数据表创建之后,将本书配套资源提供的areas.sql文件导入到数据库中。

Area模型在使用自关联时会在数据表tb_areas中追加parent_id字段,该字段表示当前记录的父级数据,例如,昌平区属于北京市,那么昌平区的父级数据为北京市。若北京市的id为11000,那么昌平区的parent_id为11000,数据表tb_areas中的部分数据如图10-32所示。

id	name	parent_id
110000	北京市	(Null)
110100	北京市	110000
110101	东城区	110100
110102	西城区	110100
110105	朝阳区	110100
110106	丰台区	110100
110107	石景山区	110100
110108	海淀区	110100
110109	门头沟区	110100
110111	房山区	110100
110112	通州区	110100
110113	顺义区	110100
110114	昌平区	110100

图10-32 省市区三级数据

2. 实现省市区三级联动

实现省市区三级联动首先需要明确该功能的接口、请求参数和响应结果、后端逻辑具体实现和配置URL。下面分这5部分分析和实现省市区三级联动。

(1)设计接口

呈现省市区的三级联动涉及数据查询,请求方式可使用GET;请求地址设计为/areas/。

(2)请求参数

省市区三级联动功能中,需要根据地区ID判断用户是否需要省份数据或市区数据,请求参数如表10-12所示。

表 10-12 三级联动参数说明

参 数 名	类 型	是否必传	说 明
area_id	str	否	地区 ID

（3）响应结果

后端查询出的省市区数据以JSON形式响应到前端。JSON格式的省份数据示例如下：

```
{
  "code":"0",
  "errmsg":"OK",
  "province_list":[
      {
          "id":110000,
          "name":"北京市"
      },
      {
          "id":120000,
          "name":"天津市"
      },
      ...
  ]
}
```

JSON格式的市或区数据示例如下：

```
{
  "code":"0",
  "errmsg":"OK",
  "sub_data":{
      "id":130000,
      "name":"河北省",
      "subs":[
          {
              "id":130100,
              "name":"石家庄市"
          },
          ...
      ]
  }
}
```

（4）省市区三级联动后端实现

在areas应用的views.py文件中定义AreasView视图，在该视图中定义get()方法实现省市区数据的查询。get()方法中需根据参数area_id进行判断，若未接收到参数area_id，前端应呈现省份列表，那么后端应从数据库中查询省份数据并响应到前端；若get()方法接收到了参数area_id，前端应呈现与area_id相关的市或区数据列表，那么后端应根据area_id查询数据库，获取市或区数据响应到前端。具体代码如下：

```python
from django.views import View
from django.http.response import JsonResponse
import logging
from django.core.cache import cache
from .models import Area
from xiaoyu_mall.utils.response_code import RETCODE
```

```python
logger = logging.getLogger('django')  # 日志记录器
class AreasView(View):
    def get(self, request):
        """ 提供省市区数据 """
        area_id = request.GET.get('area_id')
        if not area_id:
            # 提供省份数据
            try:
                # 查询省份数据
                province_model_list = Area.objects.filter(
                                                parent__isnull=True)
                # 序列化省级数据
                province_list = []
                for province_model in province_model_list:
                    province_list.append({'id': province_model.id,
                                        'name': province_model.name})
                # 响应省份数据
                return JsonResponse({'code': RETCODE.OK, 'errmsg': 'OK',
                                    'province_list': province_list})
            except Exception as e:
                logger.error(e)
                return JsonResponse({'code': RETCODE.DBERR,
                                    'errmsg': '省份数据错误'})
        else:
            # 提供市或区数据
            try:
                parent_model = Area.objects.get(id=area_id)   # 查询市或区的父级
                sub_model_list = parent_model.subs.all()
                # 序列化市或区数据
                sub_list = []
                for sub_model in sub_model_list:
                    sub_list.append({'id': sub_model.id,
                                    'name': sub_model.name})
                sub_data = {
                    'id': parent_model.id,           # 父级 pk
                    'name': parent_model.name,       # 父级 name
                    'subs': sub_list                 # 父级的子集
                }
                # 响应市或区数据
                return JsonResponse({'code': RETCODE.OK,
                                    'errmsg': 'OK', 'sub_data': sub_data})
            except Exception as e:
                logger.error(e)
                return JsonResponse({'code': RETCODE.DBERR,
                                    'errmsg': '城市或区数据错误'})
```

以上代码虽然实现了省市区三级联动的查询，但是每次调用该功能时都会向数据库查询数据，而省市区这些数据变化并不频繁，因此可以将查询结果存储在缓存中，这样每次调用该功能时会首先在缓存中查询数据，而不是直接查询数据库，如此网络请求次数减少，相应地查询效率便可提高。

小鱼商城是基于Redis数据库作为缓存，可通过Django框架中core.cache模块中的cache实现缓存数据功能。cache的常用操作如下：

存储缓存数据：

```
cache.set('key', 内容, 有效期)
```
读取缓存数据：
```
cache.get('key')
```
删除缓存数据：
```
cache.delete('key')
```
接下来我们优化AreasView视图，在cache中缓存省市区数据，具体如下：
```
class AreasView(View):
    def get(self, request):
        area_id = request.GET.get('area_id')
        if not area_id:
            province_list = cache.get('province_list')
            if not province_list:
                try:
                    ...
                # 缓存省份数据
                cache.set('province_list', province_list, 3600)
                ...
        else:
            sub_data = cache.get('sub_area_' + area_id)
            if not sub_data:
                try:
                    ...
                # 缓存市或区数据
                cache.set('sub_area_' + area_id, sub_data, 3600)
                ...
```

（5）配置URL

在小鱼商城项目的urls.py文件添加访问areas应用的路由，具体如下：
```
path('', include('areas.urls')),
```
在areas应用中新建urls.py文件，并添加查询省市区数据的路由，具体如下：
```
from django.urls import path
from . import views
urlpatterns = [
    path('areas/', views.AreasView.as_view()), # 省市区数据
]
```
至此，省市区三级联动功能完成，用户可通过该功能实现编辑收货地址的地区信息。

10.4.5 新增与展示收货地址

用户在提交订单时不应每次都填写收货地址，而应在已有的收货地址中进行选择，基于此，收货地址数据应存储在MySQL数据库中，实现持久化存储。为了持久化存储收货地址数据，我们需要定义地址模型类。

地址模型类应包含创建时间、更新时间、用户、标题、收货人、省份等字段，考虑到创建时间与更新时间字段可能在其他模型中复用，这里先将这两个字段封装到BaseModel模型中。在utils文件夹中创建models.py文件，并定义BaseModel模型，具体如下：
```
from django.db import models
class BaseModel(models.Model):
    """为模型类补充字段"""
```

```
        create_time = models.DateTimeField(auto_now_add=True,
                                           verbose_name="创建时间")
        update_time = models.DateTimeField(auto_now=True,
                                           verbose_name="更新时间")
        class Meta:
            abstract = True
```

在users应用的models.py文件中定义继承自BaseModel模型的用户地址模型类Address,具体如下:

```
from xiaoyu_mall.utils.models import BaseModel
from users.models import User
class Address(BaseModel):
    """ 用户地址 """
    user = models.ForeignKey(User, on_delete=models.CASCADE,
                             related_name='addresses', verbose_name='用户')
    title = models.CharField(max_length=20, verbose_name='地址名称')
    receiver = models.CharField(max_length=20, verbose_name='收货人')
    province = models.ForeignKey('areas.Area', on_delete=models.PROTECT,
                    related_name='province_addresses',verbose_name='省')
    city = models.ForeignKey('areas.Area', on_delete=models.PROTECT,
                    related_name='city_addresses', verbose_name='市')
    district = models.ForeignKey('areas.Area', on_delete=models.PROTECT,
                    related_name='district_addresses',verbose_name='区')
    place = models.CharField(max_length=50, verbose_name='地址')
    mobile = models.CharField(max_length=11, verbose_name='手机')
    tel = models.CharField(max_length=20, null=True, blank=True,
                           default='', verbose_name='固定电话')
    email = models.CharField(max_length=30, null=True, blank=True,
                             default='', verbose_name='电子邮箱')
    is_deleted = models.BooleanField(default=False, verbose_name='逻辑删除')
    class Meta:
        db_table = 'tb_address'
        verbose_name = '用户地址'
        verbose_name_plural = verbose_name
        ordering = ['-update_time']    # 根据更新时间倒序
```

用户可在地址列表页面设置自己的默认收件地址。默认地址与用户相关,因此需在User模型中补充default_address字段,具体如下:

```
default_address = models.ForeignKey('Address', related_name='users',
null=True, blank=True,on_delete=models.SET_NULL, verbose_name='默认地址')
```

以上操作完成后,需要生成迁移文件、执行迁移命令,方便在MySQL数据库中创建与更新数据表。地址模型类创建完成之后,下面依次实现新增与展示收货地址功能。

1. 新增收货地址

用户单击图10-31中的"新增收货地址"按钮后页面应弹出新增收货地址输入框,在该输入框中输入正确的地址信息后单击"新增"按钮,填写的地址信息应保存到数据库中。综上所述,设计新增地址的接口,如表10-13所示。

表10-13 新增地址接口设计

选 项	方 案
请求方式	POST
请求地址	/addresses/create/

新增地址需要将用户选择的地区以及填写的收货地址保存到数据库,因此在请求参数中需要包含新增收货地址的所有信息。新增地址的请求参数如表10-14所示。

表 10-14 新增地址请求参数

参 数 名	类 型	是否必传	说 明
receiver	str	是	收货人
province_id	str	是	省份 ID
city_id	str	是	城市 ID
district_id	str	是	区县 ID
place	str	是	收货地址
mobile	str	是	手机号
tel	str	否	固定电话
email	str	否	邮箱

因为小鱼商城前端已经定义了使用JSON格式响应数据,所以后端需要将查询的结果以JSON格式进行响应结果,新增地址响应结果的JSON数据如表10-15所示。

表 10-15 响应结果 JSON 数据

参 数 名	说 明	参 数 名	说 明
code	状态码	district	区县名称
errmsg	错误消息	place	收货地址
id	地址 ID	mobile	手机号
receiver	收货人	tel	固定电话
province	省份名称	email	邮箱
city	城市名称		

在users应用views.py文件中定义用于处理用户地址的AddressCreateView视图,在该视图的post()方法中实现新增地址功能。小鱼商城中只有登录状态下用户才可以新增地址,因此,AddressCreateView视图需要继承LoginRequiredJSONMixin,以便利用该类定义的功能判断用户是否登录;小鱼商城对收货地址数量有限制,AddressCreateView视图需要先查询当前用户收货地址的数量,如果收货地址数量超出上限,则在前端响应提示信息。

考虑到新增地址功能较为复杂,下面按照校验用户收货地址数量、校验用户输入的地址信息、保存收货地址、设置默认收货地址和返回响应进行一一实现。具体如下:

(1)校验用户收货地址数量

校验用户设置的收货地址数量是否超过上限数量,若超过上限数量进行提示,具体代码如下:

```
from users import constants
from .models import Address
class AddressCreateView(LoginRequiredJSONMixin, View):
    """ 新增地址 """
    def post(self, request):
        # 校验用户收货地址数量
        count = request.user.addresses.filter(
                            is_deleted__exact=False).count()
        if count >= constants.USER_ADDRESS_COUNTS_LIMIT:
            return JsonResponse({"code": RETCODE.THROTTLINGERR,
                        'errmsg': "超出用户地址上限"})
```

（2）校验用户输入的地址信息

若收货地址的数量未超过限制数量，则接收参数并对参数一一校验，具体代码如下：

```python
class AddressCreateView(LoginRequiredJSONMixin, View):
    """ 新增地址 """
    def post(self, request):
        # 校验用户收货地址数量
        ...
        # 校验用户输入的地址信息
        json_dict = json.loads(request.body.decode())
        receiver = json_dict.get('receiver')
        province_id = json_dict.get('province_id')
        city_id = json_dict.get('city_id')
        district_id = json_dict.get('district_id')
        place = json_dict.get('place')
        mobile = json_dict.get('mobile')
        tel = json_dict.get('tel')
        email = json_dict.get('email')
        # 校验参数
        if not all([receiver, province_id, city_id, district_id,
                                                    place, mobile]):
            return HttpResponseForbidden('缺少必传参数')
        if not re.match(r'^1[3-9]\d{9}$', mobile):
            return HttpResponseForbidden('参数mobile有误')
        if tel:
            if not re.match(r'^(0[0-9]{2,3}-)?([2-9][0-9]{6,7})+'
                                            r'(-[0-9]{1,4})?$', tel):
                return HttpResponseForbidden('参数tel有误')
        if email:
            if not re.match(r'^[a-z0-9][\w\.\-]*@[a-z0-9\-]+'
                                        r'(\.[a-z]{2,5}){1,2}$', email):
                return HttpResponseForbidden('参数email有误')
```

（3）保存收货地址

校验通过后，将用户新增的地址信息保存到数据库中，具体如下：

```python
class AddressCreateView(LoginRequiredJSONMixin, View):
    """ 新增地址 """
    def post(self, request):
        # 校验用户收货地址数量
        ...
        # 校验用户输入的地址信息
        ...
        # 保存收货地址
        try:
            address = Address.objects.create(
                user=request.user, title=receiver, receiver=receiver,
                province_id=province_id, place=place, tel=tel,
                city_id=city_id, district_id=district_id,
                mobile=mobile, email=email
            )
```

（4）设置默认收货地址

设置默认地址的逻辑是为User对象的default_address字段赋值，具体如下：

```python
class AddressCreateView(LoginRequiredJSONMixin, View):
    """ 新增地址 """
    def post(self, request):
        # 校验用户收货地址数量
        ...
        # 校验用户输入的地址信息
        ...
        # 保存收货地址
        ...
            # 设置默认收货地址
            if not request.user.default_address:
                request.user.default_address = address
                request.user.save()
        except Exception as e:
            logger.error(e)
            return JsonResponse({'code': RETCODE.DBERR,
                                'errmsg': '新增地址失败'})
```

（5）返回响应信息

用户新增地址保存到数据库后，还需要在前端页面展示，因此需要将用户输入的新增地址信息构建为字典数据，并以JSON格式响应到前端，具体如下：

```python
class AddressCreateView(LoginRequiredJSONMixin, View):
    """ 新增地址 """
    def post(self, request):
        # 校验用户收货地址数量
        ...
        # 校验用户输入的地址信息
        ...
        # 保存收货地址
        ...
            # 设置默认收货地址
            ...
        # 返回响应，新增地址成功，将新增的地址响应给前端实现局部刷新 构造新增地址字典数据
        address_dict = {
            "id": address.id, "title": address.title,
            "receiver": address.receiver, "province": address.province.name,
            "city": address.city.name, "district": address.district.name,
            "place": address.place, "mobile": address.mobile,
            "tel": address.tel, "email": address.email
        }
        # 响应新增地址结果：需要将新增的地址返回给前端渲染
        return JsonResponse({'code': RETCODE.OK,
                            'errmsg': '新增地址成功', 'address': address_dict})
```

最后在users应用中的urls.py文件中追加访问新增地址的路由，具体如下：

```python
# 新增用户地址
path('addresses/create/', views.AddressCreateView.as_view()),
```

至此，新增收货地址后端功能实现。

2．展示收货地址

当用户首次访问收货地址页面或新增收货地址后，该页面会展示用户的收货地址信息。展示收货地址是根据当前登录用户信息查询该用户的收货地址信息。下面实现展示收货地址功能。

在users应用的views.py文件中定义用于展示用户地址的AddressView视图，在AddressView视图

的get()方法中首先获取当前登录的用户对象，然后将当前登录对象与is_delete=False作为查询条件查询用户地址，之后构建地址信息字典列表，最后构建上下文context将地址信息字典列表中的数据响应到user_center_site.html页面中，具体代码如下：

```python
class AddressView(LoginRequiredMixin, View):
    """ 展示地址 """
    def get(self, request):
        """ 提供收货地址界面 """
        login_user = request.user    # 获取当前登录用户对象
        addresses = Address.objects.filter(user=login_user,
                                            is_deleted=False)
        address_list = [] # 将用户地址模型列表转字典列表
        for address in addresses:
            address_dict = {
                "id": address.id, "title": address.title,
                "receiver": address.receiver, "city": address.city.name,
                "province": address.province.name, "place": address.place,
                "district": address.district.name, "tel": address.tel,
                "mobile": address.mobile, "email": address.email
            }
            address_list.append(address_dict)
        context = {
            'default_address_id': login_user.default_address_id or '0',
            'addresses': address_list
        }
        return render(request, 'user_center_site.html', context)
```

为了能在user_center_site.js中调用收货地址数据与默认地址数据，需要在user_center_site.html中传递数据，具体如下：

```html
...
<script type="text/javascript">
    let addresses = {{ addresses | safe }};
    let default_address_id = "{{ default_address_id }}";
</script>
<script type="text/javascript" src="{{ static('js/common.js') }}"></script>
...
```

在users应用中urls.py文件中追加访问展示用户地址的路由，具体如下：

```python
path('addresses/', views.AddressView.as_view(), name='address')
```

至此，展示收货地址功能完成。

10.4.6 设置默认地址与修改地址标题

若将收货地址中的某个地址设置为默认地址，当用户提交订单时会自动选择该地址作为收货地址；用户可以修改收货地址的标题，为收货地址设置别名。下面分别实现设置默认地址和修改地址标题功能。

1. 设置默认地址

单击收货地址信息中的"设为默认"按钮，相应地址应被设置为默认地址，在此过程中，前端应向后端发送携带修改地址ID的请求，后端根据地址ID查询地址并将结果赋给用户对象的default_address字段。

下面分设计接口、后端实现和配置URL三部分实现设置默认地址功能。

(1) 设计接口

设置默认地址根据传入的修改地址ID对后端数据进行更改操作,请求方式为PUT。设计请求接口如表10-16所示。

表 10-16 默认地址请求接口

选 项	方 案
请求方式	PUT
请求地址	/addresses/(?P<address_id>\d+)/default/

(2) 后端实现

在users应用的views.py文件中定义用于设置默认地址的视图DefaultAddressView,在该视图的put()方法中首先查询路由参数address_id是否存在,若存在将address_id的值设置为默认地址,若不存在则将错误信息响应到前端,具体如下:

```
class DefaultAddressView(LoginRequiredJSONMixin, View):
    """ 设置默认地址 """
    def put(self, request, address_id):
        """ 设置默认地址 """
        try:
            address = Address.objects.get(id=address_id)    # 接收参数,查询地址
            request.user.default_address = address          # 设置地址为默认地址
            request.user.save()
        except Exception as e:
            logger.error(e)
            return JsonResponse({'code': RETCODE.DBERR,
                                 'errmsg': '设置默认地址失败'})
        # 响应设置默认地址结果
        return JsonResponse({'code': RETCODE.OK, 'errmsg': '设置默认地址成功'})
```

(3) 配置URL

在users应用的urls.py文件中追加用于访问设置默认地址的路由,具体如下:

```
path('addresses/<int:address_id>/default/',
                                views.DefaultAddressView.as_view()),
```

2. 修改地址标题

地址信息页面中默认以收货人为地址标题,单击左上角 🔧 图标时,可对地址标题进行修改。下面分设计接口、后端实现和配置URL三部分实现修改地址标题功能。

(1) 设计接口

后端根据传入的地址ID对数据进行更改操作,请求方式为PUT,设计请求接口如表10-17所示。

表 10-17 修改地址接口设计

选 项	方 案
请求方式	PUT
请求地址	/addresses/(?P<address_id>\d+)/title/

(2) 后端实现

在users应用的 views.py文件中定义用于设置默认地址的视图UpdateTitleAddressView,在该视

图的put()方法中首先获取当前要修改的地址标题，之后查询路由参数address_id是否存在，若存在则将当前的地址赋值为用户输入的地址标题，若不存在则将错误信息响应到前端，具体如下：

```python
class UpdateTitleAddressView(LoginRequiredJSONMixin, View):
    """ 设置地址标题 """
    def put(self, request, address_id):
        """ 设置地址标题 """
        json_dict = json.loads(request.body.decode())    # 接收参数：地址标题
        title = json_dict.get('title')
        try:
            address = Address.objects.get(id=address_id)  # 查询地址
            address.title = title  # 设置新的地址标题
            address.save()
        except Exception as e:
            logger.error(e)
            return JsonResponse({'code': RETCODE.DBERR,
                                 'errmsg': '设置地址标题失败'})
        # 响应设置地址标题结果
        return JsonResponse({'code': RETCODE.OK, 'errmsg': '设置地址标题成功'})
```

（3）配置URL

在users应用的urls.py文件中追加用于访问修改标题的路由，具体如下：

```
path('addresses/<int:address_id>/title/',
                        views.UpdateTitleAddressView.as_view()),
```

至此，设置默认地址与修改地址标题完成。

10.4.7 修改与删除收货地址

单击收货地址中的"编辑"按钮后，收货地址页面应弹出地址信息编辑框，以便用户修改当前地址信息；单击地址信息右上角的"×"按钮，相应收货地址应被删除。本节将分别实现修改收货地址与删除收货地址功能。

1. 修改收货地址

实现修改收货地址首先需要设计该功能的接口，然后明确请求参数和响应结果，最后实现该功能的逻辑代码。具体实现过程如下：

（1）设计接口

用户单击收货地址页面地址框中右下角的"编辑"按钮，浏览器会将当前地址的ID应传递到后端，当用户修改完成之后，单击"新增"按钮时，后端根据地址ID将修改的数据保存到数据库中，请求方式为PUT，请求参数为address_id。由此设计修改收货地址的接口，具体如表10-18所示。

表 10-18 设计修改收货地址接口

选　　项	方　　案
请求方式	PUT
请求地址	/addresses/(?P<address_id>\d+)/

（2）请求参数

请求参数中除了包含地址ID，还需要包含收货地址中所有的信息参数，具体如表10-19所示。

表 10-19　修改收货地址请求参数

参　数　名	类　　　型	是 否 必 传	说　　　明
address_id	str	是	要修改的地址 ID（路由参数）
receiver	str	是	收货人
province_id	str	是	省份 ID
city_id	str	是	城市 ID
district_id	str	是	区县 ID
place	str	是	收货地址
mobile	str	是	手机号
tel	str	否	固定电话
email	str	否	邮箱

（3）响应结果

在前端已经定义接收的响应结果为JSON类型，因此后端响应的数据类型为JSON，响应数据包含修改后的地址数据、状态码和错误信息，具体如表10-20所示。

表 10-20　修改收货地址响应数据

字　　　段	说　　　明	字　　　段	说　　　明
code	状态码	district	区县名称
errmsg	错误信息	place	收货地址
id	地址 ID	mobile	手机号
receiver	收货人	tel	固定电话
province	省份名称	email	邮箱
city	城市名称		

（4）后端实现

在users应用的views.py文件中定义用于处理修改地址信息的UpdateDestroyAddressView视图，在该视图的put()方法中实现修改收货地址的功能：首先获取用户输入的地址信息数据，之后对输入的数据进行校验，如果校验通过则校验修改的地址ID是否存在，如果存在则将修改的信息保存到数据库中，然后构建字典类型的地址信息数据，最后将构建的地址数据以JSON格式响应到前端中。具体代码如下：

```python
class UpdateDestroyAddressView(LoginRequiredJSONMixin, View):
    def put(self, request, address_id):
        """ 修改地址 """
        json_dict = json.loads(request.body.decode())
        receiver = json_dict.get('receiver')
        province_id = json_dict.get('province_id')
        city_id = json_dict.get('city_id')
        district_id = json_dict.get('district_id')
        place = json_dict.get('place')
        mobile = json_dict.get('mobile')
        tel = json_dict.get('tel')
        email = json_dict.get('email')
        # 校验参数
        if not all([receiver, province_id, city_id,
                    district_id, place, mobile]):
            return HttpResponseForbidden('缺少必传参数')
```

```python
        if not re.match(r'^1[3-9]\d{9}$', mobile):
            return HttpResponseForbidden('参数mobile有误')
        if tel:
            if not re.match(r'^(0[0-9]{2,3}-)?([2-9][0-9]{6,7})+'
                                            '(-[0-9]{1,4})?$', tel):
                return HttpResponseForbidden('参数tel有误')
        if email:
            if not re.match(r'^[a-z0-9][\w\.\-]*@[a-z0-9\-]+'
                                            '(\.[a-z]{2,5}){1,2}$', email):
                return HttpResponseForbidden('参数email有误')
        # 判断地址是否存在，并更新地址信息
        try:
            Address.objects.filter(id=address_id).update(
                user=request.user, title=receiver, receiver=receiver,
                province_id=province_id, city_id=city_id, place=place,
                district_id=district_id, mobile=mobile, tel=tel,
                email=email
            )
        except Exception as e:
            logger.error(e)
            return JsonResponse({'code': RETCODE.DBERR,
                                 'errmsg': '更新地址失败'})
        # 构造响应数据
        address = Address.objects.get(id=address_id)
        address_dict = {
            "id": address.id, "title": address.title,
            "receiver": address.receiver, "province": address.province.name,
            "city": address.city.name, "district": address.district.name,
            "place": address.place, "mobile": address.mobile,
            "tel": address.tel, "email": address.email
        }
        # 响应更新地址结果
        return JsonResponse({'code': RETCODE.OK,
                             'errmsg': '更新地址成功', 'address': address_dict})
```

2. 删除收货地址

与修改收货地址相同，用户单击收货地址页面地址框右上角的"×"按钮，相应地址信息会被删除。在执行删除地址信息时同样需要将地址ID传入到后端中，后端根据传入的地址ID删除数据库中相应的地址。因为是删除数据，所以使用DELETE方式发送请求。

在视图UpdateDestroyAddressView中定义删除收货地址的delete()方法，该方法在删除地址前需先检查待删除地址是否为默认地址，若是默认地址则将默认地址设置为None，否则直接删除。具体代码如下：

```python
    def delete(self,request,address_id):
        """删除地址"""
        default_address_id = request.user.default_address
        try:
            address = Address.objects.get(id=address_id)
            if default_address_id.id == address.id:
                request.user.default_address_id = None
                request.user.save()
            address.is_deleted = True
            address.save()
```

```
except Exception as e:
    logger.error(e)
    return JsonResponse({'code': RETCODE.DBERR, 'errmsg':'删除地址失败'})
return JsonResponse({'code': RETCODE.OK, 'errmsg': '删除地址成功'})
```

因为删除地址信息与修改地址信息都需要在路由中传入地区ID,所以删除地址与修改地址可共用同一路由,在users应用的urls.py文件中追加修改与删除收货地址路由,具体如下:

```
path('addresses/<int:address_id>/',
                views.UpdateDestroyAddressView.as_view()),
```

10.4.8 修改登录密码

单击用户中心页面左侧的"修改密码",页面应跳转到修改密码页面,用户可在该页面中修改当前账号的密码。修改密码页面如图10-33所示。

图10-33 修改密码页面

实现修改登录密码首先需要设计该功能的接口,然后明确请求参数和响应结果,最后实现该功能的逻辑代码。具体实现过程如下:

(1)设计接口

修改登录密码是通过页面中的form表单向数据库中提交数据,因此请求方式为POST,由此设计接口以及请求地址,如表10-21所示。

表 10-21 添加邮箱接口设计

选项	方案
请求方式	POST
请求地址	/editpassword/

(2)请求参数

修改登录密码需要向后端传入用户输入的当前密码、新密码和确认密码参数,请求参数的类型以及说明如表10-22所示。

表 10-22 修改登录密码请求参数

参数名	类型	是否必传	说明
old_password	str	是	当前密码
new_password	str	是	新密码
new_password2	str	是	确认新密码

（3）后端实现

在users应用的views.py文件中定义用于修改登录密码的视图ChangePasswordView，在该视图的post()方法中实现修改登录密码的功能：首先接收修改登录密码请求参数并对这些请求参数一一进行校验，若校验失败，在前端进行错误提示，然后在数据库中查询用户输入的当前密码是否正确，若正确则将新密码保存到数据库中，否则在前端进行错误提示，之后清除当前的状态保持信息，最后当用户单击"确定"按钮后页面跳转到登录页面，此时用户需使用新密码进行登录。具体如下：

```python
class ChangePasswordView(LoginRequiredMixin, View):
    """ 修改密码 """
    def get(self, request):
        """ 展示修改密码界面 """
        return render(request, 'user_center_pass.html')
    def post(self, request):
        """ 实现修改密码逻辑 """
        # 接收参数
        old_password = request.POST.get('old_password')
        new_password = request.POST.get('new_password')
        new_password2 = request.POST.get('new_password2')
        # 校验参数
        if not all([old_password, new_password, new_password2]):
            return HttpResponseForbidden('缺少必传参数')
        try:
            if not request.user.check_password(old_password):
                return render(request, 'user_center_pass.html',
                              {'origin_password_errmsg': '原始密码错误'})
        except Exception as e:
            logger.error(e)
            return render(request, 'user_center_pass.html',
                          {'origin_password_errmsg': '查询密码失败'})
        if not re.match(r'^[0-9A-Za-z]{8,20}$', new_password):
            return HttpResponseForbidden('密码最少8位，最长20位')
        if new_password != new_password2:
            return HttpResponseForbidden('两次输入的密码不一致')
        # 修改密码
        try:
            request.user.set_password(new_password)
            request.user.save()
        except Exception as e:
            logger.error(e)
            return render(request, 'user_center_pass.html',
                          {'change_pwd_errmsg': '修改密码失败'})
        # 清理状态保持信息
        logout(request)
        response = redirect(reverse('users:login'))
        response.delete_cookie('username')
        # 响应密码修改结果：重定向到登录界面
        return response
```

（4）配置URL

在users应用中urls.py文件中追加用于访问修改密码的路由，具体如下：

```python
# 修改密码
path('editpassword/', views.ChangePasswordView.as_view(), name='editpwd'),
```

至此,修改登录密码功能实现。

小　　结

本章主要实现了小鱼商城用户注册、用户登录,以及用户中心功能。通过本章的学习,希望读者能够掌握用户相关模块的功能划分与内部逻辑,熟练实现相关功能。

习　　题

简答题

1. 简述用户注册的后端逻辑。
2. 为什么要进行用户名与手机号重复检测?
3. 什么是多账号登录?如何实现?
4. 简述邮箱验证如何实现。

第11章 电商项目
——商品数据的呈现

学习目标：

- 了解商品模块主要功能。
- 熟练配置商品数据。
- 掌握pagination分页工具。
- 掌握全文检索方案whoosh。

电商平台呈现商品的方式会直接影响消费者行为。小鱼商城与商品相关的页面很多，包括首页、商品列表页、商品详情页等。本章将实现小鱼商城与商品数据呈现有关的功能。

11.1 商品数据库表设计

小鱼商城的商品数据分为首页的广告数据和各个页面的商品信息数据，下面分别分析与设计这两种数据的模型。

1. 商品广告数据表设计

首页的轮播图、快讯、页头和楼层都是广告，且都需要存储到数据库中；虽然目前首页涉及的广告只有4种，但为了后期网站升级考虑，网站中的广告类别也需要单独的数据表来存储。综合考虑，广告数据表的模型如图11-1所示。

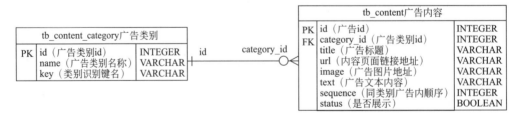

图11-1 广告数据表的模型

图11-1展示了广告类别和广告内容的表结构模型。广告类别表包含三个字段，考虑到不同类别的广告展示的位置不同，广告类别表中设置了字段key，以便开发人员根据这个字段管理广告的位置。一个广告类别对应多条广告内容，广告内容表以id作为主键，以广告类别category_id作为外

键,并包含广告标题title、同类别广告内顺序sequence、状态status等字段。

2. 商品数据表设计

小鱼商城中的商品种类繁多,为了便于组织数据,考虑将商品分类信息和商品信息分开存储。下面分别介绍商品分类信息和商品信息的数据表设计。

(1) 商品分类信息的数据表设计

小鱼商城的首页包含一个商品导航栏,为了有层次地呈现商品分类,该导航栏中的分类信息被分成了三个级别:商品频道组、商品频道和商品类别。

小鱼商城涉及的商品类别多达几百种,用户很难迅速从几百种分类中快速找到自己所需的分类,为方便用户快速定位,考虑对商品类别进行划分:从几百个商品类别中抽出小部分类别,将其作为二级分类——商品频道,再将商品频道划分为多个组,最后仅在页面呈现商品频道组,并实现逐级导航的效果。

根据以上分析,这里使用商品频道组表、商品频道表和商品类别表存储与商品分类相关的信息,商品分类信息表的模型如图11-2所示。

图11-2 商品分类信息表的模型

图11-2中所示商品频道组与商品频道存在一对多关系,商品频道与商品类别存在一对一关系。

(2) 商品信息的数据表设计

电子商务中在定义商品时通常会用到两个重要概念:SPU和SKU。

SPU表示标准产品单位(Standard Product Unit),它是产品信息聚合的最小单位,是一组可复用、易检索的标准化信息的集合,该集合描述了一款产品的特性。例如,iPhone 11就是一个SPU。

SKU表示库存量单位(Stock Keeping Unit),它是库存进出计量的单位,可以是以件、盒等为单位、物理上不可分割的最小存储单元。例如,白色、64 GB的iPhone 11就是一个SKU。

电商平台中将入驻多户商家,每户商家出售不同品牌的多款产品(例如Apple的iPhone 11、iPhone 11 Pro,华为的HUAWEI mate pro30等),每款产品的规格参数有一定差异(例如iPhone 11之间有颜色、容量和版本的差异)。商品品牌、商品SPU、商品SKU依次为一对多关系,为了保证平台的可持续发展,方便管理商家、商品SPU、商品SKU,这里分三张表存储商品品牌、商品SPU和商品SKU数据,这三张表的数据模型如图11-3所示。

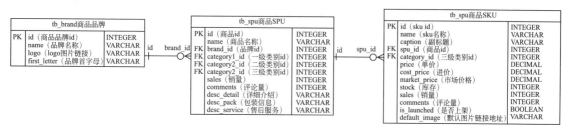

图11-3 商品数据模型

小鱼商城商品的SPU、SKU与规格和其他信息间的对应关系如下：
① 一个SPU对应多种SPU规格。
② 一个SKU对应多种SKU规格。
③ 一个SKU对应多张图片（商品图片）。
④ 一个SPU规格对应多种SKU规格。
⑤ 一个SPU规格对应多种规格选项，每个规格选项对应多个SKU规格。

考虑将以上对应关系中的两种对象存储在不同的表中，分析以上关系后还需要新建的数据表有SPU规格表、SKU规格表、SKU图片表、规格选项表。此时构建的商品数据模型如图11-4所示。

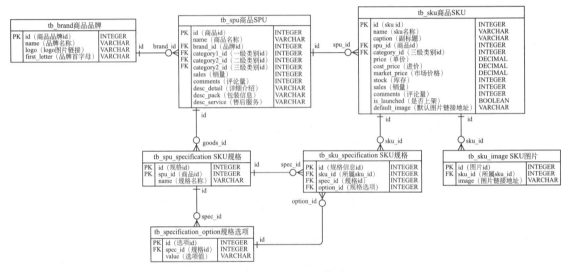

图11-4　商品数据模型

综合考虑商品类别与商品，每个类别对应多种SPU，同时也对应多个SKU，类别与商品的完整模型如图11-5所示。

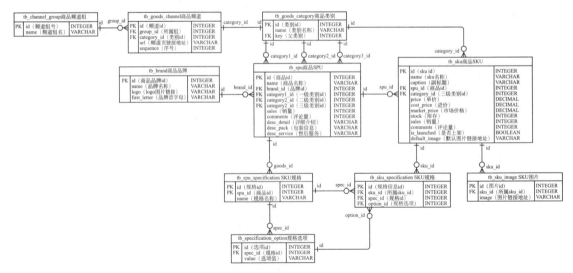

图11-5　商品数据模型图

11.2 准备商品数据

导入商品数据之前需要先创建数据库表。利用Django的ORM机制可以通过定义模型类与生成迁移便捷地创建数据模型对应的表。下面分步骤准备广告数据和商品数据。

1. 创建模型

① 在contents应用的models.py文件中定义广告内容类别模型和广告内容模型，代码如下：

```python
# apps/contents/models.py
from django.db import models
from xiaoyu_mall.utils.models import BaseModel
# Create your models here.
class ContentCategory(BaseModel):
    """ 广告内容类别 """
    name = models.CharField(max_length=50, verbose_name='名称')
    key = models.CharField(max_length=50, verbose_name='类别键名')
    class Meta:
        db_table = 'tb_content_category'
        verbose_name = '广告内容类别'
        verbose_name_plural = verbose_name
    def __str__(self):
        return self.name
class Content(BaseModel):
    """ 广告内容 """
    category = models.ForeignKey(ContentCategory,
on_delete=models.PROTECT, verbose_name='类别')
    title = models.CharField(max_length=100, verbose_name='标题')
    url = models.CharField(max_length=300, verbose_name='内容链接')
    image = models.ImageField(null=True, blank=True, verbose_name='图片')
    text = models.TextField(null=True, blank=True, verbose_name='内容')
    sequence = models.IntegerField(verbose_name='排序')
    status = models.BooleanField(default=True, verbose_name='是否展示')
    class Meta:
        db_table = 'tb_content'
        verbose_name = '广告内容'
        verbose_name_plural = verbose_name
    def __str__(self):
        return self.category.name + ': ' + self.title
```

② 在goods应用的models.py文件中定义商品类别相关模型，包括商品类别模型、商品频道模型和商品频道组模型，代码如下：

```python
from django.db import models
from xiaoyu_mall.utils.models import BaseModel
# Create your models here.
class GoodsCategory(BaseModel):
    """ 商品类别 """
    name = models.CharField(max_length=10, verbose_name='名称')
    parent = models.ForeignKey('self', related_name='subs', null=True,
              blank=True, on_delete=models.CASCADE, verbose_name='父类别')
    class Meta:
        db_table = 'tb_goods_category'
        verbose_name = '商品类别'
        verbose_name_plural = verbose_name
    def __str__(self):
```

```python
        return self.name
class GoodsChannelGroup(models.Model):
    """ 商品频道组 """
    name = models.CharField(max_length=20, verbose_name='频道组名')
    class Meta:
        db_table = 'tb_channel_group'
        verbose_name = '商品频道组'
        verbose_name_plural = verbose_name
    def __str__(self):
        return self.name
class GoodsChannel(BaseModel):
    """ 商品频道 """
    group = models.ForeignKey(GoodsChannelGroup,
                        verbose_name='频道组名',on_delete=models.CASCADE)
    category = models.ForeignKey(GoodsCategory,
                    on_delete=models.CASCADE, verbose_name='顶级商品类别')
    url = models.CharField(max_length=50, verbose_name='频道页面链接')
    sequence = models.IntegerField(verbose_name='组内顺序')
    class Meta:
        db_table = 'tb_goods_channel'
        verbose_name = '商品频道'
        verbose_name_plural = verbose_name
    def __str__(self):
        return self.category.name
```

③ 在goods应用的models.py文件中定义商品相关模型,包括商品品牌模型、SPU模型、SKU模型、SPU规格模型、SKU规格模型、SKU图片模型和规格选项模型,代码如下:

```python
from django.db import models
from xiaoyu_mall.utils.models import BaseModel
# Create your models here.
class Brand(BaseModel):
    """ 品牌 """
    name = models.CharField(max_length=20, verbose_name='名称')
    logo = models.ImageField(verbose_name='Logo图片')
    first_letter = models.CharField(max_length=1,
verbose_name='品牌首字母')
    class Meta:
        db_table = 'tb_brand'
        verbose_name = '品牌'
        verbose_name_plural = verbose_name
    def __str__(self):
        return self.name
class SPU(BaseModel):
    """ 商品SPU """
    name = models.CharField(max_length=50, verbose_name='名称')
    brand = models.ForeignKey(Brand, on_delete=models.PROTECT,
                                                    verbose_name='品牌')
    category1 = models.ForeignKey(GoodsCategory, on_delete=models.PROTECT,
                        related_name='cat1_spu', verbose_name='一级类别')
    category2 = models.ForeignKey(GoodsCategory, on_delete=models.PROTECT,
                        related_name='cat2_spu', verbose_name='二级类别')
    category3 = models.ForeignKey(GoodsCategory, on_delete=models.PROTECT,
                        related_name='cat3_spu', verbose_name='三级类别')
    sales = models.IntegerField(default=0, verbose_name='销量')
    comments = models.IntegerField(default=0, verbose_name='评价数')
```

```python
        desc_detail = models.TextField(default='', verbose_name='详细介绍')
        desc_pack = models.TextField(default='', verbose_name='包装信息')
        desc_service = models.TextField(default='', verbose_name='售后服务')
        class Meta:
            db_table = 'tb_spu'
            verbose_name = '商品SPU'
            verbose_name_plural = verbose_name
        def __str__(self):
            return self.name
class SKU(BaseModel):
    """商品SKU"""
    name = models.CharField(max_length=50, verbose_name='名称')
    caption = models.CharField(max_length=100, verbose_name='副标题')
    spu = models.ForeignKey(SPU, on_delete=models.CASCADE,
                                                    verbose_name='商品')
    category = models.ForeignKey(GoodsCategory, on_delete=models.PROTECT,
                                                    verbose_name='从属类别')
    price = models.DecimalField(max_digits=10, decimal_places=2,
                                                    verbose_name='单价')
    cost_price = models.DecimalField(max_digits=10, decimal_places=2,
                                                    verbose_name='进价')
    market_price = models.DecimalField(max_digits=10, decimal_places=2,
                                                    verbose_name='市场价')
    stock = models.IntegerField(default=0, verbose_name='库存')
    sales = models.IntegerField(default=0, verbose_name='销量')
    comments = models.IntegerField(default=0, verbose_name='评价数')
    is_launched = models.BooleanField(default=True,
                                                    verbose_name='是否上架销售')
    default_image = models.ImageField(max_length=200, default='',
                            null=True, blank=True, verbose_name='默认图片')
    class Meta:
        db_table = 'tb_sku'
        verbose_name = '商品SKU'
        verbose_name_plural = verbose_name
    def __str__(self):
        return '%s: %s' % (self.id, self.name)
class SKUImage(BaseModel):
    """SKU图片"""
    sku = models.ForeignKey(SKU, on_delete=models.CASCADE,
                                                    verbose_name='sku')
    image = models.ImageField(verbose_name='图片')
    class Meta:
        db_table = 'tb_sku_image'
        verbose_name = 'SKU图片'
        verbose_name_plural = verbose_name
    def __str__(self):
        return '%s %s' % (self.sku.name, self.id)
class SPUSpecification(BaseModel):
    """商品SPU规格"""
    spu = models.ForeignKey(SPU, on_delete=models.CASCADE,
                            related_name='specs', verbose_name='商品SPU')
    name = models.CharField(max_length=20, verbose_name='规格名称')
    class Meta:
        db_table = 'tb_spu_specification'
        verbose_name = '商品SPU规格'
```

```python
            verbose_name_plural = verbose_name
    def __str__(self):
        return '%s: %s' % (self.spu.name, self.name)
class SpecificationOption(BaseModel):
    """ 规格选项 """
    spec = models.ForeignKey(SPUSpecification, related_name='options',
                             on_delete=models.CASCADE, verbose_name='规格')
    value = models.CharField(max_length=20, verbose_name='选项值')
    class Meta:
        db_table = 'tb_specification_option'
        verbose_name = '规格选项'
        verbose_name_plural = verbose_name
    def __str__(self):
        return '%s - %s' % (self.spec, self.value)
class SKUSpecification(BaseModel):
    """SKU 具体规格 """
    sku = models.ForeignKey(SKU, related_name='specs',
                            on_delete=models.CASCADE, verbose_name='sku')
    spec = models.ForeignKey(SPUSpecification, on_delete=models.PROTECT,
                             verbose_name='规格名称')
    option = models.ForeignKey(SpecificationOption,
                               on_delete=models.PROTECT, verbose_name='规格值')
    class Meta:
        db_table = 'tb_sku_specification'
        verbose_name = 'SKU规格'
        verbose_name_plural = verbose_name
    def __str__(self):
        return '%s: %s - %s' % (self.sku, self.spec.name, self.option.value)
```

由于以上定义的模型中涉及图片字段ImageField，所以迁移之前需要先安装Python的图形库Pillow：

```
pip install Pillow
```

完成以上操作后，创建迁移文件并执行迁移，以生成数据库表，命令如下：

```
(xiaoyu_mall) E:\xiaoyu_mall\xiaoyu_mall\apps>python ../../manage.py
                                                            makemigrations
(xiaoyu_mall) E:\xiaoyu_mall\xiaoyu_mall\apps>python ../../manage.py
                                                            migrate
```

2．准备商品数据

商品数据分为商品信息数据和商品图片数据，它们的区别如下：

① 商品信息数据：如商品名称、商品编号、库存、价格等，这些数据都是字符信息，可以直接存储在MySQL数据库中。

② 商品图片数据：MySQL一般只存储图片的地址字符串信息，图片实际存储在物理存储设备中。

3．录入商品数据

（1）SQL脚本录入商品数据

打开数据库xiaoyu，在该数据库中执行本书配套资源提供的SQL脚本文件goods_data.sql，执行完成后可查看到商品类别表和商品表中的数据。

（2）配置图片文件

本项目将图片数据存储在本地磁盘中，将图片名称存储在数据库，在模板文件中拼接文件存储路径与文件名及后缀来读取文件。例如：

```
<img src="/static/images/goods/{{ sku.default_image }}.jpg">
```

至此，商品数据准备完毕。下面将分别实现与商品和广告相关的功能，包括首页广告、商品列表、商品搜索、商品详情，以及与商品和用户同时相关的功能——用户浏览记录。

11.3 呈现首页数据

小鱼商城首页数据由商品频道分类和广告组成，下面在contents中分这两块来呈现首页数据。

11.3.1 呈现首页商品分类

目前小鱼商城首页中呈现的商品分类数据是直接写在模板文件中的示例数据，启动项目，查看首页的商品分类，如图11-6所示。

图11-6 首页商品分类

接下来分析首页商品分类的数据结构，并分步骤实现在首页中展示商品分类信息的功能。

1. 分析首页商品分类的数据结构

呈现页面数据之前，需要根据呈现的效果，分析后端代码中所提供数据的结构，以便前端确定HTML文件中渲染数据的代码样式。

分析首页呈现的商品分类的效果：

① 首页的商品分类部分呈现11个频道组，每个频道组中包含3~4个频道。

② 频道组中的每个频道对应一些分类，鼠标指针放置在频道组时，呈现频道组中所有频道对应的商品分类。

③ 频道组对应的商品分类分为两级，每个分类又细分为多个子类。

总的来说，商品分类中的频道组（与频道）、频道分类以及子类互相关联，首页的商品分类实现了三级联动，同时对频道进行了分组。

分析商品分类在后端的组织形式，以JSON为例，示例数据如下：

```
{
    "1":{
```

```
        "channels":[
            {"id":1,    "name":"手机",    "url":"http://www.itcast.cn/"},
            {"id":2,    "name":"相机",    "url":"http://www.itcast.cn/"}
        ],
        "sub_cats":[
            {
                "id":38,
                "name":"手机通讯",
                "sub_cats":[
                    {"id":115,  "name":"手机"},
                    {"id":116,  "name":"游戏手机"}
                ]
            },
            {
                "id":39,
                "name":"手机配件",
                "sub_cats":[
                    {"id":119,  "name":"手机壳"},
                    {"id":120,  "name":"贴膜"}
                ]
            }
            …
        ]
    },
    "2":{
        "channels":[],
        "sub_cats":[]
    }
    …
}
```

分析以上JSON数据，以上数据分为三层：外层、中间层和内层，下面对各层数据进行说明。

① 外层数据的键为"1""2"，对应商品分类的频道组。对小鱼商城的分类数据而言，外层包含1~11共11个键，如图11-7所示。

② 中间层数据的键为channels和sub_cats，即频道和频道分类。频道channels存储当前组的频道，例如频道组1中的channels存储的频道数据为"手机""相机""数码"。频道分类sub_cats存储频道组中各个频道对应的分类，例如频道组1的sub_cats存储"手机""运营商""数码"这三个频道对应的两个分类：手机通讯、运营商（示例网站中频道组1有7个分类），如图11-8所示。

③ 内层数据是中间层数据sub_cats中元素的第三个键值对，其键为sub_cats，值为频道分类的子类，以频道分类"手机通讯"为例，它对应的子频道为"手机""对讲机""以旧换新""手机维修"，如图11-9所示。

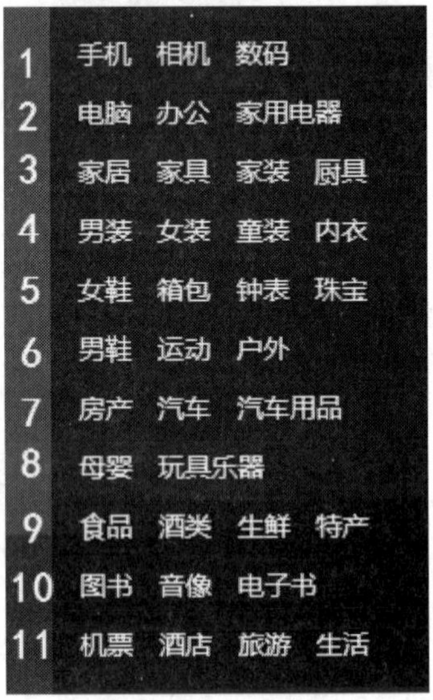

图11-7　商品频道组

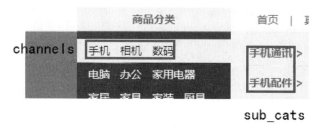

图11-8　channels和sub_cats

图11-9　内层的sub_cats

按照上面的结构，通过频道组可以找到频道和频道分类，通过频道分类可以找到子分类（商品分类）。了解了首页商品分类的数据结构，接下来便可以编写代码，从数据库中查询分类数据，呈现在首页之中。

2. 查询首页商品分类

Django通过模型类访问数据库，在11.2节中将与商品分类相关的模型类——商品频道组GoodsChannelGroup、商品频道GoodsChannel、商品类别GoodsCategory——定义在了goods应用的models.py中，考虑到通过商品频道可以相对方便地查询商品频道组和商品类别，这里将在contents应用中根据商品频道组查询首页商品分类，为此需要在contents的views.py文件中先导入模型类GoodsChannel。此外需要注意，由于呈现在页面中的商品分类信息是有序的，但字典本身无序，所以，在后端代码中定义存储分类数据的字典时，需要导入collections模块中的有序字典OrderedDict。代码如下：

```
from goods.models import GoodsChannel
from collections import OrderedDict
```

下面实现商品分类查询，代码如下：

```
class IndexView(View):
    """首页广告"""
    def get(self, request):
        """提供首页广告页面"""
        # 准备商品分类对应的字典
        categories = OrderedDict()
        # 查询所有的商品频道——37个一级类别
        channels = GoodsChannel.objects.all().order_by('group_id',
                                                       'sequence')
        # 遍历所有频道
        for channel in channels:
            # 获取当前频道所在的组——组只有11个
            group_id = channel.group_id
            # 构造基本的数据框架
            if group_id not in categories:
                categories[group_id] = {
                    'channels': [],
```

```python
            'sub_cats': [],
        }
        # 查询当前频道对应的一级类别
        cat1 = channel.category
        # 将cat1添加到channels——将类别添加到频道
        categories[group_id]['channels'].append({
            'id': cat1.id,
            'name': cat1.name,
            'url': channel.url
        })
        # 查询二级和三级类别
        for cat2 in cat1.subs.all():          # 从一级类别找二级类别
            cat2.sub_cats = []                # 给二级类别添加一个保存三级类别的列表
            for cat3 in cat2.subs.all():      # 从二级类别找三级类别
                cat2.sub_cats.append(cat3)    # 将三级类别添加到二级
            # 将二级类别添加到一级类别的 sub_cats
            categories[group_id]['sub_cats'].append(cat2)
    # 构造上下文
    context = {
        'categories': categories,
    }
    return render(request, 'index.html', context)
```

3. 渲染首页商品分类

后端代码将商品分类信息放在上下文字典中传递给模板文件，模板文件可以通过键categories读取到商品分类信息。修改模板文件index.html中的代码，在前端渲染首页的商品分类，需要修改的部分如下：

```html
<ul class="sub_menu">
    {% for group in categories.values() %}
    <li>
        <div class="level1">
            {% for channel in group.channels %}
            <a href="{{ channel.url }}">{{ channel.name }}</a>
            {% endfor %}
        </div>
        <div class="level2">
            {% for cat2 in group.sub_cats %}
            <div class="list_group">
                <div class="group_name fl">{{ cat2.name }} &gt;</div>
                <div class="group_detail fl">
                    {% for cat3 in cat2.sub_cats %}
                    <a href="/list/{{ cat3.id }}/1/">{{ cat3.name }}</a>
                    {% endfor %}
                </div>
            </div>
            {% endfor %}
        </div>
    </li>
    {% endfor %}
</ul>
```

以上代码在三层循环中遍历categories中的三级数据，并将其渲染到了页面之中。

此时重新启动项目，访问站点http://127.0.0.1:8000/，查看首页的商品分类，若呈现的效果如

图11-10所示，说明项目配置成功。

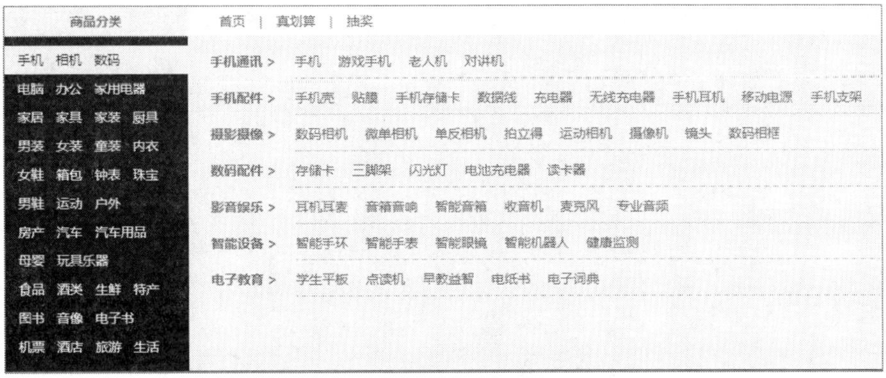

图11-10 呈现首页商品分类

11.3.2 呈现首页商品广告

当前小鱼商城首页的广告数据都是在模板文件中以硬代码形式编写的数据，实际应用中，页面上呈现的数据存储在数据库中，开发人员需要编写代码从数据库中读取数据，在页面中渲染从数据库中读取的数据。接下来先分析广告数据，再分步骤实现呈现首页商品广告信息的功能。

1. 分析广告数据

第9章在分析项目需求时提到，首页的广告分为多种，每种广告包含多条内容。以JSON形式展示广告数据，示例如下：

```
{
    "index_lbt":[
        {
            "id":1,
            "category":1,
            "title":"美图M8s",
            "url":"http://www.itcast.cn",
            "image":"CtM3BVrLmc-AJdVSAAEI5Wm7zaw8639396",
            "text":"",
            "sequence":1,
            "status":1
        },
        {
            "id":2,
            "category":1,
            "title":"黑色星期五",
            "url":"http://www.itcast.cn",
            "image":"CtM3BVrLmiKANEeLAAFfMRWFbY86177278",
            "text":"",
            "sequence":2,
            "status":1
        }
    ],
    "index_kx":[
        {
            "id":4,
            "category":2,
```

```
                "title":"i7顽石低至4199元",
                "url":"http://www.itcast.cn",
                "image":"",
                "text":"",
                "sequence":1,
                "status":1
            },
            {
                "id":5,
                "category":2,
                "title":"奥克斯专场   正1匹空调1313元抢",
                "url":"http://www.itcast.cn",
                "image":"",
                "text":"",
                "sequence":2,
                "status":1
            }
        ]
}
```

结合以上示例数据对广告数据进行分析，广告数据为两层：

① 第一层数据的键值为广告类型，如上述示例中为index_lbt和index_kx，开发人员可通过表示广告类别的键来确定不同的广告在页面上展示的位置。

② 第二层数据为当前类型下所包含的广告的数据，如index_lbt类的广告下包含了id为1和2的两条数据，这两条数据的category都为1（category为数据库中广告类型的编号），每条广告还包含title、url、sequence等信息。其中sequence为排序字段，该字段决定了此条广告在本类广告中的展示顺序。

2．查询首页商品广告

编写代码，查询首页商品广告，代码如下：

```
from contents.models import ContentCategory              # 导入广告类别
class IndexView(View):
    """首页广告"""
    def get(self, request):
        """提供首页广告页面"""
        # 准备商品分类对应的字典
        ...
        # 查询首页广告数据
        # 查询所有的广告类别
        contents = OrderedDict()
        content_categories = ContentCategory.objects.all()
        # 查询出未下架的广告并排序
        for content_category in content_categories:
            contents[content_category.key] = \
                content_category.content_set.filter(
                    status=True).order_by('sequence')
        # 构造上下文
        context = {
            'categories': categories,                      # 分类数据
            'contents': contents,                          # 广告数据
        }
        return render(request, 'index.html', context)
```

3. 渲染首页广告数据

后端代码将商品分类信息放在上下文字典中传递给模板文件，模板文件可以通过键categories读取到商品分类信息。修改模板文件index.html中的代码，在前端渲染首页的商品分类，需要修改的部分如下：

（1）轮播图广告

```
<div class="pos_center_con clearfix">
    <ul class="slide">
    {% for content in contents.index_lbt %}
        <li><a href="{{ content.url }}"><img src="/static/images/goods/{{ content.image }}.jpg" alt="幻灯片 01"></a></li>
    {% endfor %}
</ul>
```

以上代码在循环中遍历contents的轮播图广告，取出数据库中存储的图片文件名，将其和文件资源路径/static/images/goods/及扩展名.jpg拼接成为图片资源，传递给前端页面。

（2）快讯和页头广告

```
<div class="news">
    <div class="news_title">
        <h3>快讯</h3>
        <a href="#">更多 &gt;</a>
    </div>
    <ul class="news_list">
    {% for content in contents.index_kx %}
        <li><a href="{{ content.url }}">{{ content.title }}</a></li>
    {% endfor %}
    </ul>
    {% for content in contents.index_ytgg %}
        <a href="{{ content.url }}" class="advs"><img src="/static/images/goods/{{ content.image }}.jpg"></a>
    {% endfor %}
</div>
```

（3）楼层广告

```
<div class="floor_adv" v-cloak>
    <div class="list_model">
        <div class="list_title clearfix">
            <h3 class="fl" id="model01">1F 手机通讯 </h3>
            ...
        </div>
    </div>
</div>
```

完成以上操作后，重启项目，刷新小鱼商城首页，可观察到最新的广告数据。

11.4 商品列表

在首页中选择不同的商品类别，页面将跳转到相应的商品列表页。本节将来实现商品列表页面。

11.4.1 商品列表页分析

以手机为例,商品列表页面如图11-11所示。

图11-11 商品列表页面

接下来分析商品列表页的功能,并设计和定义商品列表页的接口。

1. 商品列表页功能分析

① 用户在首页选择不同的类别,商品列表页应呈现相应的商品,例如用户选择手机,页面展示的商品应是手机。因此商品列表页需要实现获取商品分类的功能。

② 商品列表页需要呈现面包屑导航信息,如图11-11中为"手机>手机通讯>手机",那么该页面应能根据当前的商品分类找到其上级类别和频道。

③ 呈现商品列表。页面呈现的商品列表分页显示,页面需实现分页功能;呈现的商品需要能够根据价格和人气排序。需要注意,无论如何排序和分页,商品的分类不变;排序时需要知道当前排序的方式;分页时需要知道当前分页的页码,每页展示一定数量的商品。

④ 商品列表页左侧呈现热销商品的排行信息,页面需要实现热销排行功能,即查询出指定分类商品销量前二的商品,呈现在页面左侧。同时注意热销排行中的商品分类和排序、分页的商品分类一致。

2. 商品列表页接口设计和定义

单击首页的商品分类后浏览器应跳转到相应的商品列表页,为了实现页面跳转,并保证跳转到正确页面,需要明确页面的请求信息、响应结果与接口。下面先分析跳转到商品列表页时的请求方式、请求的响应结果,再根据分析定义接口。

(1) 请求方式

从首页跳转到商品列表页面是纯粹的数据获取,不涉及数据提交,因此请求方法为GET;结合以下示例分析请求地址:

```
# 按照商品创建时间排序(默认)
http:// 127.0.0.1:8000/list/115/1/
```

```
http://127.0.0.1:8000/list/115/1/?sort=default
# 按照商品价格由低到高排序
http://127.0.0.1:8000/list/115/1/?sort=price
# 按照商品销量由高到低排序
http:// 127.0.0.1:8000/list/115/1/?sort=hot
# 用户随意传递排序规则
http://127.0.0.1:8000/list/115/1/?sort=itcast
```

对以上示例进行分析,可知请求地址由关键字list、类别id、页码和排序方式组成,将其归纳为正则表达式,具体如下:

```
/list/(?P<category_id>\d+)/(?P<page_num>\d+)/?sort=排序方式
```

以上请求地址中涉及的参数说明如表11-1所示。

表 11-1 请求参数

参 数 名	类 型	是否必传	说 明
category_id	string	是	商品分类 id,第三级分类
page_num	string	是	当前页码
sort	string	否	排序方式

(2)响应结果

商品列表页通过新的模板文件list.html呈现,程序需将该文件作为响应结果返回。

(3)接口定义

在goods应用的views.py文件中定义类ListView,该类的get()方法将处理商品列表页的请求。get()方法接收首页或当前列表页面传递来的参数category_id、page_num和sort,对参数进行校验和处理,返回响应。定义接口,示例代码如下:

```python
from django.http import HttpResponseNotFound
from django.views import View
from goods.models import GoodsCategory
class ListView(View):
    """ 商品列表页 """
    def get(self, request, category_id, page_num):
        """ 提供商品列表页 """
        # 校验参数 category_id
        try:
            category = GoodsCategory.objects.get(id=category_id)
        except GoodsCategory.DoesNotExist:
            return HttpResponseNotFound('" 参数 category_id 不存在 "')
        return render(request, 'list.html')
```

11.4.2 获取商品分类

11.3节中呈现首页商品分类时已经在contents的views.py文件中编写了获取商品分类的代码,基于面向对象的封装思想,这里不再重复编写代码,而是将已编写的代码进行封装,以便此处利用。下面分步骤实现获取商品分类的功能。

① 在contents目录下创建utils.py文件,将获取商品分类的代码封装到此文件中,代码如下:

```python
from collections import OrderedDict
from goods.models import GoodsChannel
```

```python
def get_categories():
    """ 获取商品分类 """
    # 准备商品分类对应的字典
    categories = OrderedDict()
    # 查询并展示商品分类 37 个一级类别
    channels = GoodsChannel.objects.order_by('group_id', 'sequence')
    # 遍历所有频道
    for channel in channels:
        group_id = channel.group_id              # 当前组
        # 获取当前频道所在的组：只有 11 个组
        if group_id not in categories:
            categories[group_id] = {'channels': [], 'sub_cats': []}
        cat1 = channel.category                  # 当前频道的类别
        # 追加当前频道
        categories[group_id]['channels'].append({
            'id': cat1.id,
            'name': cat1.name,
            'url': channel.url
        })
        # 查询二级和三级类别
        for cat2 in cat1.subs.all():             # 从一级类别查找二级类别
            cat2.sub_cats = []    # 给二级类别添加一个保存三级类别的列表
            for cat3 in cat2.subs.all():         # 从二级类别查找三级类别
                cat2.sub_cats.append(cat3)       # 将三级类别添加到二级 sub_cats
            # 将二级类别添加到一级类别的 sub_cats
            categories[group_id]['sub_cats'].append(cat2)
    return categories
```

② 完善goods/views.py中的接口，在其中调用get_categories()函数查询商品分类，将查询结果传递给模板文件。代码如下：

```python
from django.shortcuts import render
from django.views import View
from .models import GoodsCategory
from contents.utils import get_categories
from django.http import HttpResponseForbidden
class ListView(View):
    """ 商品列表页 """
    def get(self, request, category_id, page_num):
        """ 查询并渲染商品列表页 """
        # 校验参数
        try:
            # 三级类别
            category = GoodsCategory.objects.get(id=category_id)
        except GoodsCategory.DoesNotExist:
            return HttpResponseForbidden(" 参数 category_id 不存在 ")
        # 查询商品分类
        categories = get_categories()
        # 构造上下文
        context = {
            'categories': categories,
        }
        return render(request, 'list.html', context)
```

将本书提供的模板文件list.html和 list.js文件分别复制到templates目录和static/js目录下，修改

list.html文件中的假数据,使list.html渲染商品分类数据,修改后的代码如下:

```html
<div class="sub_menu_con fl">
    <h1 class="fl"> 商品分类 </h1>
    <ul class="sub_menu">
        {% for group in categories.values() %}
        <li>
            <div class="level1">
            {% for channel in group.channels %}
                <a href="{{ channel.url }}">{{ channel.name }}</a>
            {% endfor %}
            </div>
            <div class="level2">
                {% for cat2 in group.sub_cats %}
                <div class="list_group">
                    <div class="group_name fl">{{ cat2.name }} &gt;</div>
                    <div class="group_detail fl">
                        {% for cat3 in cat2.sub_cats %}
                         <a href="/list/{{ cat3.id }}/1/">{{ cat3.name }}</a>
                        {% endfor %}
                    </div>
                </div>
                {% endfor %}
            </div>
        </li>
        {% endfor %}
    </ul>
</div>
```

以上代码与index.html页面渲染商品分类的代码相同,此处不再赘述。

③ 配置urls.py。在goods目录下创建urls.py文件,在根路由和goods应用的子路由中配置URL,代码分别如下:

- 根路由urls.py:

```python
path('', include('goods.urls', namespace='goods')),
```

- 子路由goods/urls.py:

```python
from django.urls import path
app_name = 'goods'
from . import views
urlpatterns = [
    # 商品列表页
    path('list/<int:category_id>/<int:page_num>/',
 views.ListView.as_view(), name='list'),
]
```

配置完成后,重启项目,刷新页面,通过商品分类进入商品列表页,将鼠标指针放置在商品列表页的"商品分类"上,效果如图11-12所示。

若商品列表页能够呈现从数据库中读取的数据,说明获取商品分类的功能成功实现。

最后注意可以修改contents应用views.py中的代码,使contents应用利用以上封装到utils.py的get_categoties()函数,修改后的代码如下:

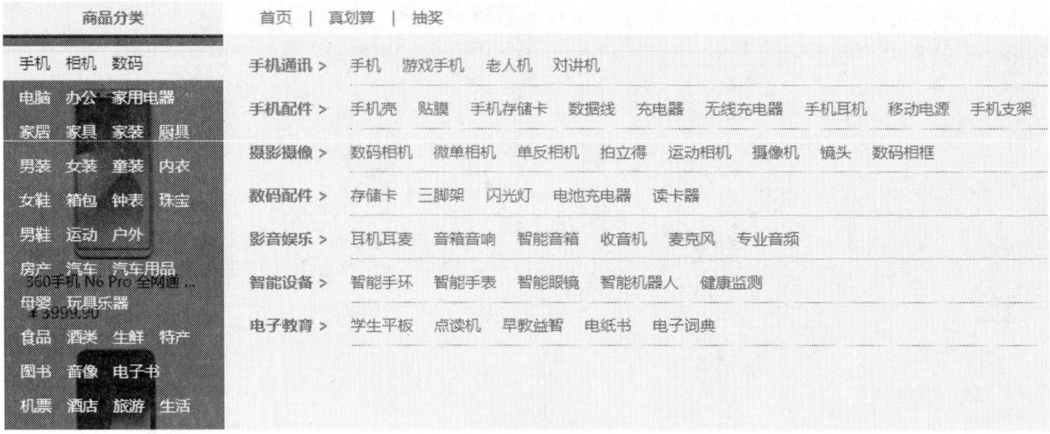

图11-12 商品列表页-商品分类

```python
from django.shortcuts import render
from django.views import View
from collections import OrderedDict          # 有序字典
from .models import ContentCategory
from contents.utils import get_categories
class IndexView(View):
    def get(self, request):
        """提供首页广告页面"""
        categories = get_categories()
        # 查询首页广告数据
        # 查询所有的广告类别
        content_categories = ContentCategory.objects.all()
        # 使用广告类别查询出该类别对应的所有的广告内容
        contents = OrderedDict()
        # 查询出未下架的广告并排序
        for content_categorie in content_categories:
            contents[content_categorie.key] = \
content_categorie.content_set.filter(status=True).order_by('sequence')
        # 渲染模板的上下文
        context = {
            'categories': categories,
            'contents': contents,
        }
        return render(request, 'index.html', context)
```

11.4.3 列表面包屑导航

商品列表页的面包屑导航如图11-13所示。

图11-13所示的面包屑导航依次为一级、二级、三级商品类别。商品列表页当前接收了参数category_id，即三级商品类别，根据之前对商品分类数据的分析可知，商品类别表是一个自关联表，其中有一个字段parent，因此通过三级类别的parent字段可以找到二级类别，通过二级类别的parent字段可以找到一级类别。下面编写代码，实现面包屑导航。

手机 > 手机通讯 > 手机

图11-13 面包屑导航

① 面包屑导航是小鱼商城会多次使用的功能，这里在goods应用中创建utils.py文件，定义get_

breadcrumb()函数，实现根据三级分类查询面包屑导航的功能。具体代码如下：

```python
def get_breadcrumb(category):
    """
    获取面包屑导航
    :param category: 类别对象：一级  二级   三级
    :return: 一级：返回一级   二级：返回一级+二级   三级：一级+二级+三级
    """
    breadcrumb = {
        'cat1': '',
        'cat2': '',
        'cat3': '',
    }
    if category.parent == None:                    # 一级类别
        breadcrumb['cat1'] = category
    elif category.subs.count() == 0:               # 三级类别
        cat2 = category.parent
        breadcrumb['cat1'] = cat2.parent
        breadcrumb['cat2'] = cat2
        breadcrumb['cat3'] = category
    else:                                          # 二级类别
        breadcrumb['cat1'] = category.parent
        breadcrumb['cat2'] = category
    return breadcrumb
```

② 在goods/views.py文件中完善ListView的get()方法，具体操作为：调用get_breadcrumb()函数查询面包屑导航，将查询结果保存在上下文中传递给list.html。完善后的代码如下：

```python
from .utils import get_breadcrumb
class ListView(View):
    """ 商品列表页 """
    def get(self, request, category_id, page_num):
        """ 查询并渲染商品列表页 """
        ...
        # 查询面包屑导航：一级 ==> 二级 ==> 一级
        breadcrumb = get_breadcrumb(category)
        # 构造上下文
        context = {
            'categories': categories,
            'breadcrumb': breadcrumb,
        }
        return render(request, 'list.html', context)
```

③ 修改list.html文件，在其中渲染面包屑导航数据，修改后的代码如下：

```html
<div class="breadcrumb">
    <a href="http://shouji.com/">{{ breadcrumb.cat1.name }}</a>
    <span></span>
    <a href="javascript:;">{{ breadcrumb.cat2.name }}</a>
    <span></span>
    <a href="javascript:;">{{ breadcrumb.cat3.name }}</a>
</div>
```

④ 重启项目，访问站点http://127.0.0.1:8000/，在首页依次选择"手机"→"手机配件"→"贴膜"，进入商品列表页，观察到的面包屑导航如图11-14所示。

图11-14 面包屑导航

11.4.4 呈现商品列表

商品列表的呈现相对复杂，因为在呈现商品的同时还需要实现分页和排序。下面先来分析这些功能的业务逻辑，再实现商品列表的呈现。

1. 业务逻辑分析

商品列表的呈现包含获取商品列表、排序和分页三个功能，下面分别分析这三个功能。

（1）获取商品列表

商品列表中的每一个数据是一个SKU，商品类别与SKU之间存在一对多关系；11.4.1节分析商品列表页时定义了ListView类的get()方法，该方法接收前端页面传递来的商品类别的id——category_id，并通过该参数查询了商品类别。那么这里可以通过商品类别与SKU之间的一对多关系，从数据库中查询出当前类别下所有上架的SKU，查询代码如下：

```
skus = category.sku_set.filter(is_launched=True)
```

以上代码利用filter()方法而非all()方法进行查询，这是因为商品有个记录状态的字段is_launched，该字段为True时表示商品在售，为False时表示商品已下架。商品列表中应只展示在售的商品，所以这里需要使用filter()获取过滤后的结果。

（2）排序

商品列表页的排序方式分为默认（按商品的创建日期）、按价格（由高到低）排序和按人气（销量由高到低）排序。代码中可通过request对象GET字段中的数据获取排序方式，示例如下：

```
sort = request.GET.get('sort', 'default')
```

以上代码用于接收sort参数，该参数有price和hot两种取值，即按照价格或人气排序。若用户未传入sort参数，使用默认的排序规则，即根据商品创建日期排序。

之后根据排序方式设置SKU表的排序字段，再根据排序字段对查询到的商品列表进行排序。代码如下：

```
# 接收sort参数：若未接收到，使用默认的排序规则
sort = request.GET.get('sort', 'default')
# 按照排序规则查询该分类商品SKU信息
if sort == 'price':
    sort_field = 'price'
elif sort == 'hot':
    sort_field = '-sales'
else:
    sort = 'default'
    sort_field = 'create_time'
skus = SKU.objects.filter(category=category,
                          is_launched=True).order_by(sort_field)
```

（3）分页

实现分页功能需要使用django.core.paginator模块的Paginator类，该类的构造方法可接收对象列表和每页的对象数量，返回分页后的数据，示例如下：

```
paginator = Paginator(skus, 5)
page_skus = paginator.page(page_num)
```

前端展示的对象仅为用户当前要查看的那一页所包含的记录，因此分页完成后需要根据用户要查看的页码，获取相应记录，这里将使用paginator对象的page()方法实现此功能；另外，若用户指定的页面为空，需要抛出异常。示例如下：

```
try:
    page_skus = paginator.page(page_num)
except EmptyPage:
    return HttpResponseForbidden('Empty Page')
```

以上代码使用的异常EmptyPage定义在django.core.paginator模块中。

2．呈现商品列表

（1）编写视图文件，完善业务逻辑

在goods/views.py文件中组织和完善以上代码，完善后的代码如下：

```
from contents.utils import get_categories
from django.http import HttpResponseForbidden
from django.core.paginator import Paginator, EmptyPage
from .models import SKU
class ListView(View):
    """ 商品列表页 """
    def get(self, request, category_id, page_num):
        """ 查询并渲染商品列表页 """
        # 校验参数
        try:
            # 三级类别
            category = GoodsCategory.objects.get(id=category_id)
        except GoodsCategory.DoesNotExist:
            return HttpResponseForbidden(" 参数 category_id 不存在 ")
        # 查询商品分类
        categories = get_categories()
        # 查询面包屑导航：一级 ==> 二级 ==> 一级
        breadcrumb = get_breadcrumb(category)
        # 接收 sort 参数：若未接收到，则使用默认的排序规则
        sort = request.GET.get('sort', 'default')
        # 按照排序规则查询该分类商品 SKU 信息
        if sort == 'price':
            sort_field = 'price'
        elif sort == 'hot':
            sort_field = '-sales'
        else:
            sort = 'default'
            sort_field = 'create_time'
        skus = SKU.objects.filter(category=category, is_launched=True).\
                           order_by(sort_field)
        # 创建分页器
        paginator = Paginator(skus, 5)          # 对 skus 进行分页，每页有 5 条记录
        # 需要获取用户当前要看的那一页
        try:
            page_skus = paginator.page(page_num)
        except EmptyPage:
            return HttpResponseForbidden('Empty Page')
        # 获取总页数，前端的分页插件需要使用
        total_page = paginator.num_pages
        # 构造上下文
        context = {
            'categories': categories,
            'breadcrumb': breadcrumb,
            'sort': sort,
            'page_skus': page_skus,
```

```
                'total_page': total_page,
                'page_num': page_num,
                'category_id': category_id,
            }
            return render(request, 'list.html', context)
```

（2）修改模板文件，渲染列表分页和排序数据

打开模板文件list.html，修改代码：

```
<div class="r_wrap fr clearfix">
    <div class="sort_bar">
        <a href="{{ url('goods:list', args=(category_id, 1)) }}
           ?sort=default" {% if sort=='default' %}
           class="active"{% endif %}>默认 </a>
        <a href="{{ url('goods:list', args=(category_id, 1)) }}
           ?sort=price" {% if sort=='price' %}
           class="active"{% endif %}>价格 </a>
        <a href="{{ url('goods:list', args=(category_id, 1)) }}
           ?sort=hot" {% if sort=='hot' %}
           class="active"{% endif %}>人气 </a>
    </div>
    <ul class="goods_type_list clearfix">
        {% for sku in page_skus %}
            <li>
                <a href="detail.html"><img src="/static/images/goods/
                    {{ sku.default_image }}.jpg"></a>
                <h4><a href=" detail.html ">{{ sku.name }}</a></h4>
                <div class="operate">
                    <span class="price">￥{{ sku.price }}</span>
                    <span class="unit"> 台 </span>
                    <a href="#" class="add_goods" title=" 加入购物车 "></a>
                </div>
            </li>
        {% endfor %}
    </ul>
</div>
```

（3）准备分页器标签

此时前端页面已经能呈现商品列表，并能根据人气和价格呈现不同的数据，但所有数据都在一页中显示。我们还需要在模板文件中准备分页器标签，编写实现分页器交互的脚本代码。具体操作如下：

在list.html中添加分页器标签代码，修改后的代码如下：

```
<head>
    {# 前端分页器插件内容，注意导入样式时放在最前面导入 #}
    <link rel="stylesheet" type="text/css" href="{
        { static('css/jquery.pagination.css') }}">
    ...
</head>
<div class="r_wrap fr clearfix">
    ...
    </ul>
    {# 前端分页器插件内容 #}
    <div class="pagenation">
        <div id="pagination" class="page"></div>
```

在list.html中添加分页器交互代码，具体如下：

```html
<body>
    ...
    <script type="text/javascript" src="{{
        static('js/jquery.pagination.min.js') }}"></script>
    <script>
        $(function () {
            $('#pagination').pagination({
                currentPage: {{ page_num }},      // 当前所在页码
                totalPage: {{ total_page }},      // 总页数
                callback:function (current) {
                    location.href = '/list/{{ category_id }}/'
                                  + current + '/?sort={{ sort }}';
                }
            })
        });
    </script>
</body>
```

至此，商品列表的呈现实现完毕。重启项目，刷新页面，商品列表如图11-15所示。

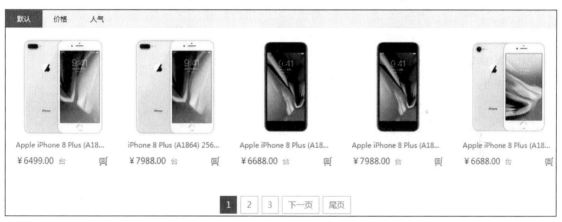

（a）默认排序

（b）人气排序

图11-15　商品列表

11.4.5 列表页热销排行

小鱼商城的多个页面（如商品列表页）都包含展示热销商品的功能。本节将分析热销排行的业务逻辑，并以列表页为例分接口定义与实现、渲染列表页热销排行数据、渲染商品页热销排行界面和配置URL这几个步骤实现热销排行功能。

1. 业务逻辑分析

热销排行显示当前类别销量最高、未下架的两种商品，因此应从SKU表中根据category_id查询商品、将筛选出的商品按销量由高到低排序，再使用切片取出排名第一、第二的两个商品。

在商品销售火爆的情况下，热销商品频繁变动，热销排行应实时刷新，但商品列表一般情况下不会变化，因此热销排行需要局部刷新。实现局部刷新需要前端发送AJAX请求，后端返回JSON数据。

热销商品的类别应与当前列表页的类别相同，前端页面以GET方式发送AJAX请求，并利用category_id传递商品类别。ListView类的get()方法应将category_id放在上下文中传递给模板。

此外需要定义AJAX请求的地址，代码如下：

```
/hot/(?P<category_id>\d+)/
```

后端响应的JSON数据包含以下字段：

① code：状态码。
② errmsg：错误信息。
③ hot_skus：热销SKU列表。
④ id：SKU编号。
⑤ default_image_url：商品默认图片。
⑥ name：商品名称。
⑦ price：商品价格。

热销数据的结构示例如下：

```
{
    "code":"0",
    "errmsg":"OK",
    "hot_skus":[
        {
            "id":6,
            "default_image_url":"http://127.0.0.1:8000/static/images
                                /goods/CtM3BVrRbI2AReKNAAFZsBqChgk3141998",
            "name":"Apple    iPhone   8   Plus   (A1864) 256GB
                    深空灰    移动联通电信 4G 手机",
            "price":"7988.00"
        },
        {
            "id":14,
            "default_image_url":"http://127.0.0.1:8000/static/images
                                /goods/CtM3BVrRdMSAaDUtAAVslh9vkK04466364",
            "name":" 华为   HUAWEI  P10 Plus    6GB+128GB
                     玫瑰金 移动联通电信 4G 手机  双卡双待 ",
            "price":"3788.00"
        }
    ]
}
```

商品列表页面需要发送AJAX请求，根据查询当下热销产品，并实现热销排行的局部刷新。

2．接口定义与实现

根据以上分析，在goods/views.py中定义与实现热销排行接口，代码如下：

```python
from django.http import JsonResponse
from django.conf import settings
from xiaoyu_mall.utils.response_code import RETCODE
from .models import SKU
class HostGoodsView(View):
    """热销排行"""
    def get(self, request, category_id):
        # 查询热销数据（结果为SKU模型类的对象列表）
        skus = SKU.objects.filter(category_id=category_id,
                                  is_launched=True).order_by('-sales')[:2]
        # 将模型列表转字典构造JSON数据
        hot_skus = []
        for sku in skus:
            sku_dict = {
                'id': sku.id,
                'name': sku.name,
                'price': sku.price,
                'default_image_url': settings.STATIC_URL + 'images/goods/'
                                     + sku.default_image.url + '.jpg'
            }
            hot_skus.append(sku_dict)
        return JsonResponse({'code': RETCODE.OK, 'errmsg': 'OK',
                             'hot_skus': hot_skus})
```

3．渲染列表页热销排行数据

JS文件中需要根据category_id查询热销数据，因此需要先在模板文件list.html中将category_id传递到JS文件。代码如下：

```html
<script type="text/javascript">
    let category_id = "{{ category_id }}";
</script>
```

然后在list.js中接收category_id，定义函数处理请求。代码如下：

```javascript
let vm = new Vue({
    el: '#app',
    delimiters: ['[[', ']]'],
    data: {
        category_id: category_id,
        ...
    },
    mounted(){
        // 获取热销商品数据
        this.get_hot_skus();
    },
    methods: {
        // 获取热销商品数据
        get_hot_skus(){
            if (this.category_id) {
                let url = '/hot/'+ this.category_id +'/';
                axios.get(url, {
                    responseType: 'json'
```

```
                })
                .then(response => {
                    this.hot_skus = response.data.hot_skus;
                    for(let i=0; i<this.hot_skus.length; i++){
                        this.hot_skus[i].url = '/detail/'
                                                 + this.hot_skus[i].id + '/';
                    }
                })
                .catch(error => {
                    console.log(error.response);
                })
        }
    },
}
});
```

4. 渲染商品热销排行界面

在模板文件中呈现AJAX请求获得的响应，代码如下：

```
<h3> 热销排行 </h3>
<ul>
    <li v-for="sku in hot_skus">
        <a :href="sku.url">
            <img :src="sku.default_image_url"></a>
        <h4><a :href="sku.url">[[ sku.name ]]</a></h4>
        <div class="price">¥[[ sku.price ]]</div>
    </li>
</ul>
```

5. 配置URL

最后在goods/urls.py中配置URL，代码如下：

```
# 热销排行
path('hot/<int:category_id>/',
     views.HostGoodsView.as_view()),
```

至此，热销排行实现完毕。重启项目，刷新页面（http://127.0.0.1:8000/list/115/1/），商品列表页的热销排行如图11-16所示。

图11-16 热销排行

11.5 商品搜索

小鱼商城的商品列表、商品详情等页面都有搜索框，在搜索框中输入关键词，单击"搜索"按钮，将会呈现符合条件的商品列表。下面分准备搜索引擎、渲染商品搜索结果和搜索结果分页三节，以在商品列表页为例实现商品搜索功能。

11.5.1 准备搜索引擎

本节借助全文搜索引擎实现商品搜索功能。与模糊查询相比，全文搜索引擎的效率更高，且能够处理分词。Django支持的全文搜索引擎有whoosh、Elasticsearch、solr、Xapian，其中whoosh由纯Python实现，与其他三个搜索引擎相比，它易读易用、稳定、功能强大、速度快，因此本节选择whoosh作为小鱼商城的全文搜索引擎。

在小鱼商城项目中使用whoosh需要先解决语言问题。whoosh自带的是英文分词功能，它对中文分词的支持不够良好，所以需要使用中文分词库——jieba替换whoosh的分词组件。

另外，为了在Django中对接搜索引擎的框架，需要在项目中搭建使用搜索引擎的桥梁。Django的第三方搜索引擎客户端工具是Haystack，它提供了对多种搜索引擎的支持，可以在不修改代码的情况下使用不同的搜索引擎。在虚拟环境中安装搜索引擎whoosh、jieba分词和Haystack的软件包，命令如下：

```
pip install whoosh
pip install jieba
pip install django-haystack
```

下面在项目中配置搜索引擎。

（1）修改dev.py文件，在项目中安装应用haystack

```
INSTALLED_APPS = [
    ...
    'haystack',                          ]
```

（2）在dev.py文件中配置搜索引擎whoosh

```
HAYSTACK_CONNECTIONS = {
    'default': {
        # 使用whoosh引擎
        'ENGINE': 'haystack.backends.whoosh_cn_backend.WhooshEngine',
        # 索引文件路径
        'PATH': os.path.join(BASE_DIR, 'whoosh_index'),
    }
}
# 当添加、修改、删除数据时，自动生成索引
HAYSTACK_SIGNAL_PROCESSOR = 'haystack.signals.RealtimeSignalProcessor'
```

（3）替换whoosh自带的分词组件

① 先找到虚拟环境下的haystack目录，本教材的虚拟环境放置在C:\Users\admin\Envs\目录下，进入该目录中的如下路径：

```
xiaoyu_mall\Lib\site-packages\haystack\backends
```

② 在backends目录中创建ChineseAnalyzer.py文件，在文件中写入如下内容并保存：

```
import jieba
from whoosh.analysis import Tokenizer, Token
class ChineseTokenizer(Tokenizer):
    def __call__(self, value, positions=False, chars=False,
                 keeporiginal=False, removestops=True,
                 start_pos=0, start_char=0, mode='', **kwargs):
        t = Token(positions, chars, removestops=removestops, mode=mode,
                  **kwargs)
        seglist = jieba.cut(value, cut_all=True)
        for w in seglist:
            t.original = t.text = w
            t.boost = 1.0
            if positions:
                t.pos = start_pos + value.find(w)
            if chars:
                t.startchar = start_char + value.find(w)
                t.endchar = start_char + value.find(w) + len(w)
            yield t
```

```
def ChineseAnalyzer():
    return ChineseTokenizer()
```

③ 复制whoosh_backend.py文件，将副本更名为whoosh_cn_backend.py。

④ 打开whoosh_cn_backend.py，引入中文分析类：

```
from .ChineseAnalyzer import ChineseAnalyzer
```

注意：whoosh_cn_backend.py文件的第一条导入语句必须是"from __future__ import absolute_import, division, print_function, unicode_literals"，不能在该语句之前导入中文分析类。

⑤ 在whoosh_cn_backend.py中使用中文分析类：查找whoosh_cn_backend.py中的"analyzer=StemmingAnalyzer()"，将其改为"analyzer=ChineseAnalyzer()"。

⑥ 在goods应用中创建索引类，指明让搜索引擎对哪些字段建立索引，也就是可以通过哪些字段的关键字来检索数据。本项目中对SKU信息进行全文检索，因为SKU模型类定义在goods应用中，所以将存放索引类的文件也放在goods应用中。具体操作为：在goods中新建search_indexes.py文件，在其中写入如下代码并保存。

```
from haystack import indexes
from .models import SKU
class SKUIndex(indexes.SearchIndex, indexes.Indexable):
    """SKU 索引数据模型类"""
    # 接收索引字段：使用文档定义索引字段，并且使用模板语法渲染
    text = indexes.CharField(document=True, use_template=True)
    def get_model(self):
        """返回建立索引的模型类"""
        return SKU
    def index_queryset(self, using=None):
        """返回要建立索引的数据查询集"""
        return self.get_model().objects.filter(is_launched=True)
```

对索引类SKUIndex的说明如下：SKUIndex中建立的字段都可以借助Haystack由whoosh搜索引擎查询；text字段声明为document=True，表明该字段是主要进行关键字查询的字段；text字段的索引值可以由多个数据库模型类字段组成，这里将use_template设置为True，表明索引具体由哪些模型类字段组成将在后续通过模板来指明。

⑦ 在templates/search/indexes/目录（硬性规定，不可更改）下创建goods目录，在其中创建sku_text.txt文件，在其中指定索引的属性：

```
{{object.id}}
{{object.name}}
{{object.caption}}
```

模板文件说明：当将关键词通过text参数名传递时，此模板指明SKU的id、name、caption将作为text字段的索引值来进行关键字索引查询。

⑧ 使用下面的命令手动生成初始索引：

```
python manage.py rebuild_index
```

当执行此条命令时，程序会加载Haystack的配置信息，Haystack会根据配置找到whoosh。命令执行后会询问是按照配置创建索引，选择"y"继续执行命令。

⑨ 配置路由。打开根路由文件urls.py，在其中添加Hatstack的路由配置信息，代码如下：

```
path('search/', include('haystack.urls')),
```

⑩ 配置模板文件。模板文件list.html定义了搜索表单，代码如下：

```html
<form method="get" action="/search/" class="search_con">
    <input type="text" class="input_text fl" name="q" placeholder="搜索商品">
    <input type="submit" class="input_btn fr" name="" value="搜索">
</form>
```

以上代码规定了搜索请求的方式为GET、请求地址为/search/、请求参数为"q"，这是搜索信息由Haystack规定。

至此，搜索引擎准备完成。

11.5.2 渲染商品搜索结果

将本书提供的模板文件search.html复制到templates/search/目录中，作为搜索结果页面。
Haystack返回的数据包括：

① query：搜索关键字。
② paginator：分页paginator对象。
③ page：当前页的page对象（遍历page中的对象，可以得到result对象）。
④ result.object：当前遍历出来的SKU对象。

在search.html文件中渲染商品搜索结果，代码如下：

```html
<div class = "main_wrap clearfix">
    <div class = " clearfix">
        <ul class = "goods_type_list clearfix">
        {% for result in page %}
        <li>
            <a href = "detail.html"><img src = "/static/ images/goods/
                        {{ result.object.default_image }}.jpg"></a>
            <h4><a href = "detail.html">{{ result.object.name }}</a></h4>
            <div class = "operate">
                <span class = "price">¥{{ result.object.price }}</span>
                <span>{{ result.object.comments }}评价</span>
                <span class = "unit">台</span>
                <a href = "#" class = "add_goods" title = "加入购物车"></a>
            </div>
        </li>
        {% else %}
            <p>没有找到您要查询的商品。</p>
        {% endfor %}
        </ul>
        <div class = "pagenation">
            <div id = "pagination" class = "page"></div>
        </div>
    </div>
</div>
```

至此，商品搜索结果渲染完毕。重启项目，在商品列表页（http://127.0.0.1:8000/list/115/1/）搜索"iPhone"，搜索结果如图11-17所示。

图11-17 搜索结果

11.5.3 搜索结果分页

通过HAYSTACK_SEARCH_RESULTS_PER_PAGE可以控制搜索结果页面显示的记录数量，在dev.py中配置每页显示5条记录，代码如下：

```
HAYSTACK_SEARCH_RESULTS_PER_PAGE = 5
```

在模板文件search.html中添加搜索页分页器，代码如下：

```
<div class="main_wrap clearfix">
    <div class=" clearfix">
        ...
        <div class="pagenation">
            <div id="pagination" class="page"></div>
        </div>
    </div>
...
<script>
    $(function () {
        $('#pagination').pagination({
            currentPage: {{ page.number }},
            totalPage: {{ paginator.num_pages }},
            callback:function (current) {
            location.href = '/search/?q={{ query }}&page=' + current;
            }
        })
    });
</script>
```

刷新搜索结果页（http://127.0.0.1:8000/search/?q=iPhone），搜索结果如图11-18所示。

图11-18 分页后的搜索结果

11.6 商品详情

商品详情页主要包含商品分类、面包屑导航、热销排行、商品搜索和商品详情5个部分,除商品详情外的其余功能已经实现完毕,前端只需直接调用相关方法或接口即可。本节开始呈现商品详情页面相关数据。

11.6.1 分析与准备商品详情页

商品详情页呈现一类商品的详情信息和本类商品中某个SKU的图片、名字、副标题、规格等信息。例如,单击商品列表页中金色、64 GB的iPhone 8 Plus,商品详情页呈现iPhone 8 Plus的信息,和金色iPhone 8 Plus的图片、标题等,默认选中的规格为金色、64GB。为此,商品详情页必须知道当前需要渲染的是哪个SKU,这就要求在用户单击商品发送请求的同时,将当前商品的sku_id传递到商品详情页;另外,由于发生了页面跳转,需要配置URL,这里设置请求地址为:

```
/detail/(?P<sku_id>\d+)/
```

请求商品详情页时需要获取数据,请求方式为GET;商品详情页通过模板文件detail.html呈现。在goods/views.py中定义接口,代码如下:

```python
class DetailView(View):
    """ 商品详情页 """
    def get(self, request, sku_id):
        """ 提供商品详情页 """
        return render(request, 'detail.html')
```

商品频道分类、面包屑导航、热销排行已经实现,这里只需将商品列表页实现的代码复制到商品详情页即可。代码如下:

```python
class DetailView(View):
    """ 商品详情页 """
    def get(self, request, sku_id):
        """ 提供商品详情页 """
        # 获取当前 SKU 的信息
        try:
            sku = SKU.objects.get(id=sku_id)
        except SKU.DoesNotExist:
            return render(request, '404.html')
        # 查询商品频道分类
        categories = get_categories()
        # 查询面包屑导航
        breadcrumb = get_breadcrumb(sku.category)
        # 渲染页面
        context = {
            'categories': categories,
            'breadcrumb': breadcrumb,
            'sku': sku,
        }
        return render(request, 'detail.html', context)
```

将本书配套资源提供的商品详情页模板文件detail.html、404.html复制到templates目录,JS文件detail.js复制到static/js目录。为了让前端能够根据商品分类渲染商品热销排行数据,需要将商品分类id传入detail.js。detail.html中的相关代码如下:

```
<script type="text/javascript">
```

```
    let category_id = "{{ sku.category.id }}";
</script>
```

detail.js中的相关代码如下：

```
data: {
    ...
    category_id: category_id,
    ...
}
```

至此，商品详情页的商品分类、面包屑导航和热搜排行功能也已实现，商品详情页准备完毕。

11.6.2　呈现商品详情数据

商品详情页默认呈现跳转之前所选择的商品的图片、名称、副标题以及规格选项等内容，地址栏中为detail/sku_id。例如，单击商品列表页的商品"Apple iPhone 8 Plus (A1864) 64GB 金色 移动联通电信4G手机"，该商品在数据库中的sku_id为3，此时商品详情页地址为"detail/3"，页面展示金色iPhone 8P的图片、名称、副标题，以及iPhone 8P的所有规格，同时选中3号商品的规格"金色""64GB"，如图11-19所示。

图11-19　商品详情页图示

用户可以在商品详情页选择商品的数量、规格（包括颜色和内存），当数量改变时，总价同步改变；当选择不同的规格时，地址栏的sku_id、商品的图片、名称、副标题、价格和总价都需要改变。但一个SPU对应一组商品详情、规格与包装、售后服务信息，规格改变不影响这些信息。

根据以上分析，将商品详情分为SKU详情信息、SPU详情信息和规格信息分别渲染。

1．渲染SKU详情信息

商品详情中的图片、名字、副标题、价格存储在SKU表中，而商品规格涉及联表查询，因此下面先来呈现这些信息以及数量和总价。使用以下代码替换detail.html中的代码：

```
<div class="goods_detail_con clearfix">
    <div class="goods_detail_pic fl"><img src="/static/images/goods/
{{ sku.default_image }}.jpg"></div>
    <div class="goods_detail_list fr">
        <h3>{{ sku.name }}</h3>
        <p>{{ sku.caption }}</p>
        <div class="price_bar">
            <span class="show_pirce">¥<em>{{ sku.price }}</em></span>
                <a href="javascript:;" class="goods_judge">18 人评价 </a>
        </div>
        <div class="goods_num clearfix">
            <div class="num_name fl">数 量: </div>
            <div class="num_add fl">
                <input v-model="sku_count" @blur="check_sku_count"
                                    type="text" class="num_show fl">
                <a @click="on_addition" class="add fr">+</a>
                <a @click="on_minus" class="minus fr">-</a>
            </div>
        </div>
            {# 规格信息 #}
        <div class="total" v-cloak>总价: <em>[[ sku_amount ]]元 </em></div>
        <div class="operate_btn">
            <a @click="add_carts" class="add_cart" id="add_cart">
                                                    加入购物车 </a>
        </div>
    </div>
</div>
```

商品详情页需要呈现用户选择商品数量时价格的局部刷新效果,因此需要将商品单价从模板传入到JS文件中,以便实现总价的计算和呈现。在detail.html文件中添加如下代码以实现传递商品单价的功能:

```
<script type="text/javascript">
    let sku_price = "{{ sku.price }}";
    let category_id = "{{ sku.category.id }}";
    let sku_id = "{{ sku.id }}";
    let stock = "{{ stock }}";
</script>
```

在detail.js文件中添加如下代码:

```
data: {
    ...
    category_id: category_id,
    sku_price: sku_price,
    sku_id: sku_id,
    stock:stock,
    ...
}
```

2. 渲染详情、包装和售后信息

商品详情、包装和售后信息存储在SPU表中,利用关联查询,可通过SKU查询SPU信息。detail.html中用于渲染详情、包装和售后信息的代码如下:

```
<div class="r_wrap fr clearfix">
    <ul class="detail_tab clearfix">
```

```
            <li @click="on_tab_content('detail')" :class="tab_content.detail?
                'active':''">商品详情</li>
            <li @click="on_tab_content('pack')" :class="tab_content.pack?
                'active':''">规格与包装</li>
            <li @click="on_tab_content('service')" :class="tab_content.service?
                'active':''">售后服务</li>
        </ul>
        <div @click="on_tab_content('detail')"
            class="tab_content" :class="tab_content.detail?'current':''">
            <dl>
                <dt>商品详情:</dt>
                <dd>{{ sku.spu.desc_detail|safe }}</dd>
            </dl>
        </div>
        <div @click="on_tab_content('pack')"
            class="tab_content" :class="tab_content.pack?'current':''">
            <dl>
                <dt>规格与包装:</dt>
                <dd>{{ sku.spu.desc_pack|safe }}</dd>
            </dl>
        </div>
        <div @click="on_tab_content('service')"
            class="tab_content" :class="tab_content.service?'current':''">
            <dl>
                <dt>售后服务:</dt>
                <dd>{{ sku.spu.desc_service|safe }}</dd>
            </dl>
        </div>
</div>
```

3. 查询和渲染SKU规格信息

商品详情页面呈现当前商品的所有规格以及每种规格的所有选项，当用户在页面中切换规格选项时，页面应跟随选择呈现不同的SKU。例如，在iPhone 8P页面，用户选择金色、64 GB时，页面呈现3号SKU（sku_id为3），选择金色、256 GB时，页面呈现4号SKU。因此规格信息部分应渲染的内容包括：

① 当前商品的所有规格信息。
② 当前选中的SKU规格信息。

完善DetailView类的get()方法，令其返回规格相关的信息，完善后的代码如下：

```
class DetailView(View):
    """ 商品详情页 """
    def get(self, request, sku_id):
        """ 提供商品详情页 """
        ...                                           # SKU、频道分类、面包屑导航
        # 构建当前商品的规格键
        sku_specs = sku.specs.order_by('spec_id')
        # 记录当前SKU的规格选项id（列表）
        sku_key = []
        for spec in sku_specs:
            sku_key.append(spec.option.id)
        # 获取当前商品的所有SKU
        skus = sku.spu.sku_set.all()
        # 构建当前商品所有SKU的规格参数字典，键为规格id元组，值为sku_id
```

```python
        spec_sku_map = {}
        for s in skus:
            # 获取SKU的规格参数
            s_specs = s.specs.order_by('spec_id')
            # 用于形成规格参数-SKU字典的键
            key = []
            for spec in s_specs:
                key.append(spec.option.id)                # 制作键——规格元组
            # 向规格参数-SKU字典添加记录
            spec_sku_map[tuple(key)] = s.id               # 制作SKU的规格参数字典
    # 获取当前商品所属SPU的规格
    goods_specs = sku.spu.specs.order_by('id')
    # 若当前SKU的规格信息不完整,则不再继续
    if len(sku_key) < len(goods_specs):
        return
    # 找到与key关联的SKU
    for index, spec in enumerate(goods_specs):
        # 复制当前SKU的规格键
        key = sku_key[:]
        # 该规格的选项
        spec_options = spec.options.all()
        for option in spec_options:
            # 在规格参数SKU字典中查找符合当前规格的SKU
            key[index] = option.id
            option.sku_id = spec_sku_map.get(tuple(key))
        spec.spec_options = spec_options       # 为SPU规格选项赋值
    # 渲染页面
    context = {
        ...
        'specs': goods_specs,
        'stock': sku.stock,
    }
    return render(request, 'detail.html', context)
```

以上代码根据sku从数据库中查询了当前SKU的规格id,并利用SKU查询SPU表,获取当前商品的规格选项,以及每个规格选项的取值。

在detail.html页面利用上下文字典中传递的规格信息specs在模板中渲染商品规格,代码如下:

```
{% for spec in specs %}
<div class="type_select">
    <label>{{ spec.name }}:</label>
    {% for option in spec.spec_options %}
        {% if option.sku_id == sku.id %}
        <a href="javascript:;" class="select">{{ option.value }}</a>
        {% elif option.sku_id %}
        <a href="{{ url('goods:detail',
            args=(option.sku_id, )) }}">{{ option.value }}</a>
        {% else %}
        <a href="javascript:;">{{ option.value }}</a>
        {% endif %}
    {% endfor %}
</div>
{% endfor %}
```

在goods/urls.py文件中配置URL,代码如下:

```
path('detail/<int:sku_id>/', views.DetailView.as_view(),name='detail'),
```
重启项目,进入商品详情页面,选择深空灰、64 GB的手机,效果如图11-20所示。

图11-20　商品详情页面

11.7　用户浏览记录

用户访问商品详情页后,小鱼商城将该商品存储在用户浏览记录中,以便用户再次访问该商品。小鱼商城在用户中心实现了用户浏览记录,浏览记录呈现当前用户最近浏览的5个商品,本节来实现用户浏览记录。

11.7.1　浏览记录存储方案

实现用户浏览记录之前需要明确下面三个问题:
① 存储什么数据?
② 数据存储到哪里?
③ 浏览记录涉及哪些存储逻辑?
下面从这三个问题入手介绍浏览记录的存储方案。

1.存储什么数据?

页面呈现的浏览记录包含商品名和商品图片,存储这些数据相对麻烦,但存储商品的sku_id比较简单,且根据sku_id可以找到相应商品名和商品图片,因此这里存储商品的sku_id。

2.数据存储到哪里?

浏览记录需要长久保存,自然需要存入数据库。小鱼商城中存储数据使用的数据库是MySQL。MySQL是磁盘型的数据库,它的存取效率很差,但浏览记录数据量较小、变动频繁,不适合使用MySQL存储,因此这里选用Redis数据库存储浏览记录。

Redis数据库是一个Key-Value数据库,考虑到需要存储的数据是一组sku_id,每个用户对应不同的sku_id,这里拼接"history"和"user_id"作为键,将sku_id组作为值,示例如下:

```
"history_user_id": [sku_id_1,sku_id_2,...]
```

浏览记录存储在Redis数据库,在用户部分已经使用了Redis的0~2号库,这里使用Redis的3号库存储浏览记录。在dev.py文件中为浏览记录配置Redis数据库,代码如下:

```
"history": {  # 用户浏览记录
    "BACKEND": "django_redis.cache.RedisCache",
    "LOCATION": "redis://127.0.0.1:6379/3",
    "OPTIONS": {
        "CLIENT_CLASS": "django_redis.client.DefaultClient",
    }
},
```

3. 浏览记录涉及哪些存储逻辑?

分析浏览记录,小鱼商城的浏览记录中只存储5条记录;浏览记录中的商品唯一;记录有序,较新的记录在左侧,较早的记录在右侧,如图11-21所示。

图11-21 浏览记录图示

考虑到浏览记录有序、需要修改,选择Redis数据库的列表存储数据;考虑到左侧数据较新,列表中的数据应从左侧加入,选择Redis数据库中列表的lpush()方法实现数据添加;考虑到记录中的商品唯一,且应保存较新的数据,所以在添加之前先使用lrem()方法去重;考虑到只需要呈现5条记录,添加之后需要对列表进行截取(ltrim()方法),只保留索引为0~4的5条数据。

以上这些是实现逻辑之前需要明确的信息。下面着手实现用户浏览记录的保存和查询。

11.7.2 保存和查询浏览记录

为了方便用户查看自己曾经浏览过的商品,小鱼商城考虑保存浏览记录,并在用户中心的个人信息部分呈现浏览记录。本节将分别介绍如何实现保存用户浏览记录和查询用户浏览记录的功能。

1. 保存用户浏览记录

当用户单击商品进入商品详情页时,小鱼商城应将当前页面展示的商品的sku_id暂存在缓存之中,以便后续对浏览记录进行存储。由于这一过程需要提交数据,所以使用POST方法发起请求,请求参数为sku_id,同时定义请求地址为/browse_histories/;请求响应结果为JSON数据,该数据中包括错误码和错误信息。

在users/views.py中定义和实现后端接口,代码如下:

```
import json
from goods.models import SKU
class UserBrowseHistory(LoginRequiredJSONMixin, View):
    """用户浏览记录"""
```

```python
    def post(self, request):
        """保存用户商品浏览记录"""
        # 接收参数
        json_dict = json.loads(request.body.decode())
        sku_id = json_dict.get('sku_id')
        # 校验参数
        try:
            SKU.objects.get(id=sku_id)
        except SKU.DoesNotExist:
            return HttpResponseForbidden('sku不存在')
        # 保存sku_id到redis
        redis_conn = get_redis_connection('history')
        pl = redis_conn.pipeline()
        user_id = request.user.id
        # 先去重
        pl.lrem('history_%s' % user_id, 0, sku_id)
        # 再存储
        pl.lpush('history_%s' % user_id, sku_id)
        # 最后截取
        pl.ltrim('history_%s' % user_id, 0, 4)
        # 执行管道
        pl.execute()
        # 响应结果
        return JsonResponse({'code': RETCODE.OK, 'errmsg':'OK'})
```

在users/urls.py中配置URL，代码如下：

```
path('browse_histories/', views.UserBrowseHistory.as_view()),
```

2. 查询用户浏览记录

用户可以在用户中心页面的"个人信息"标签页底部观察到最近浏览记录，当用户请求该页面时，浏览器向小鱼商城发出请求，希望获取Redis中存储的最近浏览记录。浏览器请求地址仍为/browse_histories/，但请求方式为GET；小鱼商城返回的响应为JSON数据，其中包含的字段如表11-2所示。

表11-2 响应结果

字 段	说 明
code	状态码
errmsg	错误信息
skus[]	商品 SKU 列表数据
id	商品 SKU 编号
name	商品 SKU 名称
default_image_url	商品 SKU 默认图片
price	商品 SKU 单价

返回信息的结构示例如下：

```
{
    "code":"0",
    "errmsg":"OK",
    "skus":[
        {
            "id":6,
```

```
        "name":"Apple iPhone 8 Plus (A1864) 256GB 深空灰 移动联通电信 4G 手机",
        "price":"7988.00",
        "default_image_url":"http://127.0.0.1:8000/
                            CtM3BVrRbI2ARekNAAFZsBqChgk3141998"
    },
  ]
  ...
}
```

在users/views.py中定义和实现后端接口，代码如下：

```
from django.conf import settings
class UserBrowseHistory(LoginRequiredJSONMixin, View):
    """ 用户浏览记录 """
    def get(self, request):
        """ 获取用户浏览记录 """
        # 获取 Redis 存储的 sku_id 列表信息
        redis_conn = get_redis_connection('history')
        sku_ids = redis_conn.lrange('history_%s' % request.user.id, 0, -1)
        # 根据 sku_ids 列表数据，查询出商品 sku 信息
        skus = []
        for sku_id in sku_ids:
            sku = SKU.objects.get(id=sku_id)
            skus.append({
                'id': sku.id,
                'name': sku.name,
                'default_image_url': settings.STATIC_URL + 'images/goods/'
                                     +sku.default_image.url+'.jpg'
                'price': sku.price
            })
        return JsonResponse({'code': RETCODE.OK,
                             'errmsg': 'OK', 'skus': skus})
```

在模板文件user_center_info.html中渲染用户浏览记录，代码如下：

```
<div class="has_view_list" v-cloak>
    <ul class="goods_type_list clearfix">
        <li v-for="sku in histories">
            <a :href="sku.url"><img :src="sku.default_image_url"></a>
            <h4><a :href="sku.url">[[ sku.name ]]</a></h4>
            <div class="operate">
                <span class="price">¥[[ sku.price ]]</span>
                <span class="unit"> 台 </span>
                <a href="javascript:;" class="add_goods"
                    title=" 加入购物车 "></a>
            </div>
        </li>
    </ul>
</div>
```

至此，用户浏览记录实现，重启项目，进入用户中心页面，查看个人信息，可在其中观察到最近浏览记录，如图11-22所示。

图11-22 最近浏览记录

小　结

本章主要实现了小鱼商城的商品模块和广告模块，包括商品、广告的数据库设计、数据的准备、首页数据的呈现、商品列表、商品搜索和商品详情，最后实现了用户的浏览记录。通过本章的学习，读者能够深入理解Django架构，熟悉Django的使用，掌握pagination分页工具，熟练使用whoosh引擎。

习　题

简答题

1. SKU和SPU分别是什么含义？它们之间有什么关系？
2. 小鱼商城的面包屑导航中各级商品类别之间有什么关系？
3. 如何判断商品类别表中的一个类别是一级类别、二级类别还是三级类别？
4. 为什么小鱼商城中的部分信息存储在Redis数据库而非MySQL数据库中？

第 12 章 电商项目——购物车

坚持的力量

学习目标：
- ◎ 熟悉购物车存储方案。
- ◎ 掌握购物车管理逻辑。
- ◎ 了解如何展示购物车缩略信息。

购物车是小鱼商城为用户提供的一种快捷购物功能，借助购物车，用户可以将多个商品加入购物车，一次性完成付款。购物车作为电商项目中的重要功能，具有添加商品、展示商品、修改商品、删除商品等功能。本章将介绍小鱼商城购物车的存储方案，实现购物车管理与购物车缩略信息的展示。

12.1 购物车存储方案

购物车用于存放用户选购的商品，如果小鱼商城商品的库存不为0，用户单击商品详情页的"加入购物车"按钮，相应商品会被加入购物车中，商品详情页实现"添加购物车成功"，否则在提交订单时会提示库存不足。在本项目中，无论用户是否登录，都可以将选购的商品保存到购物车。本节将分别介绍登录用户与未登录用户购物车的存储方案。

12.1.1 登录用户购物车存储方案

在用户登录的情况下，我们可以这样描述一条完整的购物车记录：用户itcast的购物车中有一个金色64G的iPhone8，且该商品为勾选状态。由此可知，一条完整的购物车记录包括：用户、商品、数量、勾选的商品。相应的，数据库中需要存储的数据为用户ID、商品ID、商品购买数量、勾选的商品。

考虑到购物车数据量小、结构简单、更新频繁，我们选择内存型数据库Redis存储这些数据。在dev.py文件中为购物车数据配置Redis，具体如下：

```
"carts": {
    "BACKEND": "django_redis.cache.RedisCache",
    "LOCATION": "redis://127.0.0.1:6379/4",
    "OPTIONS": {
        "CLIENT_CLASS": "django_redis.client.DefaultClient",
```

```
            }
    },
```

需要注意的是，Redis是一种Key-Value数据库，它支持string（字符串）、hash（哈希）、list（列表）、set（集合）与zset（有序集合）5种数据类型，我们尝试利用一种数据类型去存储购物车数据，但会遇到以下问题：

① string无法将购物车记录存储在一条记录中。
② hash可以保存用户、商品、数量，但无法保存已勾选的商品。
③ list无法对重复的数据去重。
④ set与zset无法标识出商品和数量的对应关系。

综上所述，我们发现很难将这4条数据存储在一条记录中，因此考虑以用户ID作为键，将购物车的商品ID、数量和购物车商品的已勾选的商品分开存储。

若将用户ID、商品ID和商品数量存放在一条记录中，使用carts_user_id表示用户ID，使用sku_id表示商品ID，使用count表示数量，那么数据存储在hash列表中的格式如下：

```
carts_user_id: {sku_id1: count1, sku_id3: count2, sku_id5: count3, ...}
```

若将用户ID与已勾选的商品存放在一条记录中，为与上述记录进行区分，使用selected_user_id表示用户ID；在该记录中包含商品的sku_id表示该商品为勾选商品，那么存储数据在set集合中的格式如下：

```
selected_user_id: [sku_id1, sku_id3, ...]
```

结合以上数据类型分析：当要向购物车中添加商品时，若要添加的商品已存在，应对hash数据中的商品数量进行增量计算；当要添加到购物车的商品不存在时，应在hash数据中新增标识商品与数量对应关系的元素"sku_id:count"。

多学一招：Redis数据类型

1. string

string是Redis的基本类型，Redis的一个键对应一个string类型的值，相关命令格式如下：

```
set key value                    # 添加数据，value 为 string 类型
get key                          # 根据键获取数据
```

例如，向Redis数据库中存入键为username、值为itcast的数据，使用get命令读取键为username的数据，代码如下：

```
set username "itcast"
OK
get username
"itcast"
```

2. hash

Redis中的hash类型存储一张记录字段（field）和string类型值（value）关系的映射表，相关命令格式如下：

```
hmset key field1 value1 field2 value2 ...    # 添加数据 key
hget key field1                               # 获取 key 的第一个字段
```

例如，向Redis中存入一个字段name的goods，并访问该数据的字段，代码如下：

```
hmset goods name "iphone"                     # 存储数据
OK
```

```
hget goods name                                          # 访问字段name
"iphone"
```

存入包含两个字段name、price的数据goods，并访问该数据的字段，示例如下：

```
hmset goods name "iphone" price "6499"                   # 存储数据
OK
hget goods name                                          # 访问字段name
"iphone"
hget goods price                                         # 访问字段price
"6499"
```

3. list

Redis中的list用于存储一组字符串，元素按顺序从list头部或尾部插入，列表元素可以重复，相关命令格式如下：

```
lpush key value1 value2 value3 ...                       # 存储数据（头部插入）
rpush key value4 ...                                     # 尾插法添加数据
# 按从头至尾的顺序，获取索引[index1,index2]之间的数据
lrange key index1 index2
```

例如，向Redis中存入list类型的数据brands，代码如下：

```
127.0.0.1:6379> lpush brands "app" "huawei" "xiaomi"
(integer) 3
127.0.0.1:6379> lrange brands 0 5
1) "xiaomi"
2) "huawei"
3) "app"
127.0.0.1:6379> lpush brands "meizu"
(integer) 4
127.0.0.1:6379> lrange brands 0 5
1) "meizu"
2) "xiaomi"
3) "huawei"
4) "app"
127.0.0.1:6379> rpush brands "jianguo"
(integer) 5
```

4. set

set是集合，它与list类似，但其中元素无序且唯一。存储set类型数据的命令为sadd。

5. zset

zset是有序集合，它的元素有序，且每个元素都关联一个double类型的分数，这个分数是排序的标准，Redis会将集合中的元素按这个分数从小到大排序。命令格式如下：

```
zadd key score member
```

12.1.2 未登录用户购物车存储方案

用户未登录的情况下同样需要存储user_id、sku_id、count和selected。

若用户未登录，服务端无法获取到user_id，也无法提供Redis资源。此时可以将购物车数据缓存到用户浏览器的Cookie中，那么每个浏览器对应一组购物车数据。

在Cookie中只能保存字符串类型数据，为了能够清晰地描述一条购物车记录，这里选用JSON作为购物车数据的类型。JSON可以描述结构复杂的字符串数据，例如，购物车中有1号商品1件、3号商品3件，商品状态为勾选，其形式如下：

```
{
    "sku_id1":{                          # sku_id1 表示商品 sku_id
        "count":"1",                     # count 表示商品数量
        "selected":"True"                # selected 表示商品勾选状态，True 表示勾选
    },
    "sku_id2":{
        "count":"3",
        "selected":"True"
    },
    ...
}
```

当要添加到购物车的商品已存在时，对商品数量进行累加计算；当要添加到购物车的商品不存在时，向Cookie中新增商品数据。

如果直接在Cookie中存储购物车记录，这些记录将以明文方式显示，但购物车数据是隐私数据，为了保证数据的安全，在将购物车数据存储到Cookie之前需要对购物车记录进行加密。

上述购物车记录存储为字典类型，为了将其存储在Cookie中首先需要对其进行序列化操作，然后对序列化后的数据进行加密，最后将加密后的数据转换为Cookie能够存储的字符串类型。

将购物车记录存储到Cookie中具体操作为：使用pickle模块对购物车数据进行序列化，通过base64模块的b64encode()函数对序列化后的数据进行base64编码，然后使用decode()将编码后的购物车数据转换为字符串类型，将加密后的数据存入Cookie。

pickle模块是Python的标准模块，该模块中的dumps()方法可以将Python数据序列化为字节类型的数据，loads()方法可以将字节类型数据反序列化为Python数据。

例如，使用pickle模块序列化与反序列一条购物车记录，具体如下：

```
>>> import pickle
>>> dict = {'1': {'count': 10, 'selected': True}}
>>> serialize = pickle.dumps(dict)   # 执行序列化
>>> serialize
b'\x80\x03}q\x00X\x01\x00\x00\x001q\x01}q\x02(X\x05\x00\x00\x00countq\x03K\nX\x08\x00\x00\x00selectedq\x04\x88us.'
>>> deserialize = pickle.loads(serialize)   # 执行反序列
>>> deserialize
{'1': {'count': 10, 'selected': True}}
```

通过base64模块的base64编码将序列化后的数据进行加密，再通过decode()方法将其转换为字符串类型。

base64模块同样是Python的标准模块，该模块的b64encode()方法可以对字节类型数据进行base64编码，返回编码后的字节类型数据；b64deocde()方法可以将base64编码后的字节类型数据进行解码，返回解码后的字节类型数据。

例如，使用base64模块进行数据转换，示例如下：

```
>>> import base64
>>> b = base64.b64encode(serialize)   # 进行 base64 编码
>>> b
b'gAN9cQBYAQAAADFxAX1xAihYBQAAAGNvdW50cQNLClgIAAAAc2VsZWN0ZWRxBIh1cy4='
>>> base64.b64decode(b)               # 将 base64 编码后的 bytes 类型数据进行解码
b'\x80\x03}q\x00X\x01\x00\x00\x001q\x01}q\x02(X\x05\x00\x00\x00countq\x03K\nX\x08\x00\x00\x00selectedq\x04\x88us.'
```

最后使用decode()方法将其转换为字符串类型，示例如下：

```
>>> b.deocde()
gAN9cQBYAQAAADFxAX1xAihYBQAAAGNvdW50cQNLClgIAAAAc2VsZWN0ZWRxBIh1cy4=
```

12.2 购物车管理

小鱼商城的购物车管理包括添加商品、展示商品、修改商品、删除商品等操作。本节针对购物车管理的相关操作进行介绍。

12.2.1 购物车添加商品

用户在商品详情页中单击"加入购物车"按钮时,前端页面会向后端发送一个AJAX请求,商品添加成功后,详情页中弹出"添加购物车成功"提示。

在12.1小节中已经明确了购物车数据存储的方案。接下来,我们分设计接口、后端实现、配置URL、查看购物车数据这4部分来实现和测试购物车的添加商品功能。

1. 设计接口

添加购物车涉及数据的提交,请求方式使用POST请求;请求地址可设计为/carts/。

在12.1小节中已经明确了一条购物车记录由sku_id、count、selected和user_id构成,其中user_id可以在后端通过request对象获取,而其余三个数据应在前端发送AJAX请求的请求体中应包含。请求参数及说明如表12-1所示。

表 12-1 请求参数及说明

参 数 名	类 型	是否必传	说 明
sku_id	int	是	商品 SKU 编号
count	int	是	商品数量
selected	bool	否	是否勾选

2. 后端实现

添加购物车的后端逻辑为:首先接收前端传递的参数并对这些参数进行一一校验,然后判断用户是否登录,若用户已登录则获取Redis中购物车数据,将新增的购物车数据以增量形式保存到Redis中,将响应结果返回前端;若用户未登录则将购物车数据保存到Cookie中,并将响应结果返回前端。

首先在carts应用的views.py文件中定义用于处理添加购物车的视图CartsView,并为其定义post()方法,在post()方法中接收与校验前端发送的参数,具体如下:

```
from django.shortcuts import render
from django.views import View
import json, logging, base64, pickle
from django.http import HttpResponseForbidden, JsonResponse
from django_redis import get_redis_connection
from xiaoyu_mall.utils.response_code import RETCODE
from django.conf import settings
from goods.models import SKU
logger = logging.getLogger('django')
from django.views import View
class CartsView(View):
    """ 购物车管理 """
```

```python
    def post(self, request):
        # 接收参数
        json_dict = json.loads(request.body.decode())
        sku_id = json_dict.get('sku_id')
        count = json_dict.get('count')
        selected = json_dict.get('selected', True)
        # 校验参数
        if not all([sku_id, count]):
            return HttpResponseForbidden('缺少必传参数')
        # 校验sku_id是否合法
        try:
            SKU.objects.get(id=sku_id)
        except SKU.DoesNotExist:
            return HttpResponseForbidden('参数sku_id错误')
        # 校验count是否是数字
        try:
            count = int(count)
        except Exception as e:
            return HttpResponseForbidden('参数count错误')
```

然后判断用户是否登录，若用户已登录，操作Redis购物车，以增量计算形式保存商品数据，并保存商品勾选状态。在对Redis中的数据进行增量计算时需要用到hincrby()方法，该方法接收用户id、商品id和增量数值，表示将用户购物车中的商品加上指定的增量值。

实现登录状态下的购物车商品数据添加，具体如下：

```python
class CartsView(View):
    def post(self, request):
        # 接收参数
        ...
        # 校验参数
        ...
        # 判断用户是否登录
        user = request.user
        if user.is_authenticated:
            # 如果用户已登录，操作Redis购物车
            redis_conn = get_redis_connection('carts')
            pl = redis_conn.pipeline()
            # 需要以增量计算的形式保存商品数据
            pl.hincrby('carts_%s' % user.id, sku_id, count)
            # 保存商品勾选状态
            if selected:
                pl.sadd('selected_%s' % user.id, sku_id)
            # 执行
            pl.execute()
            # 响应结果
            return JsonResponse({'code': RETCODE.OK, 'errmsg': 'OK'})
```

若用户未登录，则操作Cookie中的购物车数据。若Cookie中存在购物车数据，那么将其转换为字节类型，并进行解码与反序列化以获取Python能够识别的数据（这里转换为字典类型数据）；若Cookie中不存在购物车数据，则构建一个空字典来保存购物车数据。

最后判断Cookie中是否已存在要保存的商品，若存在，则对该商品数量执行累加操作、构建包含商品数量和勾选状态的购物车记录、将构建好的购物车记录进行序列化保存到Cookie中，并返回响应数据。具体如下：

```python
class CartsView(View):
    def post(self, request):
        ...
        if user.is_authenticated:
            ...
        else:
            # 如果用户未登录，操作 Cookie 购物车
            cart_str = request.COOKIES.get('carts')
            # 若 Cookie 中有数据，将其转换为 Python 能识别的字典类型的数据
            if cart_str:
                # 对字符串类型的 cart_str 进行编码，获取字节类型数据
                cart_str_bytes = cart_str.encode()
                # 对密文形式的 cart_str_bytes 进行解码，获取明文数据
                cart_dict_bytes = base64.b64decode(cart_str_bytes)
                # 对 cart_dict_bytes 反序列化，获取 Python 能识别的字典类型的数据
                cart_dict = pickle.loads(cart_dict_bytes)
            # 若 Cookie 中没有数据，创建一个空字典
            else:
                cart_dict = {}
            # 判断当前要添加的商品在 cart_dict 中是否存在
            if sku_id in cart_dict:
                # 购物车已存在，增量计算
                origin_count = cart_dict[sku_id]['count']
                count += origin_count
            cart_dict[sku_id] = {
                'count': count,
                'selected': selected
            }
            # 将 cart_dict 序列化，获取字节类型的数据
            cart_dict_bytes = pickle.dumps(cart_dict)
            # 对 cart_dict_bytes 进行编码，获取加密后的数据
            cart_str_bytes = base64.b64encode(cart_dict_bytes)
            # 对 cart_str_bytes 进行解码，获取字符串类型数据
            cookie_cart_str = cart_str_bytes.decode()
            # 将新的购物车数据写入到 Cookie
            response = JsonResponse({'code': RETCODE.OK, 'errmsg': 'OK'})
            response.set_cookie('carts', cookie_cart_str)
            # 响应结果
            return response
```

3. 配置URL

在xiaoyu_mall/urls.py文件中追加用于访问carts应用的路由，具体如下：

```
path('', include('carts.urls', namespace='carts')),
```

在carts应用创建urls.py文件，并在该文件中定义用于访问添加购物车的路由，具体如下：

```
from django.urls import path
from . import views
app_name = 'carts'
urlpatterns = [
    # 购物车管理
    path('carts/', views.CartsView.as_view(), name='info'),
]
```

4. 查看购物车数据

路由设置完成后启动服务器并登录账号，向购物车中添加商品后，在Redis数据库中通过

"keys *"命令查看4号库中所有的Key值,使用"hgetall key"命令查看用户选购的商品和数量;使用"smembers key"命令查看勾选的商品,如图12-1所示。

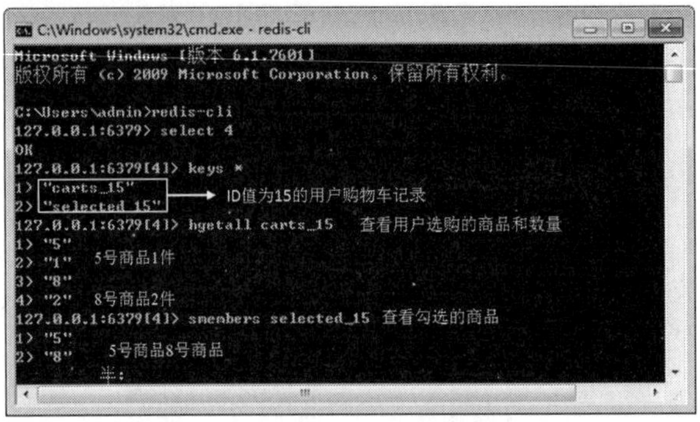

图12-1 Redis存储购物车记录

由图12-1所示的Redis数据库数据可知,购物车中存储了5号商品1件、8号商品2件。

若用户未登录,可在浏览器的Cookie中查看购物车数据,如图12-2所示。

图12-2 Cookie存储购物车记录

由图12-2所示的Cookie数据可知,商品数据添加到了购物车,且以密文形式存储在Cookie中。

12.2.2 展示购物车商品

用户单击详情页右上角"我的购物车"按钮,浏览器应跳转到购物车页面,购物车页面展示商品状态(是否被勾选)、商品名称、商品价格、数量、小计等信息。具体如图12-3所示。

图12-3 展示购物车商品

第 12 章 电商项目——购物车

展示购物车商品数据的实质是：通过指定的地址向小鱼商城后端发送请求，以获取购物车中的商品数据。下面分设计接口和后端实现两部分实现展示购物车商品的功能。

1. 设计接口

展示购物车只是在Redis或Cookie中查询购物车记录，不需要请求参数，请求方式使用GET请求，请求地址使用/carts/。

响应的结果应显示在本书配套资源提供的cart.html页面中，所需响应的数据如表12-2所示。

表 12-2 响应结果

字 段	说 明	字 段	说 明
id	购物车中 SKU 编号	default_image_url	购物车中 SKU 图片
name	购物车中 SKU 名称	price	购物车中商品价格
count	购物车中 SKU 数量	amount	购物车中商品总数量
selected	是否全选	stock	商品 SKU 库存量

2. 后端实现

无论用户是否登录，购物车数据都应在cart.html页面中展示。用户登录和未登录时购物车数据存储的位置不同，下面分别实现这两种情况下购物车数据的展示。

（1）用户登录——查询Redis中的购物车记录

若用户已登录，连接Redis数据库并查询其中的购物车记录，将查询到的数据构建成Python可识别的字典类型的数据，具体如下：

```
from django.conf import settings
class CartsView(View):
    def get(self, request):
        # 判断用户是否登录
        user = request.user
        if user.is_authenticated:
            # 创建连接到 redis 的对象
            redis_conn = get_redis_connection('carts')
            # 查询 user_id、count 与 sku_id 构成的购物车记录
            redis_cart = redis_conn.hgetall('carts_%s' % user.id)
            # 查询勾选的商品 smembers 命令返回集合中的所有的成员
            redis_selected = redis_conn.smembers('selected_%s' % user.id)
            cart_dict = {}
            for sku_id, count in redis_cart.items():
                cart_dict[int(sku_id)] = {
                    "count": int(count),
                    "selected": sku_id in redis_selected
                }
```

（2）用户未登录——查询Cookie中的购物车记录

若用户未登录，首先查询Cookie中是否存在购物车记录：若存在则解密购物车记录，将解密后的数据反序列化，并转化为Python可识别的字典类型的数据；若不存在则构建一个空字典。具体如下：

```
class CartsView(View):
    def get(self, request):
        if user.is_authenticated:
            ...
```

```
            else:
                # 用户未登录，查询Cookie购物车
                cart_str = request.COOKIES.get('carts')
                if cart_str:
                    # 对cart_str进行编码，获取字节类型的数据
                    cart_str_bytes = cart_str.encode()
                    # 对cart_str_bytes进行解码，获取明文数据
                    cart_dict_bytes = base64.b64decode(cart_str_bytes)
                    # 对cart_dict_bytes反序列化，转换成Python能识别的字典类型的数据
                    cart_dict = pickle.loads(cart_dict_bytes)
                else:
                    cart_dict = {}
```

cart.html页面需要渲染的购物车记录不仅包括Redis或Cookie中的数据，还包括需要根据Redis或Cookie中的商品数据查询的商品SKU数据，如商品名称、商品价格、商品图片、商品库存、商品小计等。获取商品SKU数据后，构造上下文字典，利用上下文字典与cart.html页面渲染响应数据，具体如下：

```
class CartsView(View):
    def get(self, request):
        if user.is_authenticated:
            ...
        else:
            ...
        # 构造响应数据
        sku_ids = cart_dict.keys()
        # 一次性查询出所有的skus
        skus = SKU.objects.filter(id__in=sku_ids)
        cart_skus = []
        for sku in skus:
            cart_skus.append({
                'id': sku.id,
                'count': cart_dict.get(sku.id).get('count'),
                # 将True，转'True'，方便json解析
                'selected': str(cart_dict.get(sku.id).get('selected')),
                'name': sku.name,
                'default_image_url': settings.STATIC_URL +
                            'images/goods/'+sku.default_image.url+'.jpg',
                'price': str(sku.price),
                'amount':str(sku.price *cart_dict.get
                                            (sku.id).get('count')),
                'stock':sku.stock
            })
        context = {
            'cart_skus': cart_skus
        }
        # 渲染购物车页面
        return render(request, 'cart.html', context)
```

至此，展示购物车功能完成。重启服务器，在详情页中单击"我的购物车"可查看购物车中商品信息。

12.2.3 修改购物车商品

在购物车中可以对商品的数量以及勾选状态进行修改，商品的勾选状态或数量发生变化后，

商品总数量与商品总金额应跟随变化，如图12-4所示。

图12-4　修改购物车商品

接下来分设计接口、后端实现两部分实现修改购物车商品功能。

1．设计接口

修改购物车中的商品只是对购物车中商品数据进行修改，请求方式为PUT，设计请求地址为/carts/。

需要修改的数据是商品的数量和勾选状态，请求参数中应包含sku_id、count、selected。请求参数及说明如表12-3所示。

表12-3　请求参数及说明

参数名	类型	是否必传	说明
sku_id	int	是	商品SKU编号
count	int	是	商品数量
selected	bool	否	是否勾选

前端页面中使用JSON格式对购物车中的数据进行展示，后端需响应JSON格式的商品数据。

2．后端实现

若用户已登录，则读取Redis中存储的购物车数据，根据用户操作对数据进行修改，使用修改后的购物车数据覆盖Redis数据库中的购物车数据；若用户未登录，则读取Cookie中的购物车记录，当Cookie中包含购物车记录将其转换为dict类型，否则创建一个空字典保存购物车记录，将用户修改的购物车记录覆盖写入到这个字典数据中，然后将这个数据加密，保存到Cookie中，最后返回响应。

下面分步骤实现修改购物车商品功能。

（1）接收和校验购物车记录

在CartsView视图中定义put()方法，接收与校验用户修改后购物车中的记录，具体如下：

```python
class CartsView(View):
    def put(self, request):
        # 接收参数
        json_dict = json.loads(request.body.decode())
        sku_id = json_dict.get('sku_id')
        count = json_dict.get('count')
        selected = json_dict.get('selected', True)
```

```python
        # 判断参数是否齐全
        if not all([sku_id, count]):
            return HttpResponseForbidden('缺少必传参数')
        # 判断sku_id是否存在
        try:
            sku = models.SKU.objects.get(id=sku_id)
        except models.SKU.DoesNotExist:
            return HttpResponseForbidden('商品sku_id不存在')
        # 判断count是否为数字
        try:
            count = int(count)
        except Exception:
            return HttpResponseForbidden('参数count有误')
        # 判断selected是否为bool值
        if selected:
            if not isinstance(selected, bool):
                return HttpResponseForbidden('参数selected有误')
```

（2）修改Redis中的购物车数据

若用户已登录，对Redis中购物车数据进行修改，具体操作为：首先连接Redis数据库，在Redis中使用hash列表和set集合存储购物车数据，若执行修改商品数据操作，使用hset()方法将修改后的商品和数量以覆盖的方式写入Redis，然后判断商品的勾选状态，若商品勾选使用sadd()方法将勾选的商品保存到set集合中，商品未勾选使用srem()方法将商品移除set集合中，最后将修改的数据以JSON形式响应。具体如下：

```python
class CartsView(View):
    """ 购物车管理 """
    def put(self, request):
        # 接收和校验参数
        ...
        # 判断用户是否登录
        user = request.user
        if user.is_authenticated:
            # 用户已登录，修改Redis购物车
            redis_conn = get_redis_connection('carts')
            pl = redis_conn.pipeline()
            pl.hset('carts_%s' % user.id, sku_id, count)
            if selected:
                pl.sadd('selected_%s' % user.id, sku_id)
            else:
                pl.srem('selected_%s' % user.id, sku_id)
            pl.execute()
            # 创建响应对象
            cart_sku = {
                'id':sku_id, 'count':count, 'selected':selected,
                'name': sku.name, 'price': sku.price,
                'amount': sku.price * count, 'stock':sku.stock,
                'default_image_url': settings.STATIC_URL +
                'images/goods/'+sku.default_image.url+'.jpg'
            }
            return JsonResponse({'code':RETCODE.OK,
                    'errmsg':'修改购物车成功', 'cart_sku':cart_sku})
```

(3) 修改Cookie中购物车数据

若用户未登录，则对Cookie中购物车数据进行修改，具体操作为：首先获取Cookie中的购物车商品数据，如果数据不为空，则对获取的购物车数据进行解码与反序列化；如果为空则构造一个空的购物车数据；然后根据用户操作修改获取的购物车数据，并构造购物车响应数据，最后对修改后的数据序列化加密后，以覆盖的形式写入Cookie购物车。具体如下：

```python
class CartsView(View):
    def put(self, request):
        """修改购物车"""
        # 接收和校验参数
        ...
        # 判断用户是否登录
        user = request.user
        if user.is_authenticated:
            # 用户已登录，修改Redis购物车
            ...
        else:
            # 用户未登录，修改Cookie购物车
            cart_str = request.COOKIES.get('carts')
            if cart_str:
                # 解码与反序列化Cookie数据，获取Python数据
                cart_dict = pickle.loads(base64.b64decode(cart_str.encode()))
            else:
                cart_dict = {}
            cart_dict[sku_id] = {
                'count': count,
                'selected': selected
            }
            # 将字典转成bytes,再将bytes转成base64的bytes,最后将bytes转字符串
            cookie_cart_str = \
                    base64.b64encode(pickle.dumps(cart_dict)).decode()
            # 创建响应对象
            cart_sku = {
                'id': sku_id, 'count': count, 'selected': selected,
                'name': sku.name, 'price': sku.price,
                'amount': sku.price * count, 'stock':sku.stock,
                'default_image_url': settings.STATIC_URL + 'images/goods/'+
                                    sku.default_image.url+'.jpg',
            }
            response = JsonResponse({'code':RETCODE.OK,
                    'errmsg':'修改购物车成功', 'cart_sku':cart_sku})
            # 响应结果并将购物车数据写入到cookie
            response.set_cookie('carts', cookie_cart_str,
                            max_age=constants.CARTS_COOKIE_EXPIRES)
            return response
```

至此，修改购物车商品的功能完成。

12.2.4 删除购物车商品

用户单击"删除"按钮后，购物车应以局部刷新的方式删除指定的商品。下面分设计接口和后端实现两部分实现删除购物车商品的功能。

1. 设计接口

对购物车中商品执行删除操作，请求方式使用DELETE，因为后端需要明确待删除的商品ID，所以需要接收可标识待删除商品的请求参数sku_id；设计请求地址为/carts/；设计响应结果为JSON类型，其中包括错误码和错误信息。

2. 后端实现

因为后端根据前端请求中的参数sku_id确定要删除的商品，所以首先需要接收前端请求中的参数并进行校验，然后根据用户是否登录删除Redis中的商品数据或删除Cookie中的商品数据。下面分步骤实现删除购物车商品。

（1）接收和校验参数

在CartView视图中定义delete()方法，接收参数并进行校验，代码如下：

```python
class CartsView(View):
    def delete(self, request):
        """ 删除购物车 """
        # 接收参数
        json_dict = json.loads(request.body.decode())
        sku_id = json_dict.get('sku_id')
        # 判断sku_id是否存在
        try:
            SKU.objects.get(id=sku_id)
        except SKU.DoesNotExist:
            return HttpResponseForbidden('商品不存在')
```

（2）删除Redis购物车

若用户已登录，则应删除Redis中的商品数据，具体操作为：连接Redis，删除指定的商品记录与勾选状态，将结果响应到前端。代码如下：

```python
class CartsView(View):
    def delete(self, request):
        """ 删除购物车 """
        # 接收和校验参数
        ...
        # 判断用户是否登录
        user = request.user
        if user.is_authenticated:
            # 用户已登录，删除redis购物车
            redis_conn = get_redis_connection('carts')
            pl = redis_conn.pipeline()
            # 删除键，就等价于删除了整条记录
            pl.hdel('carts_%s' % user.id, sku_id)
            pl.srem('selected_%s' % user.id, sku_id)
            pl.execute()
            # 删除结束后，没有响应的数据，只需要响应状态码即可
            return JsonResponse({'code':RETCODE.OK,'errmsg':'删除购物车成功'})
```

（3）删除Cookie购物车

若用户未登录，应删除Cookie中的商品数据，具体操作为：首先获取Cookie中的购物车记录，若购物车记录存在，则将其反序列化，获取Python dict类型的数据，否则创建空字典用于保存购物车记录；然后判断要删除的商品sku_id是否存在购物车记录中，如果存在则删除指定的商品sku_id数据；之后将删除后的商品数据进行序列化重新写入到Cookie中，最后返回响应。代码

如下:

```python
class CartsView(View):
    def delete(self, request):
        """删除购物车"""
        # 接收和校验参数
        ...
        # 判断用户是否登录
        user = request.user
        if user.is_authenticated:
            # 用户已登录，删除 Redis 购物车
            ...
        else:
            # 用户未登录，删除 Cookie 购物车
            cart_str = request.COOKIES.get('carts')
            if cart_str:
                cart_dict = pickle.loads(base64.b64decode(cart_str.encode()))
            else:
                cart_dict = {}
            # 创建响应对象
            response = JsonResponse({'code': RETCODE.OK,
                                    'errmsg': '删除购物车成功'})
            if sku_id in cart_dict:
                del cart_dict[sku_id]
                cookie_cart_str = \
                    base64.b64encode(pickle.dumps(cart_dict)).decode()
                # 响应结果并将购物车数据写入到 Cookie
                response.set_cookie('carts', cookie_cart_str,
                                    max_age=constants.CARTS_COOKIE_EXPIRES)
            return response
```

此时，再次单击购物车中的"删除"按钮，可删除指定商品。

12.2.5 全选购物车

购物车中提供"全选"功能，若没有商品被勾选或部分商品被勾选时，单击"全选"，购物车中所有商品应被勾选；若所有商品已被勾选，单击"全选"，所有商品应取消勾选。下面分设计接口和后端实现两部分分析和实现全选购物车功能。

1．设计接口

对购物车中商品的勾选状态进行修改，请求方式使用PUT；"全选"是否被勾选需要由前端传递给后端，所以接口需要请求参数selected；定义请求地址为/carts/selection/；设计响应结果为JSON类型，其中包括错误码和错误信息。

2．后端实现

在全选功能后端逻辑中，首先需要接收参数selected，并验证该参数是否存在，如果存在，根据用户是否登录分别对Redis或Cookie中的购物车数据进行处理。后端实现步骤具体如下：

（1）接收和校验参数

在carts应用views.py文件中定义用于处理全选请求的类视图CartsSelectAllView，在CartsSelectAllView中定义put()方法，接收selected参数并进行校验，代码如下：

```python
class CartsSelectAllView(View):
    """全选购物车"""
```

```python
def put(self, request):
    # 接收参数
    json_dict = json.loads(request.body.decode())
    selected = json_dict.get('selected', True)
    # 校验参数
    if selected:
        if not isinstance(selected, bool):
            return HttpResponseForbidden('参数selected有误')
```

（2）全选Redis购物车

若用户登录，则处理Redis中购物车的商品。全选Redis中的商品其逻辑为：获取Redis中所有商品的sku_id，将所有商品的sku_id存放在表示勾选状态的set集合中，再将结果响应到前端。代码如下：

```python
class CartsSelectAllView(View):
    """全选购物车"""
    def put(self, request):
        # 接收和校验参数
        ...
        # 判断用户是否登录
        user = request.user
        if user.is_authenticated:
            # 用户已登录，操作redis购物车
            redis_conn = get_redis_connection('carts')
            redis_cart = redis_conn.hgetall('carts_%s' % user.id)
            cart_sku_ids = redis_cart.keys()
            if selected:
                # 全选 sadd 命令将一个或多个成员元素加入到集合中
                redis_conn.sadd('selected_%s' % user.id, *cart_sku_ids)
            else:
                # 取消全选 Srem 命令用于移除集合中的一个或多个成员元素
                redis_conn.srem('selected_%s' % user.id, *cart_sku_ids)
            return JsonResponse({'code':RETCODE.OK, 'errmsg':'全选购物车成功'})
```

（3）全选Cookie购物车

若用户未登录，则处理Cookie中的购物车商品。全选Cookie中的购物车商品其逻辑为：先获取Cookie中的购物车数据，将其反序列化，获取字典类型的数据，然后对Cookie中购物车商品的勾选状态重新赋值，最后将结果响应到前端。代码如下：

```python
class CartsSelectAllView(View):
    """全选购物车"""
    def put(self, request):
        # 接收和校验参数
        ...
        # 判断用户是否登录
        user = request.user
        if user.is_authenticated:
            # 用户已登录，操作redis购物车
            ...
        else:
            # 用户未登录，操作cookie购物车
            cart_str = request.COOKIES.get('carts')
            response =JsonResponse({'code': RETCODE.OK,
                                    'errmsg': '全选购物车成功'})
            if cart_str:
```

```
                    cart_dict = pickle.loads(base64.b64decode(cart_str.encode()))
                    for sku_id in cart_dict:
                        cart_dict[sku_id]['selected'] = selected
                    cookie_cart_str = \
                        base64.b64encode(pickle.dumps(cart_dict)).decode()
                    response.set_cookie('carts', cookie_cart_str,
                                        max_age=constants.CARTS_COOKIE_EXPIRES)
            return response
```

全选购物车功能完成后，需要在carts/urls.py文件中追加用于访问处理全选商品的路由地址，具体如下：

```
path('carts/selection/', views.CartsSelectAllView.as_view()),
```

至此，全选购物车功能完成。

12.2.6 合并购物车

用户未登录时购物车数据存储在Cookie中，用户登录后，需要将Cookie中的购物车数据合并到Redis数据库中，此时如果Cookie中的购物车数据在Redis数据库中已存在，使用Cookie购物车数据覆盖Redis购物车数据。

合并购物车功能主要是处理用户登录时购物车的合并，虽与登录相关，但登录视图中应尽量避免包含过多与登录无关的逻辑，因此，考虑将合并购物车功能进行封装，以便登录视图调用。

在carts应用中新建utils.py文件，在utils.py中定义用于处理合并购物车的函数，具体如下：

```
import base64
import pickle
from django_redis import get_redis_connection
def merge_carts_cookies_redis(request, user, response):
    # 获取Cookie中的购物车数据
    cookie_cart_str = request.COOKIES.get('carts')
    # Cookie中没有数据就响应结果
    if not cookie_cart_str:
        return response
    cookie_cart_dict = \
        pickle.loads(base64.b64decode(cookie_cart_str.encode()))
    new_cart_dict = {}
    new_cart_selected_add = []
    new_cart_selected_remove = []
    # 同步Cookie中购物车数据
    for sku_id, cookie_dict in cookie_cart_dict.items():
        new_cart_dict[sku_id] = cookie_dict['count']
        if cookie_dict['selected']:
            new_cart_selected_add.append(sku_id)
        else:
            new_cart_selected_remove.append(sku_id)
    # 将new_cart_dict写入到Redis数据库
    redis_conn = get_redis_connection('carts')
    pl = redis_conn.pipeline()
    if new_cart_dict:
        pl.hmset('carts_%s' % user.id, new_cart_dict)
        # 将勾选状态同步到Redis数据库
        if new_cart_selected_add:
            pl.sadd('selected_%s' % user.id, *new_cart_selected_add)
        if new_cart_selected_remove:
```

```
                pl.srem('selected_%s' % user.id, *new_cart_selected_remove)
            pl.execute()
        # 清除Cookie
        response.delete_cookie('carts')
        return response
```

以上代码首先读取Cookie中的数据，然后判断Cookie中的购物车数据是否为空，如果为空返回响应结果；如果不为空则将Cookie中的购物车数据反序列化，获取Python能识别的字典类型的数据，将反序列化后的数据合并到Redis数据库中，并在合并完成后清除Cookie中的数据。

购物车合并与用户登录功能同时实现，登录功能定义在LoginView类的post()方法中，所以应在post()方法调用merge_carts_cookies_redis()函数去完成合并购物车数据功能。在登录功能中补充合并购物车功能，具体如下：

```
from carts.utils import merge_carts_cookies_redis
class LoginView(View):
    def post(self, request):
        ...
        response.set_cookie('username', user.username, max_age=3600 * 24 * 14)
        # 用户登录成功，合并Cookie购物车到Redis购物车
        response = merge_carts_cookies_redis(request=request, user=user,
                                             response=response)
        return response
```

至此，合并购物车功能完成。

12.3 展示购物车缩略信息

在小鱼商城的首页、商品列表页、商品详情页右上角"我的购物车"中包含购物车商品的缩略信息，当用户将鼠标悬停在"我的购物车"上时，页面中以下拉框形式展示购物车缩略信息，如图12-5所示。

图12-5 购物车缩略展示

下面分设计接口和后端实现两部分实现展示购物车缩略信息的功能。

1. 设计接口

展示购物车缩略信息实质是向后端发送GET请求，获取Redis或Cookie中的购物车数据，因此

不需要请求参数；设计请求地址设计为/carts/simple/；设计响应信息为JSON类型，其中包含的字段如表12-4所示。

表 12-4 JSON 格式的响应结果

字 段	说 明	字 段	说 明
code	状态码	name	购物车 SKU 名称
errmsg	错误信息	count	购物车 SKU 数量
cart_skus[]	购物车 SKU 列表	default_image_url	购物车 SKU 图片
id	购物车 SKU 编号		

表12-4的数据应以JSON格式响应到前端数据中，其形式如下：

```
{
    "code":"0",
    "errmsg":"OK",
    "cart_skus":[
        {
            "id":1,
            "name":"Apple MacBook Pro 13.3英寸笔记本 银色",
            "count":1,
            "default_image_url":"http://127.0.0.1:8000/static/images/
                        goods/CtM3BVrPB4GAWkTlAAGuN6wB9fU4220429.jpg"
        },
        ...
    ]
}
```

2. 后端实现

展示购物车商品的缩略信息也需要分为登录用户与未登录用户两种情况处理。当用户已登录时读取与展示Redis中的购物车数据；当用户未登录时读取与展示Cookie中的购物车数据。

下面在views.py文件中定义用于处理展示购物车缩略信息的CartsSimpleView视图，在其中定义get()方法，分别实现登录状态与未登录状态下的购物车缩略信息的展示。

（1）获取Redis中的购物车数据

首先获取当前登录用户，然后连接Redis数据库，获取存储在Redis数据库中的购物车数据信息，具体如下：

```python
class CartsSimpleView(View):
    """ 商品页面右上角购物车 """
    def get(self, request):
        user = request.user     # 判断用户是否登录
        if user.is_authenticated:
            # 用户已登录，查询 Redis 购物车
            redis_conn = get_redis_connection('carts')
            redis_cart = redis_conn.hgetall('carts_%s' % user.id)
            cart_selected = redis_conn.smembers('selected_%s' % user.id)
            # 将redis中的两个数据统一格式，和Cookie中的格式一致，方便统一查询
            cart_dict = {}
            for sku_id, count in redis_cart.items():
                cart_dict[int(sku_id)] = {
                    'count': int(count),
                    'selected': sku_id in cart_selected
                }
```

（2）获取Cookie中的购物车数据

当用户未登录时，获取Cookie中的购物车数据，具体如下：

```python
class CartsSimpleView(View):
    """ 商品页面右上角购物车 """
    def get(self, request):
        # 判断用户是否登录
        user = request.user
        if user.is_authenticated:
            # 用户已登录，获取Redis购物车
            ...
        else:
            # 用户未登录，获取Cookie购物车
            cart_str = request.COOKIES.get('carts')
            if cart_str:
                cart_dict = pickle.loads(base64.b64decode(cart_str.encode()))
            else:
                cart_dict = {}
```

（3）构造购物车缩略信息JSON数据

缩略信息包含商品图片、商品名称，后端可以根据在Redis或Cookie中查询的购物车数据，构造包含商品名称、商品图片等JSON格式的购物车缩略信息并响应到前端，具体如下：

```python
class CartsSimpleView(View):
    """ 商品页面右上角购物车 """
    def get(self, request):
        # 判断用户是否登录
        user = request.user
        if user.is_authenticated:
            # 用户已登录，查询Redis购物车
            ...
        else:
            # 用户未登录，查询Cookie购物车
            ...
        # 构造简单购物车JSON数据
        cart_skus = []
        sku_ids = cart_dict.keys()
        skus = models.SKU.objects.filter(id__in=sku_ids)
        for sku in skus:
            cart_skus.append({
                'id':sku.id,
                'name':sku.name,
                'count':cart_dict.get(sku.id).get('count'),
                'default_image_url': settings.STATIC_URL +
                    'images/goods/' + sku.default_image.url + '.jpg',
            })
        # 响应JSON列表数据
        return JsonResponse({'code':RETCODE.OK, 'errmsg':'OK',
                             'cart_skus':cart_skus})
```

（4）配置URL

展示购物车缩略信息的后端逻辑完成后，需要在carts应用的urls.py文件中追加用于展示购物车数据缩略图的路由，具体如下：

```python
path('carts/simple/', views.CartsSimpleView.as_view()),
```

因为在商城首页、商品列表页、商品详情页都包含展示购物车缩略信息，所以需要修改index.html、list.html与detail.html文件，在其中渲染从后端获取的购物车缩略信息。以index.html为例，代码如下：

```
<div class="search_bar clearfix">
        <div class="search_wrap fl">
        ...
        </div>
    <div @mouseenter="get_carts" class="guest_cart fr" v-cloak>
        <a href="{{ url('carts:info') }}" class="cart_name fl">我的购物车</a>
        <div class="goods_count fl"id="show_count">[[ cart_total_count ]]
        </div>
        <ul class="cart_goods_show">
            <li v-for="sku in carts">
                <img :src="sku.default_image_url" alt="商品图片">
                <h4>[[ sku.name ]]</h4>
                <div>[[ sku.count ]]</div>
            </li>
        </ul>
    </div>
    ...
</div>
```

至此，购物车缩略信息的展示功能完成。

小 结

本章首先介绍了购物车的两种存储方案，然后分别介绍了购物车常用的功能，包括添加商品、展示商品、修改商品、删除商品、全选与合并购物车功能，最后介绍了如何展示购物车的缩略信息。通过本章的学习，读者能够理解购物车中常用功能的实现逻辑。

习 题

简答题

1. 用户未登录如何保存购物车数据？
2. 为什么要使用Redis保存购物车数据？
3. 用户登录后如何保存购物车数据？
4. 简述合并购物车的实现逻辑。

第 13 章 电商项目——订单模块

学习目标：
- 熟悉订单模块业务逻辑。
- 熟悉订单结算和提交功能。
- 掌握Django中MySQL事务的绑定与处理。
- 掌握Django中MySQL乐观锁的使用。

订单模块是电商平台的核心模块，虽然该模块与用户、商品和购物车都相关，但该模块涉及的功能较少，不算特别复杂。本章将分结算订单、提交订单这两个功能分析和实现订单模块，基于事务和乐观锁对订单模块进行优化，并在用户模块补充查看订单功能。

13.1 结算订单

结算订单即确认订单信息，包括确认收货地址、支付方式、商品列表和总金额是否有误。小鱼商城在订单结算页面实现结算订单的功能，本节分逻辑分析与接口定义、后端逻辑实现、前端页面渲染三部分来实现结算订单功能。

13.1.1 逻辑分析与接口定义

订单结算页面的入口在购物车页面，单击购物车页面的"去结算"按钮，可进入订单结算页面。页面跳转时程序查询缓存中状态为已勾选的购物车数据，并将这些数据呈现在结算页面之上。

以上过程的请求方式为GET，没有请求参数，响应结果为订单结算页面。根据分析设计结算订单的接口，代码如下：

```
from django.views import View
from xiaoyu_mall.utils.views import LoginRequiredMixin
class OrderSettlementView(LoginRequiredMixin, View):
    """结算订单"""
    def get(self, request):
        # 获取登录用户
        user = request.user
```

```
        return render(request, 'place_order.html')
```

以上接口类OrderSettlementView定义在orders模块的views.py文件中,因为只有登录用户才会使用结算功能,所以,OrderSettlementView类除了继承视图类View外,还继承了用于验证当前用户登录状态的自定义类LoginRequiredMixin。OrderSettlementView的get()方法返回的结算页面由本书配套资源提供的模板文件place_order.html呈现,该文件需存储到templates目录中。

在orders应用中创建urls.py文件,在根路由urls.py和子路由orders/urls.py中分别配置URL,代码如下:

根路由urls.py:

```
path('', include('orders.urls', namespace='orders')),
```

子路由orders/urls.py:

```
from django.urls import path
from . import views
app_name = 'orders'
urlpatterns = [
    # 结算订单
    path('orders/settlement/', views.OrderSettlementView.as_view(),
                                                name='settlement'),
]
```

在cart.html中修改结算按钮的超链接,代码如下:

```
<li class="col04"><a href="{{ url('orders:settlement') }}">去结算</a></li>
```

至此,结算订单功能的接口定义完毕。

13.1.2 后端逻辑实现

结算订单页面是一个用于确认信息的页面,在实现逻辑之前,首先应明确该页面需要呈现哪些数据。结算订单页面如图13-1所示。

图13-1 订单结算页面

分析图13-1所示的结算订单页面,可知该页面中呈现的与订单相关的数据有如下4项:
① 当前登录用户的收货地址列表:自动选择默认收货地址。
② 支付方式列表:包括货到付款和支付宝两种。
③ 商品列表:包括商品名称、商品单位、价格、数量和小计。
④ 总金额结算:包括商品总数量、总金额、邮费和实付款。

以上数据中的支付方式列表由平台规定,与用户操作无关,可以直接定义在数据模型中,由前端直接从数据库中查询并呈现;其余数据与用户相关,需在后端查询与处理后,再通过上下文字典传递给模板文件。

下面先构造包含需要传递的数据的上下文字典,代码如下:

```python
context = {
    'addresses': addresses,                          # 收货地址
    'skus': skus,                                    # 商品
    'total_count': total_count,                      # 商品总数量
    'total_amount': total_amount,                    # 商品总金额
    'freight': freight,                              # 运费
    'payment_amount': total_amount + freight,        # 实付款
}
return render(request, 'place_order.html', context)
```

确定需要获取的数据之后,编写代码,逐一获取这些数据即可。下面分别查询收货地址、商品信息,并计算结算信息。

1. 查询收货地址

在后端查询收货地址时可能出现两种情况:
① 用户未添加地址,查询集为空。
② 用户已添加地址。

若用户未添加地址,单击"去结算"按钮,页面应跳转到地址编辑页面;若用户已添加地址,则将查询结果传递给上下文字典。查询收货地址的代码如下:

```python
import logging
logger = logging.getLogger('django')
from users.models import Address
...
    def get(self, request):
        """查询并展示要结算的订单数据"""
        # 获取登录用户
        user = request.user
        # 查询地址信息
        try:
            addresses = Address.objects.filter(user=user, is_deleted=False)
            # 如果没有查询出地址,去编辑收货地址
            if len(addresses) == 0:
                address_list = []
                # 构造上下文
                context = {
                    'addresses': address_list         # 使用空列表替代空的addresses
                }
                return render(request, 'user_center_site.html', context)
        except Exception as e:
            # 处理异常
```

```
            logger.error(e)
   ...
```

需要注意，Vue不能识别模型列表，而addresses是一个空的模型列表，所以代码的上下文字典使用空列表address_list替代空的addresses。

2．查询商品数据

购物车的商品数据存储在redis数据库中，每个用户的购物车为一个元素，每个元素的键为商品的sku_id，值为商品的数量；结算订单时只结算已被勾选的商品，所以这里只需关注已勾选的商品。

需要注意，redis中存储的只是商品的sku_id，但结算页面需要呈现商品的图片、名称、价格等信息，所以查询到已勾选商品的sku_id后，还需进一步查询数据库，获得商品对象。根据分析编写代码，具体如下：

```
from users.models import Address
from goods.models import SKU
from django_redis import get_redis_connection
...
    def get(self, request):
        ...
        # 查询Redis购物车中被勾选的商品
        redis_conn = get_redis_connection('carts')
        # 所有的购物车数据，包含了勾选和未勾选：{b'1': b'1', b'2': b'2'}
        redis_cart = redis_conn.hgetall('carts_%s' % user.id)
        # 被勾选的商品的sku_id：[b'1']
        redis_selected = redis_conn.smembers('selected_%s' % user.id)
        # 构造购物车中被勾选的商品的数据 {b'1': b'1'}
        new_cart_dict = {}
        for sku_id in redis_selected:
            new_cart_dict[int(sku_id)] = int(redis_cart[sku_id])
        # 获取被勾选的商品的sku_id
        sku_ids = new_cart_dict.keys()
        skus = SKU.objects.filter(id__in=sku_ids)
```

3．计算结算信息

结算信息主要包括商品总数量和总金额，其中商品总数量是已勾选商品的总数，遍历已勾选商品列表，可根据sku_id从购物车商品列表中获取每件商品的数量并累计，以获取商品总数量；同理，在循环中可根据sku_id查询数据库表，获取商品的单价并计算每类商品的金额。代码如下：

```
from decimal import Decimal
...
        total_count = 0
        total_amount = Decimal(0.00)
        # 取出所有的sku
        for sku in skus:
            # 遍历skus给每个sku补充count（数量）和amount（小计）
            sku.count = new_cart_dict[sku.id]
            sku.amount = sku.price * sku.count # Decimal类型的
            # 累加数量和金额
            total_count+= sku.count
            total_amount+= sku.amount # 类型不同不能运算
```

值得说明的是，由于金钱计数需要非常准确，所以以上代码将商品金额定义为Decimal类型。

同样地,运费作为款项的一部分,也需要为Decimal类型。小鱼商城设置了固定的运费10元,因此定义运费的代码如下:

```
freight = Decimal(10.00)
```

将商品总金额与运费相加即可获取实付款,此操作直接在上下文字典中进行。

至此,结算页面所需的数据全部获取,后端逻辑实现完毕。

13.1.3 前端页面渲染

前端需要将后端提交的数据以及支付方式、提交按钮渲染到页面上,下面在place_order.html中分别渲染收货地址、付款方式、商品、结算信息和提交按钮。

1. 收货地址

后端传递到place_order.html模板中的收货地址是一个非空模型对象列表addresses(为空时会传递空列表给place_order.js),在模板中判得addresses不为空后可通过循环逐一在页面中渲染收货地址,代码如下:

```
<h3 class="common_title"> 确认收货地址 </h3>
<div class="common_list_con clearfix" id="get_site">
    <dl>
    {% if addresses %}
    <dt> 寄送到: </dt>
        {% for address in addresses %}
        <dd @click="nowsite={{ address.id }}">
        <input type="radio" v-model="nowsite" value="{{ address.id }}">
        <strong>{{address.title}}</strong>
        {{ address.province }} {{ address.city }} {{ address.district }}
        ({{ address.receiver }} 收) {{ address.mobile }}</dd>
        {% endfor %}
    {% endif %}
    </dl>
    <a href="{{ url('users:address') }}" class="edit_site"> 编辑收货地址 </a>
</div>
```

若用户设置了默认收货地址,前端渲染收货地址列表后默认地址应处于选中状态。此项功能由Vue实现,为了渲染此效果,Vue应明确默认地址的id。在place_order.html中将默认地址的id传递给place_order.js,代码如下:

```
<script type="text/javascript">
    let default_address_id = "{{ user.default_address.id }}";
</script>
```

2. 支付方式

小鱼商城提供的支付方式有货到付款和支付宝两种,直接在页面中渲染这两种支付方式,代码如下:

```
<h3 class="common_title"> 支付方式 </h3>
<div class="common_list_con clearfix">
    <div class="pay_style_con clearfix">
        <input type="radio" name="pay_method" value="1"
                                              v-model="pay_method">
        <label class="cash"> 货到付款 </label>
        <input type="radio" name="pay_method" value="2"
                                              v-model="pay_method">
```

```
        <label class="zhifubao"></label>
    </div>
</div>
```

3. 商品

订单中的商品skus是一个列表,在循环中遍历并渲染每个商品,代码如下:

```
<h3 class="common_title">商品列表</h3>
<div class="common_list_con clearfix">
    <ul class="goods_list_th clearfix">
        <li class="col01">商品名称</li>
        <li class="col02">商品单位</li>
        <li class="col03">商品价格</li>
        <li class="col04">数量</li>
        <li class="col05">小计</li>
    </ul>
    {% for sku in skus %}
    <ul class="goods_list_td clearfix">
        <li class="col01">{{loop.index}}</li>
        <li class="col02"><img
            src="/static/images/goods/{{ sku.default_image }}.jpg"></li>
        <li class="col03">{{ sku.name }}</li>
        <li class="col04">台</li>
        <li class="col05">{{ sku.price }}元</li>
        <li class="col06">{{ sku.count }}</li>
        <li class="col07">{{ sku.amount }}元</li>
    </ul>
    {% endfor %}
</div>
```

4. 结算

结算部分需要渲染商品总件数、总金额、运费和实付款,直接在place_order.html中渲染这些数据,代码如下:

```
<h3 class="common_title">总金额结算</h3>
<div class="common_list_con clearfix">
    <div class="settle_con">
        <div class="total_goods_count">共<em>{{ total_count }}
                    </em>件商品,总金额<b>{{ total_amount }}元</b></div>
        <div class="transit">运费:<b>{{ freight }}元</b></div>
        <div class="total_pay">实付款:<b>{{ payment_amount }}元</b></div>
    </div>
</div>
```

5. 提交按钮

最后渲染提交订单的按钮,代码如下:

```
<div class="order_submit clearfix">
    <a @click="on_order_submit" id="order_btn">提交订单</a>
</div>
```

至此,结算页面渲染完毕。重启项目,打开商城,单击购物车中的"去结算"按钮,浏览器将会跳转到结算页面。

13.2 提交订单

提交订单就是收集订单结算页面的数据,存储到数据库中。订单数据是持久化数据,需要存储到MySQL数据库中,那么在实现存储逻辑之前,需要先创建订单表。本节分定义订单表模型,保存订单信息和呈现订单提交成功页面三部分实现提交订单功能。

13.2.1 定义订单表模型

在定义订单表模型之前,我们先查看示例网站中的订单,确认订单表模型应包含的信息。小鱼商城中"我的订单"页面的订单如图13-2所示。

图13-2 全部订单

观察图13-2中的订单:一个订单中包含多件商品,订单与订单商品是一对多关系。为了方便组织数据,这里将订单表中包含的内容分为两类:

① 订单基本信息。包括订单创建时间、订单号、支付总金额、支付方式、总金额、订单状态。其中订单号由后端生成(这里使用"时间+用户id"作为订单编号,保证订单号不重复),不再采用数据库自增主键。

② 订单商品信息。包括商品图片、商品名字、商品价格、商品数量、商品小计。

按以上分类与内容定义与订单相关的数据库表模型,如图13-3所示。

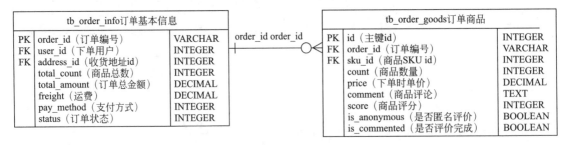

图13-3 订单数据模型

根据订单数据模型,在order/models.py中定义订单基本信息模型和订单商品模型,代码分别如下:

1. 定义订单基本信息模型

```python
from xiaoyu_mall.utils.models import BaseModel
from users.models import User, Address
class OrderInfo(BaseModel):
    """订单信息"""
    PAY_METHODS_ENUM = {
        "CASH": 1,
        "ALIPAY": 2
    }
    PAY_METHOD_CHOICES = (
        (1, "货到付款"),
        (2, "支付宝"),
    )
    ORDER_STATUS_ENUM = {
        "UNPAID": 1,
        "UNSEND": 2,
        "UNRECEIVED": 3,
        "UNCOMMENT": 4,
        "FINISHED": 5
    }
    ORDER_STATUS_CHOICES = (
        (1, "待支付"),
        (2, "待发货"),
        (3, "待收货"),
        (4, "待评价"),
        (5, "已完成"),
        (6, "已取消"),
    )
    order_id = models.CharField(max_length=64, primary_key=True,
                                verbose_name="订单号")
    user = models.ForeignKey(User, on_delete=models.PROTECT,
                             verbose_name="下单用户")
    address = models.ForeignKey(Address, on_delete=models.PROTECT,
                                verbose_name="收货地址")
    total_count = models.IntegerField(default=1, verbose_name="商品总数")
    total_amount = models.DecimalField(max_digits=10, decimal_places=2,
                                       verbose_name="商品总金额")
    freight = models.DecimalField(max_digits=10, decimal_places=2,
                                  verbose_name="运费")
    pay_method = models.SmallIntegerField(choices=PAY_METHOD_CHOICES,
                                          default=1, verbose_name="支付方式")
    status = models.SmallIntegerField(choices=ORDER_STATUS_CHOICES,
                                      default=1, verbose_name="订单状态")
    class Meta:
        db_table = "tb_order_info"
        verbose_name = '订单基本信息'
        verbose_name_plural = verbose_name
    def __str__(self):
        return self.order_id
```

2. 定义订单商品模型

```python
from goods.models import SKU
class OrderGoods(BaseModel):
    """订单商品"""
```

```python
    SCORE_CHOICES = (
        (0, '0分'),
        (1, '20分'),
        (2, '40分'),
        (3, '60分'),
        (4, '80分'),
        (5, '100分'),
    )
    order = models.ForeignKey(OrderInfo, related_name='skus',
                              on_delete=models.CASCADE, verbose_name="订单")
    sku = models.ForeignKey(SKU, on_delete=models.PROTECT,
                                       verbose_name="订单商品")
    count = models.IntegerField(default=1, verbose_name="数量")
    price = models.DecimalField(max_digits=10, decimal_places=2,
                                       verbose_name="单价")
    comment = models.TextField(default="", verbose_name="评价信息")
    score = models.SmallIntegerField(choices=SCORE_CHOICES,
                            default=5, verbose_name='满意度评分')
    is_anonymous = models.BooleanField(default=False,
                                verbose_name='是否匿名评价')
    is_commented = models.BooleanField(default=False,
                                    verbose_name='是否评价了')
    class Meta:
        db_table = "tb_order_goods"
        verbose_name = '订单商品'
        verbose_name_plural = verbose_name
    def __str__(self):
        return self.sku.name
```

订单表模型定义完成后,创建并执行迁移文件,以生成数据库表。

13.2.2 保存订单信息

当用户单击结算订单页面的"提交订单"按钮发起请求时,页面中的数据应被提交并存储到数据库。需要保存的订单信息包括订单编号、用户、地址、商品数量、总金额、运费、支付方式、实付款、订单状态和订单商品信息,由于订单商品信息的保存相对复杂,这里分保存除订单商品信息之外的订单基本信息和保存订单商品信息两部分来实现订单信息的保存。

1. 保存订单基本信息

订单基本信息中的订单编号由日期+用户id组成,需在代码中生成;收货地址和支付方式与用户选择有关,由用户提交,可在请求参数request中获取;用户信息同样保存在request参数中;订单状态由支付方式决定,当支付方式为支付宝时,存储为待支付状态,支付方式为货到付款时,存储为待发货状态;其余信息是与订单商品相关的信息,设置默认值即可。

在orders/views.py中获取与保存订单基本信息,代码如下:

```python
import json
from xiaoyu_mall.utils.views import LoginRequiredJSONMixin
from django.http import HttpResponseForbidden
from .models import OrderInfo
from django.utils import timezone
class OrderCommitView(LoginRequiredJSONMixin, View):
    """提交订单"""
    def post(self, request):
```

```python
        """保存订单基本信息和订单商品信息"""
        # 接收参数
        json_dict = json.loads(request.body.decode())
        address_id = json_dict.get('address_id')
        pay_method = json_dict.get('pay_method')
        # 校验参数
        if not all([address_id, pay_method]):
            return HttpResponseForbidden('缺少必传参数')
            # 判断address_id是否合法
        try:
            address = Address.objects.get(id=address_id)
        except Address.DoesNotExist:
            return HttpResponseForbidden('参数address_id错误')
            # 判断pay_method是否合法
        if pay_method not in [OrderInfo.PAY_METHODS_ENUM['CASH'],
                              OrderInfo.PAY_METHODS_ENUM['ALIPAY']]:
            return HttpResponseForbidden('参数pay_method错误')
        # 获取登录用户
        user = request.user
        # 获取订单编号：时间+user_id
        order_id = timezone.localtime().strftime('%Y%m%d%H%M%S') + \
                                            ('%09d' % user.id)
        # 保存订单基本信息（一）
        order = OrderInfo.objects.create(
            order_id=order_id,
            user=user,
            address=address,
            total_count=0,
            total_amount=Decimal(0.00),
            freight=Decimal(10.00),
            pay_method=pay_method,
            status=OrderInfo.ORDER_STATUS_ENUM['UNPAID']
            if pay_method == OrderInfo.PAY_METHODS_ENUM['ALIPAY']
                            else OrderInfo.ORDER_STATUS_ENUM['UNSEND']
        )
```

2. 保存订单商品信息

用户购买商品除涉及订单数据的增加外，还涉及商品库存与销量的变更，因此在保存订单商品信息时，需要同步减少商品SKU库存，增加商品SPU销量。结算页面中的商品数据是结算订单时后端从数据库中查询到的数据，提交订单时后端可以再次从数据库查询商品数据，查询操作与订单结算中商品信息的查询相同，此处不再分析；商品信息保存后需修改SKU表中的库存信息，和SPU表中的销量信息。

编写代码，保存订单商品信息，代码如下：

```python
from .models import OrderGoods
from django.utils import timezone
from django.http import JsonResponse
from xiaoyu_mall.utils.response_code import RETCODE
class OrderCommitView(LoginRequiredJSONMixin, View):
    """提交订单"""
    def post(self, request):
        """保存订单基本信息和订单商品信息"""
        # 获取当前保存订单时需要的信息
```

```python
...
    # 保存订单基本信息 OrderInfo（一）
    ...
    # 从redis读取购物车中被勾选的商品信息
    redis_conn = get_redis_connection('carts')
    redis_cart = redis_conn.hgetall('carts_%s' % user.id)
    selected = redis_conn.smembers('selected_%s' % user.id)
    carts = {}
    for sku_id in selected:
        carts[int(sku_id)] = int(redis_cart[sku_id])
    sku_ids = carts.keys()
    # 遍历购物车中被勾选的商品信息
    for sku_id in sku_ids:
        # 查询SKU信息
        sku = SKU.objects.get(id=sku_id)
        # 判断SKU库存
        sku_count = carts[sku.id]
        if sku_count > sku.stock:
            return JsonResponse({'code': RETCODE.STOCKERR,
                                 'errmsg': '库存不足'})
        # SKU减少库存，增加销量
        sku.stock -= sku_count
        sku.sales += sku_count
        sku.save()
        # 修改SPU销量
        sku.spu.sales += sku_count
        sku.spu.save()
        # 保存订单商品信息 OrderGoods（多）
        OrderGoods.objects.create(
            order=order,
            sku=sku,
            count=sku_count,
            price=sku.price,
        )
        # 保存商品订单中总价和总数量
        order.total_count += sku_count
        order.total_amount += (sku_count * sku.price)
    # 添加邮费和保存订单信息
    order.total_amount += order.freight
    order.save()
    # 清除购物车中已结算的商品
    pl = redis_conn.pipeline()
    pl.hdel('carts_%s' % user.id, *selected)
    pl.srem('selected_%s' % user.id, *selected)
    pl.execute()
    # 响应提交订单结果
    return JsonResponse({'code': RETCODE.OK, 'errmsg': '下单成功',
                         'order_id': order.order_id})
```

至此，结算页面的订单信息可成功保存到数据库中。

13.2.3 呈现订单提交成功页面

订单提交后将跳转到提交成功页面，不同的付款方式对应不同的成功页面，选择货到付款，订单提交成功后页面右下角的按钮为"继续购物"；选择支付宝付款，订单提交成功后页面右下角的按钮为"去支付",此时单击按钮,页面将跳转到支付宝页面。具体分别如图13-4(a)和图13-4(b)所示。

(a)货到付款订单提交成功页面

(b)支付宝支付订单提交成功页面

图13-4 提交成功

以上页面由模板文件order_success.html呈现,该页面中需要渲染的数据为订单总价、订单号和按钮。因为按钮与支付方式有关,所以与该页面相关的数据实际上是订单总价payment_amount、order_id和pay_method。下面分定义与实现后端接口、渲染前端页面和配置路由三步实现订单提交成功页面的呈现。

1. 定义与实现后端接口

这里使用GET方式发送请求,在get()方法中实现该页面的呈现。具体代码如下:

```
class OrderSuccessView(LoginRequiredMixin, View):
    """提交订单成功页面"""
    def get(self, request):
        """提供提交订单成功页面"""
        order_id = request.GET.get('order_id')
        payment_amount = request.GET.get('payment_amount')
        pay_method = request.GET.get('pay_method')
        context = {
```

```
            'order_id': order_id,
            'payment_amount': payment_amount,
            'pay_method': pay_method
        }
        return render(request, 'order_success.html', context)
```

2. 渲染前端页面

在模板文件order_success.html中渲染提交订单成功页面的信息,代码如下:

```
<div class="common_list_con clearfix">
    <div class="order_success">
            <p><b>订单提交成功,订单总价<em>¥{{ payment_amount }}</em></b></p>
            <p>您的订单已成功生成,选择您想要的支付方式,订单号:{{ order_id }}</p>
            <p><a href="user_center_order.html">您可以在【用户中心】->【我的订单】
                                                           查看该订单</a></p>
    </div>
</div>
<div class="order_submit clearfix">
    {% if pay_method == '1' %}
        <a href="{{ url('contents:index') }}">继续购物</a>
    {% else %}
        <a @click="order_payment" class="payment">去支付</a>
    {% endif %}
</div>
```

3. 配置路由

配置子路由orders/urls.py,代码如下:

```
# 提交订单
path('orders/commit/', views.OrderCommitView.as_view()),
# 提交订单成功
path('orders/success/', views.OrderSuccessView.as_view()),
```

至此,订单提交成功页面的呈现功能完成。

13.3 基于事务的订单数据保存

小鱼商城提交订单的逻辑基本梳理完毕,但当下编写的代码并不安全,这是因为提交订单这一功能涉及数据库中多张表(OrderInfo、OrderGoods、SKU、SPU)的修改,而这些数据的修改应该是一个整体业务,若不能一起成功,便应当一起失败。然而Django默认每执行一句数据库操作便会自动提交,如此可能出现订单信息保存成功,但库存或销量修改失败等情况。为了避免这些情况,我们需要自己控制数据库事务的执行流程。本节将介绍Django中的事务如何使用,以及如何使用事务保存订单数据。

13.3.1 Django中事务的使用

Django中可以通过django.db.transaction模块定义一个事务,事务的使用通常离不开保存点,下面分别介绍Django中实现事务的方案,以及如何使用保存点。

1. 实现事务的方案

Django的transaction模块提供了atomic装饰器和with语句这两种方案实现事务,下面分别介绍这两种方案。

（1）装饰器方案

装饰器@transaction.atomic可以修饰一个函数，它的用法如下：

```
from django.db import transaction
@transaction.atomic
def viewfunc(request):
# 这些代码会在一个事务中执行
    ...
```

被装饰器修饰的函数中的所有数据库操作会被视为属于同一个事务中的操作。

（2）with语句

with语句可以修饰函数中的部分代码，示例如下：

```
from django.db import transaction
def viewfunc(request):
    # 这部分代码不在事务中，会被 Django 手动提交
    ...
    with transaction.atomic():
        # 这部分代码会在事务中执行
        ...
```

如上所示，只有被with语句修饰的代码属于同一个事务中。

相比之下，装饰器方案比较简单，但它范围太大，不够灵活，而with可以有选择地将函数或方法中的部分SQL语句绑定到一个事务中。

2．保存点的使用

保存点用于在事务中创建记录数据特定状态的标记，以便事务出现异常时回滚已修改的数据。保存点的相关操作如下：

```
from django.db import transaction
# 创建保存点
save_id = transcation.savepoint()
# 回滚到保存点
transaction.savepoint_rollback(save_id)
# 提交从保存点到当前状态的所有数据库事务操作
transaction.savepoint_commit(save_id)
```

如上所示，当一次事务中的数据库操作出现错误时，调用savepoint_rollback()方法可以回滚到保存点记录的状态；当事务顺利执行时，调用savepoint_commit()方法可以提交从保存点到当前状态的所有数据库事务操作。

13.3.2 使用事务保存订单数据

提交订单时涉及数据库表OrderInfo、OrderGoods、SKU、SPU的修改——包括保存订单基本数据、保存订单商品数据、减少SKU库存、增加SPU销量应当是一个事务，修改orders/views.py中OrderCommitView类的post()方法，使用灵活的with语句实现基于事务的订单数据保存，修改后的代码如下：

```
from django.db import transaction
...
        # 显式开启一个事务
        with transaction.atomic():
            # 创建事务保存点
            save_id = transaction.savepoint()
```

```python
            # 回滚
            try:
                # 保存订单基本信息 OrderInfo
                order = OrderInfo.objects.create(
                    ...
                )
                # 从redis读取购物车中被勾选的商品信息
                redis_conn = get_redis_connection('carts')
                redis_cart = redis_conn.hgetall('carts_%s' % user.id)
                selected = redis_conn.smembers('selected_%s' % user.id)
                carts = {}
                for sku_id in selected:
                    carts[int(sku_id)] = int(redis_cart[sku_id])
                sku_ids = carts.keys()
                # 遍历购物车中被勾选的商品信息
                for sku_id in sku_ids:
                    # 查询SKU信息
                    sku = SKU.objects.get(id=sku_id)
                    # 查询SKU库存
                    sku_count = carts[sku.id]
                    if sku_count > sku.stock:
                        # 出错就回滚
                        transaction.savepoint_rollback(save_id)
                        return JsonResponse({'code': RETCODE.STOCKERR,
                                             'errmsg': '库存不足'})
                    # SKU减少库存，增加销量
                    sku.stock -= sku_count
                    sku.sales += sku_count
                    sku.save()
                    # 修改SPU销量
                    sku.spu.sales += sku_count
                    sku.spu.save()
                    # 保存订单商品信息 OrderGoods（多）
                    OrderGoods.objects.create(
                        order=order,
                        sku=sku,
                        count=sku_count,
                        price=sku.price,
                    )
                    # 保存商品订单中总价和总数量
                    order.total_count += sku_count
                    order.total_amount += (sku_count * sku.price)
                # 添加邮费和保存订单信息
                order.total_amount += order.freight
                order.save()
            except Exception as e:
                logger.error(e)
                transaction.savepoint_rollback(save_id)  # 出错回滚
                return JsonResponse({'code': RETCODE.DBERR, 'errmsg': '下单失败'})
            # 提交订单成功，显式的提交一次事务
            transaction.savepoint_commit(save_id)
        # 清除购物车中已结算的商品
        pl = redis_conn.pipeline()
        pl.hdel('carts_%s' % user.id, *selected)
        pl.srem('selected_%s' % user.id, *selected)
```

```
pl.execute()
# 响应提交订单结果
return JsonResponse({'code': RETCODE.OK, 'errmsg': '下单成功',
                                      'order_id': order.order_id})
```

以上代码将与订单相关的数据库操作放在同一个事务之中，所有操作一同执行或都不执行。

13.4 基于乐观锁的并发下单

13.3节将与保存订单相关的操作绑定为一个事务，解决了单一用户操作数据库时可能出现的数据异常，但小鱼商城是一个支持多用户的电商网站，同一时刻可能有多名用户并发下单，例如用户甲购买10个商品A，用户乙购买8个商品A，这两位用户同时查得商品A库存为15，需求<库存，条件满足，下单成功。然而实际库存量无法同时满足两名用户的需求，上述过程存在隐患，如图13-5所示。

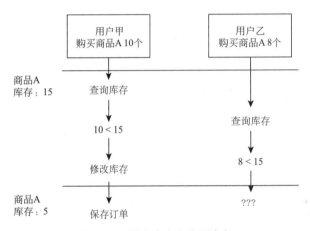

图13-5 程序隐患之资源竞争

目前程序中存在的隐患并非源于代码的业务逻辑，而是因为MySQL数据库默认支持并发操作。解决并发问题的方法很多，最基础的就是给资源加锁。下面先介绍MySQL的锁机制，再基于锁实现并发下单。

1. MySQL锁机制

MySQL支持悲观锁和乐观锁两种锁，其中悲观锁会在查询某条记录时便给数据加锁，防止别人修改数据；乐观锁（虽然叫"锁"，但本质只是条件判断）在更新时判断此时的库存是否是之前查询出的库存，如果相同，表示数据未被修改，可以更新，否则表示资源被抢夺，不再更新。

相比之下，悲观锁性能较差，会降低程序的并发性，容易出现死锁，乐观锁的性能更胜一筹，这里我们选择使用乐观锁解决保存订单这一功能中涉及的资源竞争问题。乐观锁的用法示例如下：

```
update tb_sku set stock=2 where id=1 and stock=7;      # MySQL 数据更新
SKU.objects.filter(id=1, stock=7).update(stock=2)      # 基于乐观锁的数据更新
```

2. 基于乐观锁的并发下单

如果在13.3节的代码中直接添加乐观锁，由于出现资源抢夺时乐观锁会放弃数据更新，用户无法成功下单，这显然不符合需求。为了解决这一问题，我们需要将查询库存、商品库存与销量

更改放在循环中,当本次下单失败后,只要库存充足,就仍应继续尝试下单。

按照上述逻辑修改orders/views.py中提交订单的代码,修改后的代码如下:

```python
class OrderCommitView(LoginRequiredJSONMixin, View):
    """订单提交"""
    def post(self, request):
        """保存订单信息和订单商品信息"""
        # 获取当前保存订单时需要的信息
        ...
        # 显式开启一个事务
        with transaction.atomic():
            # 创建事务保存点
            save_id = transaction.savepoint()
            # 暴力回滚
            try:
                # 保存订单基本信息 OrderInfo (一)
                order = OrderInfo.objects.create(
                    ...
                )
                # 从redis读取购物车中被勾选的商品信息
                ...
                # 遍历购物车中被勾选的商品信息
                for sku_id in sku_ids:
                    while True:
                        # 查询SKU信息
                        sku = SKU.objects.get(id=sku_id)
                        # 读取原始库存
                        origin_stock = sku.stock
                        origin_sales = sku.sales
                        # 判断SKU库存
                        sku_count = carts[sku.id]
                        if sku_count > origin_stock:
                            # 事务回滚
                            transaction.savepoint_rollback(save_id)
                            return JsonResponse({'code': RETCODE.STOCKERR,
                                                 'errmsg': '库存不足'})
                        new_stock = origin_stock - sku_count
                        new_sales = origin_sales + sku_count
                        # 基于乐观锁的数据更新
                        result = SKU.objects.filter(id=sku_id, stock=origin_stock).update(stock=new_stock, sales=new_sales)
                        # 如果下单失败,但库存充足,继续下单,直到下单成功或库存不足
                        if result == 0:
                            continue
                        # 修改SPU销量
                        sku.spu.sales += sku_count
                        sku.spu.save()
                        # 保存订单商品信息 OrderGoods (多)
                        OrderGoods.objects.create(
                            order=order,
                            sku=sku,
```

```
                    count=sku_count,
                    price=sku.price,
                )
                # 保存商品订单中总价和总数量
                order.total_count += sku_count
                order.total_amount += (sku_count * sku.price)
                # 下单成功，跳出循环
                break
            # 添加邮费，保存订单信息
            ...
```

保存修改，重启项目，登录两个用户同时购买同一件商品，每个用户都能正常购物，且数据库中的商品数量能被正确修改；继续购买同一件商品，当商品数量为1时（可以在数据库中将商品数量修改为1），两名用户都能将该商品添加到购物车并进入结算订单页面，但当一名用户成功提交订单后，另外一名用户提交订单时，会提示"库存不足"，如图13-6所示。

图13-6　库存不足

多学一招：事务隔离级别

事务隔离级别指在处理同一个数据的多个事务中，当前事务何时能看到其他事务对数据修改的结果。MySQL有4种事务隔离级别，分别如下：

- Serializable：串行化，一个事务一个事务的执行，并发性低。
- Repeatable read：可重复读，无论其他事务是否修改并提交了数据，在这个事务中看到的数据始终不受其他事务的影响。这是MySQL的默认事务隔离级别。
- Read committed：读取已提交，其他事务提交了对数据的修改后，本事务就能读取到修改后的数据值。
- Read uncommitted：读取未提交，其他事务只要修改了数据，即使未提交，本事务也能读取到修改后的数据值。

MySQL默认的事务隔离级别为Repeatable read，这会导致多位用户同时购买同一商品时数据读取不及时。例如，一位用户这边的事务已经提交了数据的修改，但因为网络延迟或其他原因，事务尚未结束，此时其他用户的事务查询到的最新数据就会延迟。为了解决这一问题，应将数据库的隔离级别修改为Read committed，如此只要一个事务提交了数据的修改，其他事务便能及时查询到修改后的数据。

打开MySQL命令行，修改全局或当前session的事务隔离级别为Read committed的命令如下：

```
mysql> set [globale | session] transaction isolation level Read committed;
```

13.5　查看订单

单击小鱼商城导航栏中的"我的订单"，或用户中心页面的"全部订单"可以查看用户的订单，订单数据如图13-7所示。

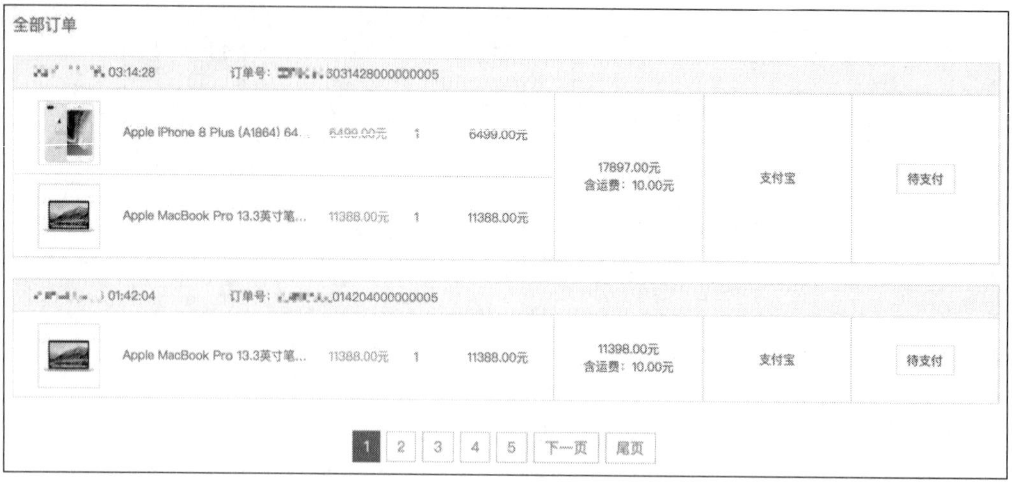

图13-7 全部订单

查看订单的本质是查询并在页面展示订单数据。根据前面的介绍,我们已经知道小鱼商城的订单数据分为订单基本数据和订单商品数据两部分,那么查看订单的业务逻辑就是查询订单基本信息和订单商品这两张表中的数据,构成订单数据并呈现在前端页面。另外,订单数据总是与用户相关,那么应从用户出发,根据用户与订单信息的联系进行查询。下面分后端业务实现、配置URL和渲染订单数据三部分来实现查看订单功能。

1. 后端业务实现

考虑到订单属于用户数据,这里在用户模块实现查看订单的功能。根据分析,在users/views.py中实现查看订单的业务逻辑,具体代码如下:

```python
from goods.models import SKU
from orders.models import OrderInfo
from django.core.paginator import Paginator, EmptyPage
from django.http import HttpResponseNotFound
class UserOrderInfoView(LoginRequiredMixin,View):
    def get(self, request, page_num):
        """ 提供我的订单页面 """
        user = request.user
        # 查询订单
        orders = user.orderinfo_set.all().order_by("-create_time")
        # 遍历所有订单
        for order in orders:
            # 绑定订单状态
            order.status_name = \
                OrderInfo.ORDER_STATUS_CHOICES[order.status - 1][1]
            # 绑定支付方式
            order.pay_method_name = \
                OrderInfo.PAY_METHOD_CHOICES[order.pay_method - 1][1]
            order.sku_list = []
            # 查询订单商品
            order_goods = order.skus.all()
            # 遍历订单商品
            for order_good in order_goods:
                sku = order_good.sku
                sku.count = order_good.count
```

```
                sku.amount = sku.price * sku.count
                order.sku_list.append(sku)
        # 分页
        page_num = int(page_num)
        try:
            paginator = Paginator(orders, constants.ORDERS_LIST_LIMIT)
            page_orders = paginator.page(page_num)
            total_page = paginator.num_pages
        except EmptyPage:
            return HttpResponseNotFound('订单不存在')
        context = {
            "page_orders": page_orders,
            'total_page': total_page,
            'page_num': page_num,
        }
        return render(request, "user_center_order.html", context)
```

以上代码首先从请求信息中获取了当前用户，然后借助用户与订单的联系查询到当前用户的所有订单基本信息orders、遍历orders，将订单状态与支付方式对应的字符串写入orders，同时查询当前订单对应的订单商品信息，遍历商品信息，将商品对象添加到商品的订单列表之中，以构造订单数据，最后利用Paginator类对订单数据进行分页，构造包含一页数据、总计和页码的上下文字典，将其与请求对象、模板文件user_centet_order.html一起渲染为响应信息并返回。

2．配置URL

订单数据分页显示，用户可在订单页面通过单击页码查看不同页的数据，因此页码是URL中需要设置的参数；当用户从其他页面请求订单页面时，用户不需要传入页码，订单页面默认显示第一页数据。根据分析，在users/urls.py中配置URL，代码如下：

```
path('orders/info/<int:page_num>/', views.UserOrderInfoView.as_view(),
name='myorderinfo'),
```

修改模板文件中的链接，以用户中心user_center_info.html为例，修改后的代码如下：

```
<a href="{{ url('users:myorderinfo',args=(1,)) }}">我的订单</a>
...
<li><a href="{{ url('users:myorderinfo',args=(1,)) }}">·全部订单</a></li>
```

3．渲染订单数据

在模板文件user_center_order.html中渲染订单数据，具体代码如下：

```
<div class="right_content clearfix">
        <h3 class="common_title2">全部订单</h3>
        {% for order in page_orders %}
        <ul class="order_list_th w978 clearfix">
            <li class="col01">
           {{ order.create_time.strftime('%Y-%m-%d %H:%M:%S') }}</li>
            <li class="col02">订单号：{{ order.order_id }}</li>
        </ul>
        <table class="order_list_table w980">
            <tbody>
                <tr>
                    <td width="55%">
                        {% for sku in order.sku_list %}
                        <ul class="order_goods_list clearfix">
                            <li class="col01">
```

```
                             <img src="{{ sku.default_image }}"></li>
                    <li class="col02"><span>{{ sku.name }}</span>
                        <em>{{ sku.price }}元</em></li>
                    <li class="col03">{{ sku.count }}</li>
                    <li class="col04">{{ sku.amount }}元</li>
                </ul>
                {% endfor %}
            </td>
            <td width="15%">{{ order.total_amount }}元
                <br>含运费：{{ order.freight }}元</td>
            <td width="15%">{{ order.pay_method_name }}</td>
            <td width="15%">
                <a @click="oper_btn_click('{{ order.order_id }}',
                    {{ order.status }})" class="oper_btn">
                    {{ order.status_name }}</a>
            </td>
        </tr>
    </tbody>
</table>
{% endfor %}
<div class="pagenation">
    <div id="pagination" class="page"></div>
</div>
</div>
```

至此，查看订单功能完成。

小 结

本章实现了小鱼商城订单的结算和提交，并介绍了与订单数据修改相关的事务处理。通过本章的学习，读者能够熟悉电商网站订单模块的功能与逻辑，掌握Django事务处理方式与乐观锁的使用。

习 题

简答题

1. 价格、数量和运费分别应使用什么数据类型？
2. 为什么订单提交功能应在一个事务中实现？
3. 简述MySQL的锁机制。
4. 简述MySQL的事务隔离级别。

第 14 章 电商项目——支付与评价

学习目标：

◎ 了解支付宝开放平台。

◎ 熟悉对接支付宝的流程。

◎ 熟悉实现商品评价的流程。

顽强拼搏，
无私奉献

小鱼商城商品的支付方式有"货到付款"与"支付宝"两种。当用户选择货到付款时，单击支付按钮，浏览器跳转到订单提交成功页面；选择支付宝支付时，单击支付按钮，小鱼商城会调用支付宝系统的支付功能进行支付。支付完成后，用户可从订单页面进入商品评价页评价商品，用户评价会保存到MySQL数据库中，并在商品详情页中展示。本章将对支付宝支付与商品评价功能进行介绍。

14.1 支付宝开放平台介绍

支付宝是国内的第三方支付平台，它提供"简单、安全、快速"的支付解决方案，以及可用于测试开发过程中对接支付宝接口的沙箱环境。在对接支付宝系统之前，我们需要先对支付宝账号拓展，掌握如何创建应用和使用支付宝的沙箱环境。

1. 拓展身份

登录支付宝的开放平台（https://open.alipay.com/platform/home.htm），进入开放平台页面后可在主账号下侧看到"拓展身份"链接，如图14-1所示。

图14-1 拓展身份

单击图14-1所示页面中的"拓展身份"链接，浏览器将跳转到身份认证页面，如图14-2所示。

图14-2 自研开发者身份认证

在图14-2所示页面中填写自研开发者身份信息，填写完毕后单击"确定进行身份扩展"按钮，若信息正确，审核通过方可拓展身份。

2. 创建应用

与第三方平台容联云通讯相同，在对接支付宝之前需要在支付宝创建应用。支付宝提供真实应用与沙箱应用，真实应用是项目上线后使用的应用；沙箱应用是项目开发阶段所使用的应用。

在支付宝开放平台单击"网页&移动应用列表"进入"网页&移动应用"页面，如图14-3所示。

图14-3 "网页&移动应用"页面

在"网页&移动应用"页面中单击"支付接入"进入应用创建页面,如图14-4所示。

图14-4　应用创建页面

在应用创建页面中"应用名称"与"应用图标"为必填选项,其余为可填选项,填写完毕后单击"确认创建"按钮可创建应用。

3．沙箱环境

应用创建完成后,在支付宝开放平台的"开发者中心"的开发服务中选择"研发服务"进入沙箱应用,可查看沙箱环境的APPID、支付宝网关、RSA2密钥、沙箱账号等配置信息,如图14-5所示。

图14-5　沙箱应用

单击图14-5左侧的沙箱账号，在沙箱账号页设定开发阶段所需的商家信息与买家信息，其中商家信息为沙箱环境中模拟的收款账号，买家信息为沙箱环境中模拟的付款账号。

14.2 对接支付宝系统

本节将根据支付宝的开发文档在支付宝和小鱼商城中配置与支付相关的信息，在沙箱环境中实现和测试小鱼商城的订单支付功能与保存订单支付功能。

14.2.1 支付信息配置

在实现订单支付功能之前需要在支付宝和小鱼商城中配置支付信息。接下来，分别介绍如何配置支付宝与小鱼商城。

1. 支付宝配置

打开支付宝的开发文档页面（https://openhome.alipay.com/developmentDocument.htm），选择"电脑网站支付"→"快速接入"，进入支付宝对接文档页面，该页面详细介绍了如何在项目中对接支付宝。参考该页面的对接步骤配置对接信息，具体步骤如下：

（1）创建应用

支付宝提供了线上应用与沙箱应用，当前处于开发阶段，使用沙箱环境应用即可。

（2）配置RSA2公私钥

为保证交易双方的身份和数据安全，支付宝使用RSA2加密算法对请求中的参数进行加密。小鱼商城使用私钥加密请求参数，支付宝接收到小鱼商城发来的请求后，利用小鱼商城上传的公钥解密并处理请求参数；处理结果使用支付宝私钥进行加密，返回给小鱼商城服务器，小鱼商城利用配置到项目中的支付宝公钥进行解密，小鱼商城与支付宝所持的公私钥如图14-6所示。

图14-6 配置公私钥

使用openssl生成密钥文件（Windows系统下可在Git Bash中使用openssl生成密钥工具，Git下载地址：https://gitforwindows.org/），具体命令如下：

```
$ openssl
# 生成私钥
OpenSSL> genrsa -out app_private_key.pem 2048
# 生成公钥
OpenSSL> rsa -in app_private_key.pem -pubout -out app_public_key.pem
OpenSSL> exit
```

以上命令生成的应用密钥文件为app_private_key.pem与app_public_key.pem，其中app_private_key.pem为私钥文件，app_public_key.pem为公钥文件。

进入支付宝平台的沙箱应用中,单击"RSA2(SHA256)密钥(推荐)"对应的"设置/查看"选项,将app_public_key.pem中的公钥内容粘贴到应用公钥框中,如图14-7所示。

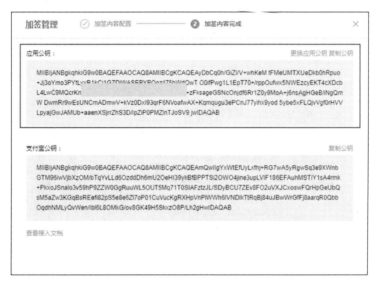

图14-7 配置应用公钥

2. 小鱼商城配置

小鱼商城配置由小鱼商城私钥、支付宝公钥和SDK三部分组成,具体配置操作如下。

(1)配置小鱼商城私钥

在小鱼商城的payment应用下新建keys文件夹,将应用私钥文件app_private_key.pem复制到该文件夹下,如图14-8所示。

(2)配置支付宝公钥

在payment应用的keys文件夹中新建alipay_public_key.pem文件,将图14-8所示的支付宝公钥内容粘贴到该文件中,并补充公钥头部与公钥尾部信息,其格式如下:

```
-----BEGIN RSA PUBLIC KEY-----
支付宝公钥
-----END RSA PUBLIC KEY-----
```

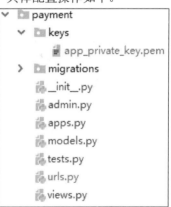

图14-8 payment应用

(3)配置SDK参数

在dev.py文件中配置支付宝SDK参数,具体如下:

```
ALIPAY_APPID = '2016101200667363'
ALIPAY_DEBUG = True
ALIPAY_URL = 'https://openapi.alipaydev.com/gateway.do'
ALIPAY_RETURN_URL = 'http://127.0.0.1:8000/payment/status/'
```

上述配置参数表示支付宝APPID、DEBUG模式、支付宝网关、回调地址。

3. 安装SDK

在Python中安装python-alipay-sdk,命令具体如下:

```
pip install python-alipay-sdk==3.0.1
```

至此,小鱼商城的支付信息配置完成。

14.2.2 订单支付功能

用户单击小鱼商城订单提交页面的"去支付"按钮后,浏览器应跳转到支付宝登录页面;用户输入沙箱账号中的买家账号密码登录支付宝,登录成功后将跳转到支付页面;用户输入支付密码进行支付,支付成功后支付宝应重定向到小鱼商城的"订单支付成功"页面,支付流程具体如图14-9所示。

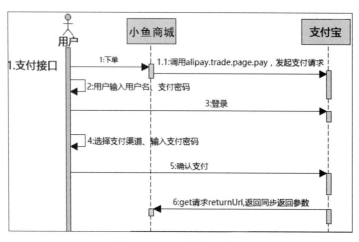

图14-9 支付流程时序图

下面分设计接口、订单支付接口实现、配置URL和功能校验4个部分实现订单支付功能。

1. 设计接口

用户单击"去支付"按钮,浏览器跳转到支付宝登录页面,这一过程不涉及数据提交,浏览器可使用GET方式发送请求。

在获取支付宝登录页面时应携带当前订单编号参数order_id作为唯一标识,订单支付请求地址可设计为如下形式:

```
/payment/(?P<order_id>\d+)/
```

小鱼商城向支付宝发送请求后,后端应响应包含状态码、错误信息以及支付宝登录链接的信息,如表14-1所示。

表 14-1 响应 JSON 数据

字段	说明
code	状态码
errmsg	错误信息
alipay_url	支付宝登录链接

2. 订单支付接口实现

在payment应用的views.py文件中定义类视图PaymentView,在该视图的get()方法中处理订单支付请求。因为订单支付属于用户登录后的操作,需要判断用户是否登录,所以PaymentView视图需要继承LoginRequiredJSONMixin来判断用户是否登录。

实现订单支付功能首先查询所需支付的订单,然后创建支付对象,通过支付对象生成登录支付宝链接(登录支付宝链接的生成方式可参考支付宝Python SDK文档:https://github.com/fzlee/

alipay/blob/master/README.zh-hans.md#alipay.trade.page.pay实现），最后响应支付宝登录链接。订单支付功能具体如下：

```python
import os
from alipay import AliPay
from django.conf import settings
from django.views import View
from django.http import HttpResponseForbidden, JsonResponse
from xiaoyu_mall.utils.views import LoginRequiredJSONMixin
from xiaoyu_mall.utils.response_code import RETCODE
from orders.models import OrderInfo
class PaymentView(LoginRequiredJSONMixin, View):
    """订单支付功能"""
    def get(self, request, order_id):
        # 查询要支付的订单
        user = request.user
        try:
            order = OrderInfo.objects.get(order_id=order_id,
                    user=user, status=OrderInfo.ORDER_STATUS_ENUM['UNPAID'])
        except OrderInfo.DoesNotExist:
            return HttpResponseForbidden('订单信息错误')
        # 创建支付对象
        alipay = AliPay(
            appid=settings.ALIPAY_APPID,
            app_notify_url='http://127.0.0.1:8000',   # 默认回调url
            app_private_key_string=open(os.path.join(
                    os.path.dirname(os.path.abspath(__file__)),
                    "keys/app_private_key.pem")).read(),
            alipay_public_key_string=open(
                    os.path.join(os.path.dirname(
                    os.path.abspath(__file__)),
                    "keys/alipay_public_key.pem")).read(),
            sign_type="RSA2",
            debug=settings.ALIPAY_DEBUG
        )
        # 生成支付宝登录链接
        order_string = alipay.api_alipay_trade_page_pay(
            out_trade_no=order_id,                          # 订单编号
            total_amount=str(order.total_amount),           # 订单金额
            subject="小鱼商城%s" % order_id,                 # 订单标题
            return_url=settings.ALIPAY_RETURN_URL           # 回调地址
        )
        # 响应登录支付宝连接
        alipay_url = settings.ALIPAY_URL + "?" + order_string
        return JsonResponse({'code': RETCODE.OK, 'errmsg': 'OK',
                            'alipay_url': alipay_url})
```

3. 配置URL

在xiaoyu_mall/urls.py文件中追加payment应用的路由，具体如下：

```python
path('', include('payment.urls', namespace='payment')),
```

在payment应用中新建urls.py文件，在其中定义订单支付的路由，具体如下：

```python
from django.urls import re_path, path
from . import views
```

```
app_name = 'payment'
urlpatterns = [
    # 支付
    re_path('payment/(?P<order_id>\d+)/',views.PaymentView.as_view()),
]
```

4．功能校验

启动服务器，进入订单页面，选择支付宝支付，单击"去支付"按钮，页面跳转到支付宝登录页面，如图14-10所示。

图14-10　支付宝登录页面

在图14-10中选择页面右侧的"登录账户付款"，使用沙箱账号中的买家账号密码登录支付宝，输入支付密码进行支付。图14-11所示为确认付款页面。

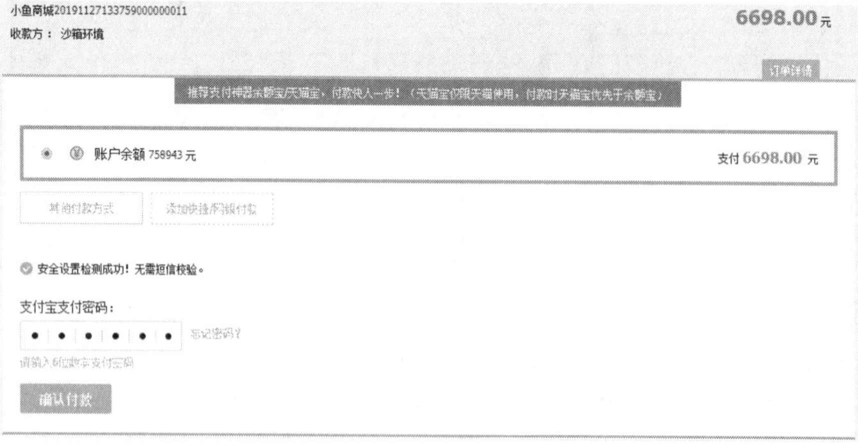

图14-11　确认付款页面

至此，订单支付功能实现。

14.2.3 保存订单支付结果

用户支付功能完成之后，支付宝发起GET请求，将支付结果返回给return_url参数所指定的回调地址。return_url参数通过小鱼商城配置文件中的回调路由ALIPAY_RETURN_URL指定。用户订单支付成功后，支付宝会将页面重定向到该URL中。根据回调参数的值设计如下形式的请求地址，具体如下：

```
/payment/status/
```

在payment应用的views.py文件中定义保存订单支付结果的视图类PaymentStatusView，在该类的get()方法中处理保存订单的请求。get()方法中首先需要对回调地址中的签名进行验证，若验证通过保存订单并修改订单状态为"待评价"，然后构造包含支付宝订单编号的响应数据，返回pay_success.html；若验证不通过重定向到我的订单页面中。具体如下：

```python
class PaymentStatusView(View):
    """ 保存订单支付结果 """
    def get(self, request):
        query_dict = request.GET       # 获取前端传入的请求参数
        data = query_dict.dict()
        signature = data.pop('sign')   # 从请求参数中剔除 signature
        # 创建支付宝支付对象
        alipay = AliPay(
            appid=settings.ALIPAY_APPID,
            app_notify_url='http://127.0.0.1:8000',  # 默认回调 url
            app_private_key_string=open(os.path.join(
                    os.path.dirname(os.path.abspath(__file__)),
                    "keys/app_private_key.pem")).read(),
            alipay_public_key_string=open(
                    os.path.join(os.path.dirname(
                    os.path.abspath(__file__)),
                    "keys/alipay_public_key.pem")).read(),
            sign_type="RSA2",
            debug=settings.ALIPAY_DEBUG
        )
        # 校验这个重定向是否是 alipay 重定向过来的
        success = alipay.verify(data, signature)
        if success:
            order_id = data.get('out_trade_no') # 读取 order_id
            trade_id = data.get('trade_no')     # 读取支付宝流水号
            # 保存 Payment 模型类数据
            Payment.objects.create(
                order_id=order_id,
                trade_id=trade_id
            )
            # 修改订单状态为待评价
            OrderInfo.objects.filter(order_id=order_id,
                status=OrderInfo.ORDER_STATUS_ENUM['UNPAID']).update(
                status=OrderInfo.ORDER_STATUS_ENUM["UNCOMMENT"])
            # 响应 trade_id
            context = {
                'trade_id': trade_id
            }
            return render(request, 'pay_success.html', context)
```

```
        else:
            # 订单支付失败，重定向到我的订单
            return redirect(reverse('users:myorderinfo'))
```

保存订单时需要将订单编号与交易流水号关联存储，便于后期查询订单信息使用。在payment应用的models.py文件中定义模型类Payment，具体如下：

```
from django.db import models
from xiaoyu_mall.utils.models import BaseModel
from orders.models import OrderInfo
class Payment(BaseModel):
    # 订单编号
    order = models.ForeignKey(OrderInfo,
                on_delete=models.CASCADE, verbose_name='订单')
    # 交易流水号
    trade_id = models.CharField(max_length=100, unique=True,
                    null=True, blank=True, verbose_name="支付编号")
    class Meta:
        db_table = 'tb_payment'
        verbose_name = '支付信息'
        verbose_name_plural = verbose_name
```

模型类Payment定义完成后生成迁移文件并执行迁移命令，在数据库中生成对应的数据表以及字段。

在payment应用的urls.py文件中追加订单支付结果的路由，具体如下：

```
path('payment/status/',views.PaymentStatusView.as_view()),
```

重启服务器，当用户使用支付宝支付成功后，页面会跳转到pay_success.html页面，如图14-12所示。

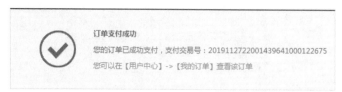

图14-12　支付成功页面

用户单击图14-12所示页面中的"【我的订单】查看该订单"，页面会跳转到"我的订单"页面中，在"我的订单"页面中，可查看相应订单的具体信息，如图14-13所示。

图14-13　商品订单

至此，保存订单支付结果功能实现。

14.3　商 品 评 价

用户支付成功后，订单页面中的状态信息由"待支付"变为"待评价"，此时用户可在"我的订单"页面中单击"待评价"按钮,对购买的商品进行评价;用户评价成功后,在详情页中可以看到用户对该商品的评价信息。本节将分评价订单商品和在详情页展示商品评价两部分实现商品评价功能。

14.3.1 评价订单商品

若要评价订单商品,首先需要展示商品评价页面,然后再对用户提交的评价信息进行保存。接下来分展示商品评价页面和提交商品评价两部分实现评价订单商品功能。

1. 展示商品评价页面

商品评价页面应根据订单编号查询用户购买的商品信息,同时构造用于商品评价的表单。由于这一过程只需要查询商品信息,所以可使用GET方法发送请求;请求参数为order_id;请求地址为/order/comment/。

在payment应用的views.py中定义处理订单商品评价的视图类OrderCommentView,在该类中定义用于展示商品评价页面的get()方法,该方法首先校验传入的订单编号是否正确,若不正确则返回响应,若订单编号正确,则在数据库中查询该订单中未评价的商品;然后构造待评价商品的评分与评价内容;最后将构造的商品渲染到goods_judge.html页面。具体代码如下:

```python
from django.contrib.auth.mixins import LoginRequiredMixin
class OrderCommentView(LoginRequiredMixin, View):
    """订单商品评价"""
    def get(self, request):
        """展示商品评价页面"""
        order_id = request.GET.get('order_id')  # 接收参数(订单编号)
        # 校验参数
        try:
            OrderInfo.objects.get(order_id=order_id, user=request.user)
        except OrderInfo.DoesNotExist:
            return HttpResponseNotFound('订单不存在')
        # 查询订单中未被评价的商品信息
        try:
            uncomment_goods = OrderGoods.objects.filter(order_id=order_id,
                                                        is_commented=False)
        except Exception:
            return HttpResponseServerError('订单商品信息出错')
        # 构造待评价商品数据
        uncomment_goods_list = []
        for goods in uncomment_goods:
            uncomment_goods_list.append({
                'order_id': goods.order.order_id, 'sku_id': goods.sku.id,
                'name': goods.sku.name, 'price': str(goods.price),
                'default_image_url': settings.STATIC_URL +
                'images/goods/'+goods.sku.default_image.url+'.jpg',
                'comment': goods.comment, 'score': goods.score,
                'is_anonymous': str(goods.is_anonymous),
            })
        # 渲染模板
        context = {
            'uncomment_goods_list': uncomment_goods_list
        }
        return render(request, 'goods_judge.html', context)
```

重启项目，进入用户中心页面，单击订单列表中的"待评价"按钮，进入商品评价页面，如图14-14所示。

图14-14 商品评价页面

2. 评价订单商品

商品评价页面不仅展示订单中的商品信息，还应提供用户提交商品评价功能，在提交评价前用户可勾选"匿名评价"复选框。若用户勾选匿名评价则在保存用户评价信息时，在商品评价中应呈现经加密处理后的用户名。

由于提交商品评价这一过程需要提交数据，所以使用POST方法提交请求，请求参数为order_id，同时定义请求地址为/orders/comment/；响应数据为JSON类型，其中包括错误码和错误信息。

在视图OrderCommentView中定义post()方法，该方法先获取页面中商品的订单编号、商品sku_id、评分、评价内容、是否匿名，然后对这些参数的正确性进行校验，如果校验均通过，则将用户评价的内容更新到数据库中，对商品的评论数据进行累加，最后将商品的订单状态修改为"已完成"，并将响应结果返回前端。具体如下：

```
class OrderCommentView(LoginRequiredMixin, View):
    def post(self, request):
        json_dict = json.loads(request.body.decode())
        order_id = json_dict.get('order_id')
        sku_id = json_dict.get('sku_id')
        score = json_dict.get('score')
        comment = json_dict.get('comment')
        is_anonymous = json_dict.get('is_anonymous')
        # 校验参数
        if not all([order_id, sku_id, score, comment]):
            return HttpResponseForbidden('缺少必传参数')
        try:
            OrderInfo.objects.filter(order_id=order_id, user=request.user,
                    status=OrderInfo.ORDER_STATUS_ENUM['UNCOMMENT'])
        except OrderInfo.DoesNotExist:
            return HttpResponseForbidden('参数order_id错误')
        try:
            sku = SKU.objects.get(id=sku_id)
        except SKU.DoesNotExist:
```

```
            return HttpResponseForbidden('参数 sku_id 错误')
    if is_anonymous:
        if not isinstance(is_anonymous, bool):
            return HttpResponseForbidden('参数 is_anonymous 错误')
    # 保存订单商品评价数据
    OrderGoods.objects.filter(order_id=order_id, sku_id=sku_id,
                                    is_commented=False).update(
        comment=comment, score=score,
        is_anonymous=is_anonymous,
        is_commented=True
    )
    # 累计评论数据
    sku.comments += 1
    sku.save()
    sku.spu.comments += 1
    sku.spu.save()
    # 如果所有订单商品都已评价，则修改订单状态为已完成
    if OrderGoods.objects.filter(order_id=order_id,
                                  is_commented=False).count() == 0:
        OrderInfo.objects.filter(order_id=order_id).update(status=
                            OrderInfo.ORDER_STATUS_ENUM['FINISHED'])
    return JsonResponse({'code': RETCODE.OK, 'errmsg': '评价成功'})
```

3．配置URL

在payment应用的urls.py文件中追加用于订单商品评价页面的访问路由，具体如下：

```
path('orders/comment/', views.OrderCommentView.as_view()),
```

路由配置完成后，在评价页面中查看订单商品以及对商品进行评价，当评价提交后，订单的流程结束，状态变为"已完成"，如图14-15所示。

图14-15 订单完成

至此，评价订单商品功能完成。

14.3.2 在详情页展示商品评价

单击商品详情页的"商品评价"按钮可查看当前商品的评价信息，评价方式分为匿名评价和非匿名评价，匿名评价只展示部分用户名的首尾的字母，其余使用"*"替代，非匿名评价会展示完整用户名。接下来分设计接口、响应结果、后端实现、配置URL、前端实现这5部分来实现在详情页展示商品评价功能。

1．设计接口

在商品详情页中展示商品评价信息的本质是通过商品的唯一标识在数据库中查询商品评价信息，小鱼商城中商品的唯一标识码为sku_id，因此，查询某个商品的评价信息，需要在请求参数中携带该商品的sku_id，由此请求方式为GET，请求地址设计为/comments/(?P<sku_id>\d+))/。

2. 响应结果

前端需要知道后端响应的状态码、错误信息以及商品评价数据。商品评价的响应信息如表14-2所示。

表 14-2　JSON 格式响应结果

字　　段	说　　明
code	状态码
errmsg	错误信息
comment_list[]	评价列表
username	发表评价的用户
comment	评价内容
socre	评分

表14-2的字段code与errmsg表示响应的状态信息。JSON格式的商品评价数据，示例如下：

```
{
    "code":"0",
    "errmsg":"OK",
    "comment_list":[
        {
            "username":"itcast",
            "comment":"这是一个好手机！",
            "score":4
        }
    ]
}
```

3. 后端实现

在goods应用的views.py文件中定义查询商品评价的GoodsCommentView视图类，在该视图的get()方法中实现商品评价信息的呈现，具体操作为：首先根据请求路由中的sku_id在数据库中按保存时间为条件查询前30条商品评价数据；然后定义评价列表，遍历商品评价数据，将包含用户名、评价内容与评价分数以字典形式保存到评价列表中，在查询用户时需要判断用户是否为匿名评价，若用户为匿名评价，其用户名只保留开头字母与结尾字母，中间使用"*"替换；最后将构造的评价数据返回。具体如下：

```python
class GoodsCommentView(View):
    """订单商品评价信息"""
    def get(self, request, sku_id):
        # 获取被评价的订单商品信息
        order_goods_list = OrderGoods.objects.filter(sku_id=sku_id,
                           is_commented=True).order_by('-create_time')[:30]
        comment_list = []
        for order_goods in order_goods_list:
            username = order_goods.order.user.username
            comment_list.append({
                'username': username[0] + '***' + username[-1]
                 if order_goods.is_anonymous else username,
                'comment':order_goods.comment,
                'score':order_goods.score,
            })
        return JsonResponse({'code':RETCODE.OK, 'errmsg':'OK',
```

```
                                              'comment_list': comment_list})
```

4. 配置URL

在goods应用中的urls.py文件中追加用于商品评价的路由,具体如下:

```
path('comments/<int:sku_id>/', views.GoodsCommentView.as_view()),
```

5. 前端实现

商品评价信息在商品详情页中展示,因此需要在商品详情页detail.html中渲染商品评价信息。在div盒子为"r_wrap fr clearfix"的类中补充如下代码:

```
<div @click="on_tab_content('comment')"
class="tab_content" :class="tab_content.comment?'current':''">
    <ul class="judge_list_con">
        <li class="judge_list fl" v-for="comment in comments">
            <div class="user_info fl">
                <b>[[comment.username]]</b>
            </div>
            <div class="judge_info fl">
                <div :class="comment.score_class"></div>
                <div class="judge_detail">[[comment.comment]]</div>
            </div>
        </li>
    </ul>
</div>
```

修改页面底部商品评价的条数,具体如下:

```
<li @click="on_tab_content('comment')" :class="tab_content.comment
                    ?'active':''">商品评价([[ comments.length ]])</li>
```

修改页面中部商品评价的条数,具体如下:

```
<div class="price_bar">
    <span class="show_pirce">¥<em>{{ sku.price }}</em></span>
    <a href="javascript:;" class="goods_judge">[[ comments.length ]]人评价
</a>
</div>
```

此时重启动服务器,便可以在商品详情页中查看商品的评价信息,如图14-16所示。

图14-16 评价信息

小　结

本章首先对支付宝平台进行了简单介绍，然后讲解了如何在项目中对接支付宝，最后介绍了商品评价的实现以及评价的展示。通过本章的学习，希望读者能够掌握如何对接支付宝，了解商品评价的业务逻辑。

习　题

简答题

1. 如何配置小鱼商城与支付宝的公私钥？
2. 简述小鱼商城的支付流程。
3. 简述如何实现商品评价功能。